三峡库区湖北库岸段消落区岩体劣化研究

STUDY ON THE DETERIORATION OF ROCK MASS IN THE SUBSIDENCE AREA OF THE HUBEI SECTION OF THE THREE GORGES RESERVOIR AREA

石长柏　杜　琦　彭正华　何钰铭　苑　谊　张国栋 等编著

中国地质大学出版社
CHINA UNIVERSITY OF GEOSCIENCES PRESS

图书在版编目(CIP)数据

三峡库区湖北库岸段消落区岩体劣化研究/石长柏等编著.—武汉:中国地质大学出版社,2025.3.

ISBN 978-7-5625-6176-7

Ⅰ. TV697.3;P642.22

中国国家版本馆 CIP 数据核字第 2025L37M50 号

三峡库区湖北库岸段消落区岩体劣化研究		石长柏　等编著
责任编辑:王　敏	选题策划:王　敏	责任校对:张咏梅
出版发行:中国地质大学出版社(武汉市洪山区鲁磨路 388 号)		邮编:430074
电　　话:(027)67883511	传　　真:(027)67883580	E-mail:cbb@cug.edu.cn
经　　销:全国新华书店		https://cugp.cug.edu.cn
开本:880mm×1230mm　1/16		字数:420 千字　印张:13.25
版次:2025 年 3 月第 1 版		印次:2025 年 3 月第 1 次印刷
印刷:湖北金港彩印有限公司		
ISBN 978-7-5625-6176-7		定价:168.00 元

《三峡库区湖北库岸段消落区岩体劣化研究》编委会

总顾问：黄学斌

顾　问：江鸿彬　付小林　赵德君　黄照先

主　编：石长柏　杜　琦

编　著：彭正华　何钰铭　苑　谊　张国栋　王金波　潘安邦
叶义成　谢　迪　张端淼　聂邦亮　侯时平　陈海波
徐志华　孙钱程　黄波林　李　初　邵安阳　董志鸿
闫　巍　赵光孝　孙海松　王恩锐　邓永煌　柳　青
郭　磊　赵振洋　王云飞　谭　昊　向险峰　黄桂林
李　政　王振远　龙晶晶　郑卫军　王正禹　邱　欣
余金龙　吴　岸　丁宇靖

前 言

大型水利水电工程的兴建改变了大自然长期塑造的地质环境，极易引发地质灾害。自三峡水库175m水位蓄水以来，库水位在145～175m间周期性涨落，形成了30m的库水消落区。消落区岩体水岩作用使岸坡消落区岩体的物理力学性质逐渐劣化，对岸坡的长期稳定产生影响。由于地质条件复杂，三峡库区成为我国地质灾害高易发区，尤其以滑坡灾害最为突出。国内外大量水库岸坡失稳的实例表明，库水活动是影响岸坡稳定性的重要因素，水库蓄水运营引发的岸坡灾害直接关乎长江航道安全，引起了社会的广泛关注。

三峡水库蓄水初期，库岸斜坡逐渐适应库水周期调度的过程，一旦岩体强度或者岸坡结构自稳能力难以平衡库水作用引起的应力变化时，斜坡会发生失稳，形成地质灾害，如典型的千将坪滑坡。随着水库运营周期的增加，库岸斜坡结构逐渐适应了库水周期调度的过程，但长期的库水干湿循环作用、水位升降引起的斜坡边界水头变化、局部岩体承载能力改变引起的应力场调整等作用使岸坡不同位置岩体的结构及性质均产生了不同程度的劣化。随着水库运行周期的增加，库区岸坡稳定性问题逐渐由蓄水前期的岸坡应力调整致灾向库水长期作用导致的岩体劣化致灾转变。

由于岸坡消落区岩体劣化是多尺度多过程的时空演化过程，随着三峡水库水位周期性的升降作用，岸坡消落区岩体劣化的进程仍然在继续，岸坡消落区劣化成灾模式、致灾过程及其效应成为需要解决的关键科学问题之一，这也是我国防灾减灾的国家战略需求。为了全面掌握三峡库区湖北库岸段消落区岩体的劣化现状，依托湖北省三峡库区宜昌长江干(支)流斜坡劣化带地质灾害调(勘)查项目，在充分了解岸坡消落区岩体劣化研究方法和技术的前提下，通过资料收集与整理分析、现场调查、室内试验、原位测试、机理分析、数值计算等手段，开展了三峡库区湖北库岸段消落区岩体劣化研究。

全书共7章，第1章阐述了岸坡消落区岩体劣化机理和评价的研究现状；第2章阐述了研究区自然和地质环境概况，主要包含气候、地形地貌和地质构造等；第3章描述了研究区岸坡消落区岩体的劣化特性，按照碎屑岩岸坡岩体和碳酸盐岩岸坡岩体进行分类描述，总结了岸坡消落区岩体的劣化影响因子；第4章和第5章分别以碎屑岩岸坡消落区岩体、碳酸盐岩岸坡消落区岩体的典型岸坡为对象，开展了不同劣化类型的岸坡消落区岩体的劣化机理研究；第6章主要从原理、实例应用和适用性分析方面介绍了包含三维激光扫描在内的4种岸坡消落区岩体劣化调查技术，提出了岸坡消落区岩体劣化的评价指标，基于现有的数学分析方法，建立了适用于库区典型岸坡消落区岩体劣化评价体系；第7章以典型的碎屑岩岸坡、碳酸盐岩岸坡为实例，通过数值模拟技术，开展了岸坡岩体劣化致灾机理及劣化趋势分析与预测研究，并以米仓口危岩体、火焰石崩滑体和木鱼包滑坡3个重大危险性灾害体为例进行了灾害体失稳涌浪预测研究。

本书的出版得到了湖北省地质局水文地质工程地质大队、湖北长江三峡滑坡国家野外科学观测研究站、湖北省自然资源厅、宜昌市自然资源和城乡建设局、巴东县自然资源和规划局、秭归县自然资源和规划局、夷陵区自然资源和规划局、兴山县自然资源和城乡建设局等单位的大力支持。衷心感谢各单位在项目调研、数据共享和成果论证过程中提供的宝贵帮助。在本书的撰写过程中，特别感谢殷跃平院士、黄学斌教授级高级工程师、马霄汉教授级高级工程师、付小林正高级工程师、潘伟正高级工程师、苏爱军教授、杨世松正高级工程师、孙仁先正高级工程师、肖春锦正高级工程师、易武教授、代贞伟正高级工程师等专家对本书框架和技术路线的拟定进行了精心指导；湖北省地质局水文地质工程地质大队彭正华正高级工程师、赵德君正高级工程师、石长柏正高级工程师、宁国民正高级工程师、聂邦亮正高级工程师、何钰铭正高级工程师，三峡大学张国栋教授、卢书强教授、宋琨教授、孙钱程副教授、邓茂林副教授、刘艺梁副教授、吴剑副教授、徐志华副教授、黄波林研究员，湖北省自然资源厅地质灾害应急中心杜琦主任、江鸿彬副主任、苑谊高级工程师，宜昌市自然资源和城乡建设局黄照先高级工程师、张端淼高级工程师、邓永煌高级工程师，巴东县自然资源和规划局李初局长、赵光孝副局长、向险峰高级工程师，秭归县自然资源和规划局王恩锐副局长、王云飞高级工程师，夷陵区自然资源和规划局孙海松副局长、余金龙高级工程师，兴山县自然资源和城乡建设局黄桂林工程师、王正禹工程师，均在具体章节内容上进行了专业审阅并提出了建设性修改意见；张亚鑫、杨剑飞、危灿、李铮等博士研究生，杨杰、李俊雨、郭戈、杨旭、李太宇、徐晓、刘圣、王关耕、董皓等硕士研究生承担了大量的原位测试、室内试验和成果整理分析等工作，在此一并表示感谢！

期望本书的出版可以为库岸消落区岩体劣化机理与灾害防治研究提供系统参考。尽管编写团队竭尽所能，但限于学术水平，书中难免存在疏漏之处，敬请各位专家和读者批评指正。

编著者

2024 年 12 月 26 日

目 录

1 岸坡消落区岩体劣化研究现状

自三峡水库175m水位蓄水以来，库水位在145～175m间周期性涨落，形成了30m的库水消落区。消落区岩体水岩作用使岸坡消落区岩体的物理力学性质逐渐劣化，对岸坡的长期稳定产生影响。基于此，众多学者在岸坡消落区岩体劣化方面开展了较多研究，取得了较丰硕的研究成果。

1.1 岸坡消落区岩体劣化机理研究现状

目前，对于岸坡消落区岩体劣化机理研究，主要通过模拟岸坡岩体的赋存环境，采用干湿循环等室内试验、数值模拟、原位测试、宏细观物理力学测试等手段，研究不同劣化条件对岩石物理力学性质的影响，获取不同劣化实验条件下岩石的宏细观物理力学特征，阐明不同劣化条件下岸坡消落区岩体的劣化机理。

在岩体劣化室内试验方面，傅晏[1]与刘新荣等[2-4]通过完整砂岩的室内干湿循环试验，揭示了水环境对砂岩劣化的影响，在酸性环境下，砂岩抗剪强度劣化最为严重，碱性次之，中性最轻。张亮[5]通过完整砂岩和节理砂岩的干湿循环试验，认为节理岩样的M-C准则与H-B准则强度包络线随着干湿循环次数的增大逐步缩小，且完整岩样强度包络线的缩小幅度大于节理岩样。高学成[6]通过灰岩的干湿循环试验认为灰岩的单轴抗压强度、单轴抗拉强度、弹性模量、抗拉强度、内摩擦角和黏聚力都随干湿循环次数的增长而减少，且单轴抗压强度的力学性质弱化响应最为明显。邓华锋等[7-8]考虑消落区库水位反复升降变化，开展了红层软岩浸泡-风干循环水岩作用试验研究，认为水压力的反复升降变化和浸泡-风干循环作用对红层软岩造成了不可逆的渐进累积损伤。廖逸夫[9]通过不同水环境下灰岩的干湿循环试验，发现pH值为3时，灰岩的质量损失要大于pH值为5、pH值为7时的质量损失。夏万春等[10]通过酸性条件下灰岩干湿循环试验，发现pH值越小，劣化幅度越大，劣化速率越快，裂纹以层进模式由外向内扩展，损伤劣化以圈层渐进式进行。

在原位测试方面，刘广宁[11]采用原位声波测试技术对消落区岸坡岩体开展原位测试，结果表明岩体横向完整性差，纵向完整性相对较好，且消落区内随高程的降低，岩体完整性呈下降趋势。黄波林等[12]采用声波和回弹原位测试对箭穿洞岸坡和青石岸坡岩体的劣化开展研究，从不同角度展示出岩溶岸坡消落区浅层岩体劣化的独特特征。杨何等[13]采用地质雷达、现场回弹仪对库区几个典型岸坡岩体的劣化性进行了测试，认为岩体劣化性与岩体强度有关，劣化性随着岩体强度的增加而减弱。岩体劣化性与岩层临水类型及有无裂隙有关，劣化性由强到弱排序为裂隙岩体、层间临水的岩体、层面临水的岩体。孙钱程等[14]在调查统计库区碎屑岩特征的基础上，开展了大量原位钻孔测试，分类总结了库区碎屑岩岸坡岩体典型的钻孔成像特点，详细分析了不同裂隙特征岩体钻孔岩心的块体尺度与断裂特征。张国栋等[15]以三峡库区碎屑岩岸坡消落区岩体为研究对象，采取野外调查与测绘、室内试验、消落带岩体与未受库水位影响的自然风化区岩体的“比拟法”等综合方法，总结了碎屑岩岸坡消落区岩体劣化特征，基于消落带岩体劣化宏观现象，提出了碎屑岩岸坡消落区岩体的劣化模式。

在细观测试方面，傅晏等[16]以三峡库区中风化砂岩为研究对象，通过CT扫描试验，发现砂岩内部初始矿物杂质随机分布，棱角、界面较为分明，随着循环次数n从0～10逐渐增加，矿物杂质逐渐溶解、消散，岩样的各向同性指数逐渐上升。胡玉[17]通过扫描电镜SEM观察干湿循环后砂岩的矿物形貌变化，认为砂岩受干湿循环作用影响，砂岩内部矿物间胶结物逐渐软化，最终失去胶结物导致宏观力学强度降低。张振华和王野[18]采用自主研发的能模拟岸坡应力、“湿干”交替和库水渗透综合作用环境的水岸坡消落区软岩三轴试验系统，以三峡库区马家沟滑坡红砂岩为研究对象，开展消落区内岩石的劣化机制研究，认为黏土矿物的水化反应导致碎屑矿物颗粒周围的胶结物受到一定程度的损伤，是抗剪强度发生劣化的主要原因，而抗剪强度的劣化幅度主要取决于微细观结构和黏土矿物含量的变化情况。宋勇军等[19]基于核磁共振技术，对干湿循环作用下弱胶结砂岩损伤特性开展研究，结果表明，随着干湿循环次数的增加，岩石 T2 谱曲线逐渐向右移动，但移动幅度逐渐减小，T_2谱面积及孔隙度随干湿循环次数的增加逐渐增大，但其增长速率不断减小。谢凯楠等[20]采用核磁共振技术，研究了干湿循环作用下泥质砂岩的劣化特性，认为随着干湿循环试验的进行，岩石内部孔隙逐渐增多，孔隙尺寸增大，形成贯通的小裂隙并逐渐扩展，不同干湿循环次数作用后的 MRI 内部结构变化与扫描电镜(SEM)微观结构变化相似，MRI 像素点的灰度值分布符合对数高斯分布，分布期望随循环次数逐渐饱和。袁璞等[21]基于 SEM 扫描电镜研究了干湿循环作用下砂岩的微细观结构，认为随着干湿循环次数的不断增加，钙质胶结物溶解、溶蚀以及水岩相互作用，砂岩的微细观孔隙、裂隙逐渐发育、贯通，尺度逐渐增大，颗粒结构逐渐松散，砂岩由较致密的孔隙胶结结构逐渐向不规则的蜂窝状结构发展，进而导致了砂岩宏观变形和强度的劣化。

随着计算机技术的发展，数值模拟技术成为开展科学研究的重要方法之一。在岩体劣化的数值模拟方面，张研等[22]利用 3DEC 离散元数值方法对干湿循环作用下灰岩单轴压缩试验进行模拟，获得了细观参数和峰值应力与循环次数的关系。苗亮等[23]研究了干湿循环作用下巴东组紫红色泥岩的强度弱化规律，并采用 PFC 颗粒流程序分析了试样变形破坏过程中的能量耗散特性。徐建城等[24]利用 GDEM 数值软件分析了砂岩反倾边坡在坡脚劣化条件下的变形演化过程，明确其对坡脚劣化的响应特征。王鑫洋[25]采用 FLAC3D 软件，运用强度折减法计算了水-岩循环作用下的岸坡稳定性，认为在未考虑结构面和考虑结构面情况下稳定性系数都随水-岩循环作用次数增大而下降，但两者的破坏模式略有不同。

1.2 岸坡消落区岩体劣化评价研究现状

岩体质量评价方法始于 20 世纪三四十年代，这一时期的分类方法多侧重于单一指标的定性或定量分类。1964 年 Deere 提出了 RQD 岩体质量分类方法，Barton[26]提出了 Q 系统，Bieniawski 提出了 RMR 分类，Palmstrom[27]提出了 RMI 等。陈昌彦和王贵荣[28]在分析了国内外岩体质量评价分级研究进展的基础上，总结了岩体结构、岩体质量及其与岩体质量分级的关系，给出主要岩体质量评价分级的相关性和换算对照的建议关系。我国的岩体质量评价方法研究主要有谷德振等的 Z 系统、王思敬等的 Za 分类、工程岩体分级标准 BQ 等。从 20 世纪 70 年代至今，岩体质量评价方法从单一的指标逐渐向多指标发展，指标也由定性指标向定量指标发展。目前常用的岩体质量评价方法有 RQD 法、BQ 法、RMR 法、Q 值法等。随着数学方法及计算机技术的发展，近年来发展起来了未知测度下的岩体质量评价方法，主要依据现有的岩体质量条件，采用神经网络[29-33]、层次分析[34-35]、可拓理论[36-38]、概率分布[39-41]等方法模拟、推算岩体质量以及边坡稳定性，但这类方法往往需要大量的实测样本数据，进行合理的网络搭建及权重的确定，所受限制较大，不利于在工程上的实际应用。

目前，在岸坡消落区岩体劣化评价方面，王川婴等[42]提出了基于钻孔摄像技术的岩体完整性 RMDI 方法，可实现全孔段或局部孔段的岩体完整性评价。张景昱等[43]考虑消落带水-岩作用的影响深度及时间效应，建立了岩体强度劣化模型。杨何等[44]采用钻孔取芯及室内声波测试，对岩体劣化性质进行了质量评价，提出了岸坡岩体质量劣化性质的现场评价方法与指标体系。殷跃平等[45]利用高程 175m 附近区域的岩体替代未受蓄水影响的岩体的“比拟法”，统计分析岩体劣化情况，提出溶蚀岩体劣化程度的量化指标，并建立其与地质强度指标的相关关系，提出了基于消落带原位跨孔声波的时效函数以及二、三维结构面强度劣化包线分析方法，为岸坡岩体劣化评估、稳定性分析和工程治理提供了更加科学合理的新途径。殷跃平等[46]在现场调查及监测的基础上，建立了水位下降干燥状态、水位上升饱和状态及过渡状态下消落区劣化岩体的损伤本构模型，提出了采用水位周期涨落后劣化带的峰值应力与劣化带有效应力之比作为高陡岸坡危岩溃屈失稳稳定系数的定量评价方法。刘冀昆等[47]提出利用超声波钻孔成像技术代替传统的人工编录和测定岩心参数的方法，基于高精度的超声波钻孔成像数据计算岩体质量指标、结构面密度、体积节理数、软弱结构面影响系数等定量化指标，可以极大地提升岩体质量评价结果的精度和定量化水平。孙钱程等[48]基于岩心断裂特征与钻孔成像裂隙特征的对应关系，建立了岩体质量评价指标 RQ，并与传统的岩石质量指标 RQD 和声波测试结果进行对比，认为基于岩体内部结构特征可以更客观地评价碎屑岩岸坡的岩体质量，避免了钻孔取芯过程机械损伤引入的误差。白林丰等[49]提出了一种基于裂隙网络渗流差异的消落带岩体劣化空间预测方法，可实现岸坡岩体劣化的空间强度量化。闫国强等[50]采用分形理论对消落带上下岸坡测窗岩体劣化程度、劣化破碎相变时间进行了分析，提出了节理分维数劣化演变模式，并采用岩体劣化破碎相变时间计算式进行岸坡岩体劣化的预测。

1.3 本章小结

本章总结了岸坡消落区岩体劣化的研究方法，主要包括试验研究、理论分析、数值模拟等，主要成果如下。

(1)水的 pH 值对岩体劣化具有重要影响。库水位升降作用，造成消落区岩体长期处于干湿交替作用环境。随着干湿循环次数的增加，消落区岩体的劣化呈现加剧趋势。

(2)消落区岩体劣化评价主要基于 Hoek-Brown(H-B)准则的岩体劣化评价方法及传统的岩体质量评价方法，如 RQD 法、BQ 法、RMR 法、Q 值法等。

2 研究区自然与地质环境概况

2.1 区域气候与水系

2.1.1 气候概况

湖北三峡库区涉及宜昌市夷陵区、秭归县、兴山县3个区县和恩施巴东县，由于受亚洲大陆东部和南部太平洋、印度洋本身热力状况及其差异的影响，加上青藏高原大地形的动力和热力作用，改变了气象风系，从而形成了明显的季风气候及相应的亚热带常绿阔叶林景观。

2.1.1.1 季风气候明显

三峡库区属亚热带季风气候，主要表现在3个方面：一是冬季风向更替明显，随季风进退，降雨有明显的季节性变化；二是气温年较差和日较差大；三是气候类型多样，其特点是冬暖春早，热量丰富，无霜期长，垂直变化明显，雨量充沛，但分布不均，日照少，云雾多。

2.1.1.2 气候复杂

三峡库区由于大气环流和地貌影响，气候复杂，属亚热带季风性湿润气候。三峡库区有四季分明、水热同级、寒旱同季的气候特征；区内有独特的区域性气候，冬少严寒，夏无酷暑，降雨充沛，时空分布不均；湿度大，日照少，风速小，地区差异大，山区气候垂直差异显著。近年三峡库区夏季气温逐年上升，极端高温出现频繁，高温期主要集中在6—9月，多年日均高温均大于30℃，极端高温甚至达到40℃，这也是汛期调洪库区岸坡岩体加速劣化的影响外因之一。

2.1.1.3 气温

三峡库区处于长江上游，北有秦岭、大巴山阻挡，北方冷空气不易侵入，气候温暖。三峡库区于2003年6月开始135m蓄水，2006年汛后蓄水至156m水位，2008年汛后进行175m试验性蓄水。2003—2008年平均气温17.75℃，蓄水175m以后，2009—2020年平均气温高于30℃。近年来高温天气频繁出现，2018年7月湖北三峡库区出现持续多日高温，最高气温达到40.2℃。

2.1.1.4 降雨集中

三峡库区地处亚热带季风气候区，气候温暖湿润，雨量充沛，四季分明，多年平均降雨量1 493.2mm。降雨具连续集中的特点，雨季多暴雨，一日最大降雨量达358mm。年降雨量由南向北从低到高，逐渐增多，一般年降雨量950～1590mm，长江河谷地带为1000mm左右，个别地区如高程1500m以上地区降雨量达1 865.2～1 904.3mm。降雨日数与降雨量分布基本一致，大部分地区为120～159d，个别高山地区达200d以上。降雨主要集中在4—10月，月平均降雨量150～457.6mm，多暴雨。日降雨量达50～100mm的暴雨在4—10月均有发生；100mm以上的暴雨主要发生在6月和7月，年平均频次3～4次；150mm以上的特大暴雨频次较少，历史上曾发生过2次，即1975年8月9日最大日降雨量 358.0mm，1996 年 7 月 4 日最大日降雨量 260.0mm。

2.1.2 水系概况

湖北三峡库区长江自西向东横贯巴东县、秭归全境、夷陵区，境内长 100.5km，流量充沛，多年平均流量 14 300m^3/s，水位变幅达 30m。其支流主要有九畹溪、香溪河、童庄河、吒溪河、青干河、神农溪、东瀼溪等，呈交错排列，构成树枝状水文网，主要支流特征见表 2-1和图 2-1。

表 2-1 三峡库区主要河流有关参数一览表

河流名称	全长/km	流域面积/km^2	备注
九畹溪	42.3	514.5	位于东南部，由三渡河、林家河、老林河、九畹溪 4 个河段组成
香溪河	50	212	位于东北部，发源于神农架，自游家河流入境内
童庄河	36.6	248	位于南部，发源于云台荒，依河段为仓坪河、平睦河、童庄河
吒溪河	52.4	193.7	位于北部，又名良斗河，依河段为南阳河、凉台河、袁水河
青干河	53.9	532.34	发源于巴东绿葱坡，由南西向北东流经两河口、沙镇溪镇，途经汇纳磨坪乡龟坪河、梅家河乡梅家河、两河口镇铜锣洞河 3 条支流
神农溪	60	1 031.5	发源于神农架南坡，流经堆子场、沿渡河、叶子坝至西瀼口入江，其支流为石柱河、三道河、红砂河、罗溪河、平阳河及牛场河。已建电站 8 座，在建 2 座
东瀼溪	17	126	源于坪乡罐子口，汇 6 条小溪至两河口上称为板桥河，向南于东瀼口注入长江，其支流为王家河

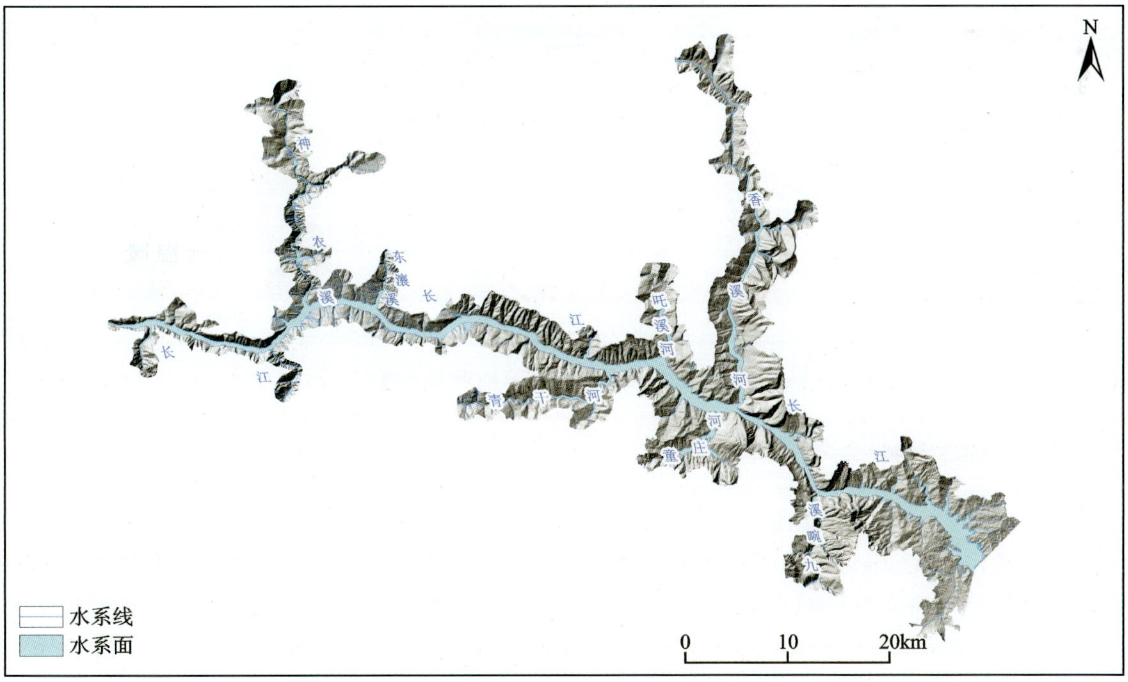

图 2-1 湖北三峡库区长江干支流分布略图

2.2 区域地形地貌与地层岩性

2.2.1 地形地貌

三峡库区地形地貌属构造侵蚀中山—中低山峡谷地貌，长江干流总体流向为由北西向南东，干流水面宽 300～3000m，为区内最低侵蚀基准面。长江干流两侧山体坡度变化较大，一般坡度为 8°～60°，8°～25°为缓坡，占 35％；25°～55°为陡坡，占 65％；局部山体坡度大于 55°，呈陡崖状地貌，山顶高程 300～1400m，部分峡谷陡崖部位近垂直。

长江河谷可主要分为以下 4 段：茅坪至庙河段，低山丘陵，宽谷型，阶地发育；庙河至香溪段，属西陵峡西段，为中低山峡谷地貌，河谷深切，呈“V”形，阶地不发育，山地平均高程为 1000～1500m，著名的兵书宝剑峡、牛肝马肺峡位于其间；香溪河以上至官渡口以东段，为西陵峡与巫峡的过渡带，中低山地貌，宽谷型，阶地发育；巴东县城—官渡口镇以西为巫峡，形成中山峡谷，消落区地形多呈陡崖地形，崖壁基岩裸露，崖顶部位为坡度相对较缓的斜坡。大于 25°以上的斜坡主要分布在长江峡谷区、中高山向中低山过渡地带，陡缓变化较大，多形成陡崖，见图 2-2。

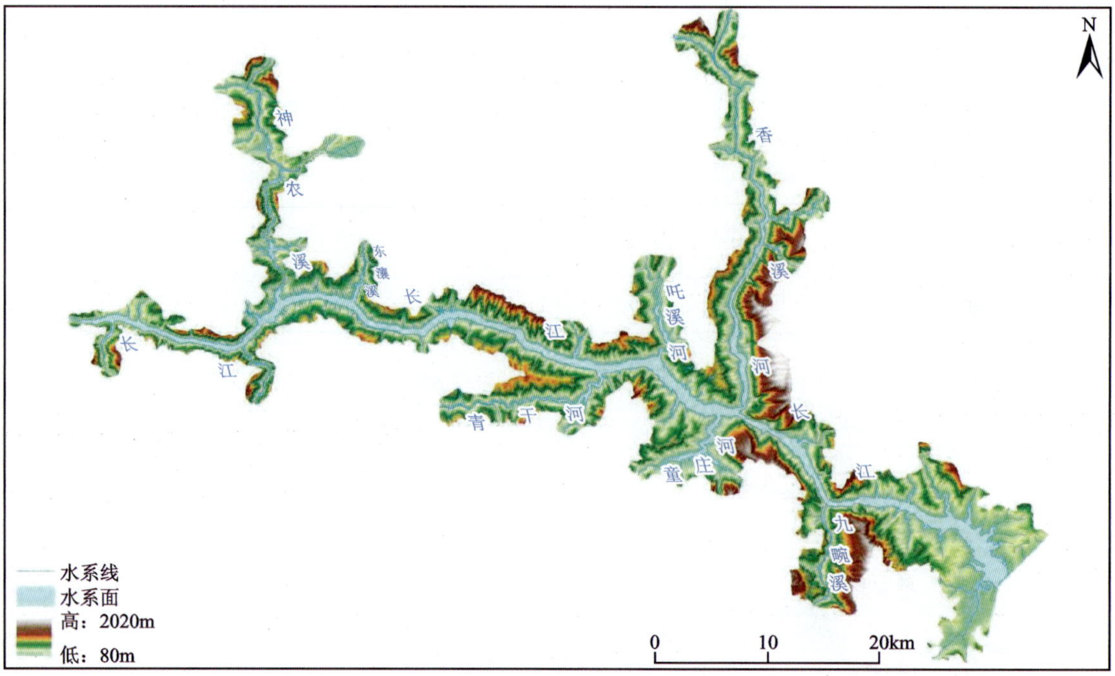

图 2-2　湖北省三峡库区地形地貌图

2.2.2 地层岩性

湖北省三峡库区地层出露比较齐全，沉积盖层极为发育，除缺失下泥盆统、下石炭统外，自前震旦系—第四系均有出露，沉积盖层在向斜核部厚度可达 5～8km。元古宇崆岭群见于三峡库区东部（主要分布于黄陵背斜核部），震旦系和古生界呈条带状展布于东南部至南部边缘，三叠系和侏罗系广泛发育于中、西、北部，白垩系仅见于仙女山、周坪等地，第四系主要分布在长江及其支流的河谷地带、冲沟及缓坡处。依据 1995 年湖北省区域地质矿产调查所对湖北省岩石地层进行的多重划分对比研究成果，调查区内地层岩性的划分详见表 2-2。

表 2-2 地层岩性表

界	系	统	地层名称	岩组代号	厚度/m	岩性简述	备注
新生界	第四系	全新统		Qh	1～10	粉质黏土、黏性土、碎石土、砾石层	沟谷、山麓及坡表
		更新统		Qp	10～30	黏土夹砾石，底部为新滩砾岩	仅见于新滩龙马溪附近
中生界	白垩系	下统	石门组	K_1s	37～275	紫红色厚层块状砾岩	仙女山一带
	侏罗系	上统	蓬莱镇组	J_3p	268～339	上部为紫红色泥岩、砂岩不等厚互层，下部为石英砂岩夹泥砾岩	沙镇溪、归州、泄滩、水田坝、香溪河、牛口—东瀼溪一带
			遂宁组	J_3s	456～574	上部为紫红色泥岩、砂岩互层，中、下部为紫红色砂岩夹泥岩	
		中统	上沙溪庙组	J_2s^2	749～1087	上、下部为紫红色泥岩，中部为紫红色泥岩、砂岩互层	
			下沙溪庙组	J_2s^1	721～1079	上部为灰绿色砂岩夹泥岩，下部为紫红色泥岩夹砂岩	
			千佛崖组（聂家山组）	J_2q	180～450	上部为黄绿色泥岩夹砂岩，下部为黄绿色泥岩、粉砂岩夹介壳灰岩条带及透镜体	
		下统	香溪群 桐竹园组（香溪组）	J_1t	169～203	黄绿色、灰黄色砂质页岩，以粉砂岩、石英砂岩为主，夹碳质页岩、煤层	
	三叠系	上统	香溪群 九里岗组（沙镇溪组）	T_3j	0～350	黄灰色、深灰色泥质粉砂岩夹碳质页岩、煤层	
		中统	巴东组 第四段	T_2b^4	0～187	紫红色、灰绿色中厚层状粉砂岩夹泥岩、页岩	树坪、范家坪、小溪沟、梅家河、两河口、东瀼口—官渡口一带
			巴东组 第三段	T_2b^3	0～487	紫红色厚层状泥岩、粉砂岩、砂质页岩	
			巴东组 第二段	T_2b^2	0～140	灰色、浅灰色中厚层状灰岩、泥灰岩夹页岩、泥岩	
			巴东组 第一段	T_2b^1	51～403	紫红色、灰绿色中厚层状粉砂岩夹泥岩、页岩	
		下统	嘉陵江组 第三段	T_1j^3	133～213	薄层至厚层状结晶灰岩夹溶崩角砾	双院、石仓、烟灯堡、九岭头、神农溪一带
			嘉陵江组 第二段	T_1j^2	256～376	薄至厚层状含燧石灰岩，缝合线发育	
			嘉陵江组 第一段	T_1j^1	71～174	灰色、浅灰色薄层状灰岩	
			大冶组	T_1d	476～799	中厚层灰岩，下部为薄层含泥质灰岩、页岩	

续表 2-2

界	系	统	地层名称	岩组代号	厚度/m	岩性简述	备注
上古生界	二叠系	上统	吴家坪组	P_2w	57～130	灰色中厚层状、块状含燧石结核灰岩、生物碎屑灰岩	三墩岩、石仓、月明山、周坪、白沱村、九岭头一带
			龙潭组	P_2l	131	深灰色砂页岩夹煤层相变为灰色含燧石结核灰岩	
		下统	茅口组	P_1m	24～142	灰色、浅灰色厚层块状含燧石结核微晶灰岩	
			栖霞组	P_1q	175～310	深灰色、灰黑色中厚层结晶灰岩，具沥青气味	
			梁山组（马鞍组）	P_1m	0～7	粉砂质泥岩、黑色页岩夹煤层	
	石炭系	中统	黄龙组	C_2h	0～33	浅灰色、灰白色中厚层至块状结晶灰岩	
	泥盆系	上统	写经寺组	D_3x	0～63	石英砂岩、页岩互层	
			黄家磴组	D_3h	0～38	石英砂岩夹页岩	
		中统	云台观组	D_2y	8～58	灰白色厚层块状石英砂岩	
下古生界	志留系	上统	纱帽组	S_2sh	118～178	紫红色粉砂质泥岩、细砂岩夹页岩	乐平里、新滩、古悬棺、石柱山、高桥河、大坪、天生桥一带
		下统	罗惹坪组上段	S_1lr^2	534～900	黄绿色、灰绿色页岩夹泥岩、粉砂岩	
			罗惹坪组下段	S_1lr^1		以黄绿色泥岩、钙质泥岩、粉砂质泥岩为主	
			新滩组	S_1x		页岩硅质岩	
	奥陶系	上统	龙马溪组	O_3S_1l	180～579	灰绿色页岩夹石英砂岩	
		中统	宝塔组	O_2b	32～58	泥灰岩、龟裂灰岩	
			庙坡组	O_2m		黄绿色页岩夹泥灰岩	
			牯牛潭组	O_2g		中厚层状灰岩与瘤状灰岩互层	
		下统	大湾组	O_1d	98～397	泥质条带灰岩	
			红花园组	O_1h		灰岩夹生物碎屑	
			南津关组	O_1n		深灰色厚层块状白云质灰岩	
	寒武系	上统	娄山关组（三游洞组）	$\in_3O_1l$	212～624	灰色、浅灰色厚层白云质灰岩，含燧石结核	磨坪、泗溪、九畹溪、天门垭、五指山一带
		中统	覃家庙组	$\in_2qn$	159～630	厚层白云岩、白云质灰岩、泥质条带灰岩	
		下统	石龙洞组	$\in_1sl$	159～195	浅灰色、深灰色中厚层状、块状白云质灰岩、泥质条带灰岩	
			天河板组	$\in_1t$		深灰色薄层泥质条带灰岩	
			石牌组	$\in_1sp$	134～198	灰绿色、黄绿色页岩、砂岩夹灰岩	
			牛蹄塘组（水井沱组）	$\in_1n$		黑色碳质页岩夹粉砂岩、砂质泥岩	

续表 2-2

界	系	统	地层名称	岩组代号	厚度/m	岩性简述	备注
元古界	震旦系	上统	灯影组	Z_2dn	198～1380	厚层白云质灰岩夹灰岩	五指山、庙河、杉木溪、乔家坪一带
			陡山沱组	Z_2d	55～124	灰岩与碳质页岩互层，含燧石结核	
		下统	南沱组	Z_1n	20～159	灰绿色、紫红色冰砾岩	
			莲沱组	Z_1l	0～65	紫红色中厚层状砂砾岩、石英砂岩	
	前震旦系	崆岭群	小以村组	Pt_2x	488～685	石英片岩、片麻岩	秭归县城、茅坪河、兰陵溪一带

调查区内结晶岩集中分布于东部兰陵溪、庙河、鲁家河以东，均系前震旦纪扬子期岩浆活动控制，岩性主要为中性和酸性岩类，由云英闪长岩、斜长花岗岩组成，侵入崆岭群中，震旦系莲沱组不整合覆盖其上。

2.3 区域地质构造

2.3.1 褶皱

湖北省三峡库区地质构造西倚川东褶皱带（巫山背斜），东靠汉江断坳，南壤八面山弧形构造带，北接秦岭-大别山构造带（大巴山构造隆升区）。其地质构造形迹从东往西依次为秭归向斜及黄陵背斜，二者轴向相互平行，方向近南北向。秭归向斜地层为侏罗系碎屑岩沉积地层，周边分布三叠系的展布方向为近东西向，不受秭归向斜控制。从秭归盆地地层岩性沉积特征上看，秭归盆地沉积特征具有前陆地充填特征。首先，岩性产状由山前向盆地内部逐渐变缓，地层厚度表现为薄—厚的特征，整体上由一大套细—粗旋回组成；其次，地层在垂向上具有逐渐变厚再减薄的特点，反映出秭归向斜的沉降速度与沉积速度的相互关系，沉降最快时期为上、下沙庙溪组沉积时期；再次，秭归盆地初期轴向水系发育，后期主要表现为横向水系特征。古水流方向的变迁反映出黄陵背斜隆起程度的变化，黄陵背斜抬升成为剥蚀区的时间与秭归向斜沉降最快时间基本吻合，且秭归盆地与当阳盆地侏罗系沉积特征具有一定的相似性。黄陵背斜逆冲造山带地形可以形成复杂的物源背景与沉积物之间的扩散体系，秭归盆地碎屑楔形体系由活动的逆断层所形成，沉积物的扩展方向与构造迁移方向一致或相反，黄陵背斜地貌高，从而形成两种沉积物扩散方向，即同向扩散和反向扩散体系。黄陵背斜隆升过程控制了其两侧盆地沉积格架的形成（表 2-3）。

表 2-3 主要褶皱特征表

褶皱名称	特征描述	轴向	两翼倾角/(°)		核部地层	两翼地层	备注
			S(E)翼	N(W)翼			
黄陵背斜	短轴对称背斜呈穹隆构造	北东 10°	东 10～15	西 30～35	元古宇崆岭群	震旦系至中三叠统	区内为其西翼，长约 45km
秭归向斜	向斜轴呈“S”形的开阔对称向斜	近南北向，江南近东西向	东 30 以上	西 16～30	上侏罗统蓬莱组	上侏罗统遂宁组至上三叠统九里岗组	呈环形盆地，轴向长 47km
香龙山背斜	短轴背斜呈穹隆构造	近东西向	南 8～14	北 40	中寒武统、下奥陶统	中奥陶统至中三叠统	沿翼部发育有由中上三叠统地层构成的短轴状背向斜

续表 2-3

褶皱名称	特征描述	轴向	两翼倾角/(°)		核部地层	两翼地层	备注
			S(E)翼	N(W)翼			
五龙褶皱带	轴向北西、北东转近东西向，呈鼻状，由 4 个向斜和 3 个背斜组成的弧形褶皱	北西向	南 22	北 35	下志留统、下三叠统嘉陵江组	下志留统、二叠系、泥盆系、下三叠统大冶组	其东南封闭，地层较平缓
百福坪-流来观背斜	东端倾伏，西端开阔的弧形褶皱	北东 85°	南 35～50	北 38～54	北斜高点出露志留系	三叠系	区内仅见东端三叠系
茶店子复向斜	对称褶皱	北东 60°	南 20	北 20～30	中三叠统	中下三叠统	

2.3.2 断裂

湖北省三峡库区处于新华夏构造体系鄂西隆起带北段和淮阳“山”字形构造体系的复合部位。新华夏系为区内重要的构造体系，主要表现为新华夏系联合弧形构造和新华夏系复合式构造两种形式。前者在区内的构造形迹有百福坪-流来观背斜、茶店子复向斜。后者主要为北北东向构造，由北北东向压性或压扭性断裂组成，主要构造形迹为黄陵背斜、秭归向斜；近南北向构造主要由仙女山断裂和童庄河断裂组成，近平行向展布(图 2-3)。

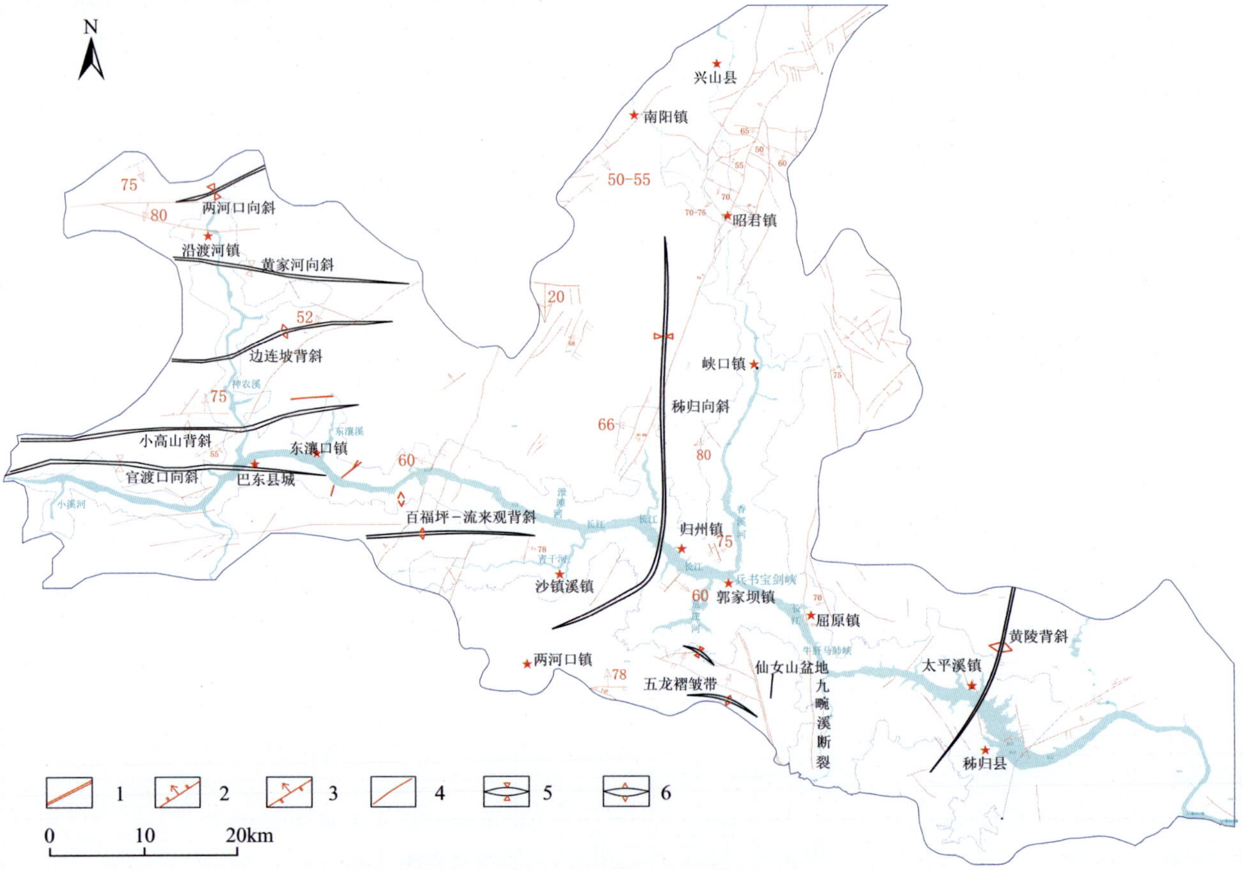

1. 复活断层；2. 正断层；3. 逆断层；4. 不明断层；5. 向斜；6. 背斜。

图 2-3 湖北三峡库区地质构造简图

湖北省三峡库区地质构造位于扬子准地台区，跨越 3 个二级构造单元，分别为八面山台褶带、四川台坳和大巴山台坳缘褶皱带。新构造运动属于三峡鄂西南隆升区至三峡隆升亚段，主要表现为挽近期以来大面积的间歇性整体隆起和局部地段的差异性断裂活动。隆起的不均匀性、掀斜性和间歇性，造就了长江两岸的五级剥夷面和六级阶地。自第四纪以来，地壳上升速度加剧，河流强烈下切，造就了三峡段高陡岸坡和诸多崩滑体的发生。区内断裂主要有 3 组。

(1)北北东向—近南北向断裂组：主要分布在西部香龙山背斜和东部秭归向斜地段，以西部最为发育、集中，且规模较大，最大可延伸 40 余千米，一般 15～20km，常呈等距线形排列，主要倾向东，倾角陡，均在 70°以上，其水平错动表现明显，沿断层线存在宽窄不等的破碎带，一般 10～20m，局部宽达 50m。

(2)近东西向断裂：主要集中分布于香龙山背斜核部西段，一般平行或近平行于褶皱轴向延伸，规模不等，最大延伸 30km，多为逆断层，倾向北，倾角 45°～65°，沿断层线断续发育数十米的破碎带。

(3)北西向断裂：分布于武隆褶皱带的东部，一般规模较小，常沿次级褶皱轴向平行展布，局部形成破碎带，以逆断层为主，断面倾向北东或南西，倾角 45°～65°不等。

2.4 区域工程地质与水文地质

2.4.1 工程地质

2.4.1.1 松散岩类冲积、残坡积、崩积碎块石、砂、砾、黏性土岩组

第四系各类松散堆积土，各地岩性因成因不同而差异较大。零星分布于长江及其支流沿岸、山间洼地和缓坡角的斜坡地带，厚度一般在 2～5m，厚者达 50m，长江沿岸一带冲洪积层厚 10～15m，土体结构松散，黏土、粉质黏土具塑性、软塑性，遇水易软化。

2.4.1.2 层状碎屑岩类、层状碳酸盐岩类

以岩土体结构、力学特性及碳酸盐岩的岩溶发育程度等作为划分依据，将块状结晶岩划分为Ⅰ类，具体划分及基本特征见表 2-4。

表 2-4 湖北省三峡库区岩土体类型划分及特征表

岩土体类型					工程地质特征
岩石类型	代号	岩组	代号	地层代号	
块状结晶岩类	Ⅰ	坚硬块状结晶岩岩组	Ⅰ-1	Pt_3、Pt_2x	主要分布在黄陵背斜核部，以中性至酸性云英闪长岩、斜长花岗岩为主，岩体呈块状结构，整体强度高，完整性好。岩质坚硬，裂隙不发育，新鲜岩石强度较高，易风化，强风化和剧烈风化岩强度较低
层状碎屑岩类	Ⅱ	坚硬较坚硬厚层砂岩岩组	Ⅱ-1	D_2y+D_3h、D_2y、Z_1l	呈条带状分布于黄陵背斜西翼、香龙山背斜等地，岩性由石英砂岩、砂岩组成，夹砾岩，厚层状结构，岩质坚硬性脆，裂隙发育

续表 2-4

岩土体类型					工程地质特征
岩石类型	代号	岩组	代号	地层代号	
层状碎屑岩类	Ⅱ	较坚硬厚层砾岩泥砾岩岩组	Ⅱ-2	K_1s、Z_1n	分布于仙女山断裂、黄陵背斜西翼，岩性为以灰岩为主的砾岩，胶结物为砂质、泥质，冰碛泥砾岩，裂隙发育，岩体强度较坚硬，因泥钙质胶结，易风化剥落
		较坚硬较软质薄—中厚层状页岩砂岩岩组	Ⅱ-3	S_2sh、S_1lr^2、S_1lr^1、$O_3S_1l+S_1x$	分布于黄陵背斜、香龙山背斜，砂岩、砂质页岩岩石强度较高，透水性差；页岩强度低，易风化破碎，强度低，受构造挤压作用的页岩易成泥状，形成泥化夹层
		坚硬较坚硬中—厚层状砂岩泥质粉砂岩夹页岩煤层或与泥岩互层岩组	Ⅱ-4	J_3p、J_3s、J_2s^2、J_2s^1、J_2q、J_1t、T_3j	主要分布于秭归向斜，岩性以中—厚层砂岩、泥质粉砂岩为主，夹泥岩、页岩、煤层，或互层，砂岩裂隙发育，砂质含量由下部向上部逐渐减少，而泥岩相反，泥岩易风化，岩质较软
		软质薄—中厚层泥岩、泥质粉砂岩岩组	Ⅱ-5	T_2b^2、T_2b^4	分布于百福坪-流来观背斜、茶店子复向斜东端，由泥岩、页岩组成，岩质较软，易风化
层状碳酸盐岩类	Ⅲ	坚硬厚层块状强—中等岩溶化碳酸盐岩岩组	Ⅲ-1	T_1j、T_1d、P_1m、C_2h、$O_1n—O_2g$、$\in_2qn$、$\in_2sl$、Z_2、$\in_1t+sl$	分布广泛，以灰岩、白云岩为主，中—厚层状，块体结构，岩溶化程度高
		坚硬较坚硬中—厚层状强至中等岩溶化碳酸盐岩碎屑岩岩组	Ⅲ-2	$P_2l\text{-}d$、P_2l+w、P_1l、O_2b+m	分布于香龙山背斜、黄陵背斜西翼，由二叠系并层、中上奥陶统并层组成，碳酸盐岩主要为泥质灰岩、白云质灰岩，碎屑岩为页岩夹煤层，岩质软弱
		较坚硬薄—中厚层状弱岩溶化碳酸盐岩碎屑岩岩组	Ⅲ-3	T_2b^1、T_2b^3、$\in_1n$、Z_2d	主要岩组为中三叠统巴东组，下寒武统，以碎屑岩为主，碳酸盐岩次之，岩性为砂岩、页岩夹灰岩、泥质灰岩，碳酸盐岩厚度不大，多层夹层或薄层产出，岩溶化程度弱

2.4.1.3 主要不良工程地质岩组

区内主要不良地质岩组为页岩、泥岩或页岩、煤层形成的夹层，易形成地质灾害的地层为侏罗系、中三叠统巴东组、志留系至二叠系，主要岩组有以下几种。

1)较坚硬较软质薄—中厚层状页岩砂岩岩组(Ⅱ-3)

分布情况：该类岩组主要为志留系，岩性主要为砂岩、泥岩和页岩，其中岸坡出露岩体以志留系罗惹坪组页岩、砂岩夹泥岩分布最多，分布范围不大，主要分布在屈原镇新滩两岸。

结构特征：志留系以薄—中厚层为主，其中页岩、泥岩抗风化能力弱，经过多起构造运动及各种外应力风化作用的影响，构造节理和卸荷裂隙、风化裂隙较为发育，表层结构面密布，密度较大，特别岸坡出露的泥岩、页岩多呈碎粒状，粒径多在0.5～2cm之间，薄层分布较厚部位坡度一般不大，多为缓坡，砂岩相对较完整，普遍发育3～4组结构面，倾角一般为50°～80°，倾角主要为近北东向，水上部分结构面多呈微张，消落区张开0.5～2cm。该岩组分布区域受九畹溪断裂影响，表部砂岩岩体多呈块度约30cm的不规则碎块体，部分陡坡部位破碎程度较高。

工程地质性质：志留系中，泥岩和页岩分布较多，受构造变动、重力、风化作用，泥岩、页岩软化和泥化形成软弱夹层，软弱层黏土矿物含量多大于60%，具有遇水易泥化和软化、弱膨胀性特点，而志留系多为隔水层，一旦形成软弱夹层，水体富集将有利于软弱夹层的形成，厚度逐步增加；黏土矿物成分主要为绿泥石、蒙脱石，天然状态下其峰值抗剪强度为内摩擦角19°，黏聚力23kPa。这些软弱夹层岩性软弱或破碎程度较高，性质特殊，受力易产生不协调变形，对斜坡稳定性及地质灾害的形成具有极为重要的影响。该类岩体在岩土接触面部位因强风化岩体软化、泥化后对斜坡稳定性影响较大，据调查，长江右岸上孝仁村2km长度斜坡共发育8处地质灾害。

2)坚硬较坚硬中—厚层状砂岩泥质粉砂岩夹页岩煤层或与泥岩互层岩组(Ⅱ-4)

分布情况：该类岩组主要为侏罗系，岩性以砂岩、泥质粉砂岩为主，夹泥岩、页岩、煤层，或互层，砂岩裂隙发育，砂质含量由下部向上部逐渐减少，而泥岩相反，分布范围广泛，主要分布于秭归向斜，长江干流郭家坝至青干河口、香溪河、童庄河、青干河、吒溪河一带。受秭归向斜影响，侏罗系以吒溪河为中轴轴心向两侧略对称分布，自中心向两侧砂岩占比逐步增加，青干河一带受流来观背斜影响，牛口一带岩层缓倾仍以砂岩为主，侏罗系在长江干流北岸主要分布于郭家坝至牛口，干流南岸主要分布在童庄河口至青干河口。上侏罗统蓬莱镇组以紫红色泥岩或泥质粉砂岩为主，局部与少量砂岩互层，主要分布在吒溪河河尾，受构造影响吒溪河两岸均发育滑坡，覆盖层较厚，岸坡未出露基岩；上侏罗统遂宁组和中侏罗统沙溪庙组以泥岩和泥质砂岩夹砂岩的地层为主，干流分布在童庄河口至八碟壶吒溪河口两岸以及童庄河两岸，童庄河因缓坡草皮植被覆盖严重，零星出露地层为以泥岩为主的互层岩体；中侏罗统千佛崖组(聂家山组)、下侏罗统桐竹园组和上三叠统九里岗组以砂岩、粉砂岩夹泥岩为主，干流分布在吒溪河口至牛口岸坡和青干河口右侧岸坡，香溪河分布在左岸。

结构特征：以侏罗系中至厚层砂岩、泥质粉砂岩为主，夹薄层泥岩、页岩、煤层，或互层，其中页岩、泥岩抗风化能力较弱，经过多期构造运动及各种外应力风化作用的影响，构造节理和卸荷裂隙、风化裂隙较为发育，表层结构面密布，密度较大，特别是岸坡出露的泥岩页岩、泥质粉砂岩多呈碎粒状，粒径多在0.5～2cm之间，夹层分布时岸坡可见多处沿层面发育的冲蚀凹槽，表层泥岩岩体手捏即碎，砂岩强度较高，相对较完整，普遍发育3～4组结构面，受秭归向斜影响，倾角一般为60°～80°，倾向主要为近北东向和南西向，水上部分结构面多呈闭合或微张，消落区张开0.5～2cm，表部砂岩岩体多呈块度0.1～2.0m不等的不规则块体，部分中厚层陡坡部位破碎程度较高。

工程地质性质：侏罗系中泥岩和页岩分布较多，多为互层结构，受构造变动、重力、风化作用，泥页岩软化和泥化形成软弱夹层，软弱层黏土矿物含量一般大于50%，局部含量大于80%，具有遇水易泥化和软化、弱膨胀性特点，而侏罗系多为隔水层，一旦形成软弱夹层，水体富集将有利于软弱夹层的形成，厚度逐步增加；黏土矿物成分主要为绿泥石、蒙脱石，天然状态下其峰值抗剪强度为内摩擦角19°，黏聚力25kPa，强度值随泥质含量变化而变化，整个侏罗系泥质含量自上而下逐步减少。这些软弱夹层岩性软弱或破碎程度较高，性质特殊，受力易产生不协调变形，对斜坡稳定性及地质灾害的形成具有极为重要的影响。该类岩体在岩土接触面部位因强风化岩体软化泥化后对斜坡稳定性影响较大，据调查，侏罗系斜坡中共发育200余处地质灾害，其中千将坪滑坡、杉树槽滑坡、卡门子湾滑坡均发生在该类地层岩组中。

3)软质薄—中厚层泥岩、泥质粉砂岩岩组(Ⅱ-5)

分布情况：该类岩组主要为三叠系巴东组第二段、第四段地层，岩性主要为粉砂岩、泥质粉砂岩、泥岩、粉砂质泥岩互层，主要分布于百福坪-流来观背斜、茶店子复向斜东端、长江干流右岸青干河口—牛口、青干河河尾一带。

结构特征：地层为中厚层粉砂岩、泥质粉砂岩、泥岩、粉砂质泥岩互层，其中粉砂质泥岩、泥岩抗风化能力弱，经过多期构造运动及各种外应力风化作用的影响，构造节理和卸荷裂隙、风化裂隙较为发育，表层结构面密布，密度较大，特别是岸坡出露的泥岩、页岩、泥质粉砂岩多呈碎粒状，粒径多在0.5～2cm之间，互层分布时岸坡可见多处沿层面发育的冲蚀凹槽，表层泥岩岩体手捏即碎，粉砂岩强度略高，结构面亦较发育，受构造影响，倾角一般为40°～70°，倾向主要为近北东向和南西向，表部砂岩岩体多呈块度(约10cm不等的不规则块体)，部分中厚层陡坡部位破碎程度较高。

工程地质性质：该岩组多为互层结构，受构造变动、重力、风化作用，泥岩、页岩软化和泥化，形成软弱夹层，软弱层黏土矿物含量一般大于50%，局部含量大于80%，具有遇水易泥化和软化、弱膨胀性特点，一旦形成软弱夹层，水体富集将有利于软弱夹层的形成，厚度逐步增加。巴东组第二、第四岩组段总体呈现为紫红色—砖红色，风化后仍多见紫红色—砖红色，岩石化学成分具有硅质含量十分突出，钙、镁、铁、碳含量相当的特点，矿物组成主要为石英、绢云母、白云母、绿泥石、伊利石等，天然状态下其峰值抗剪强度为内摩擦角20°，黏聚力27kPa，强度值随泥质含量变化而变化，受力易产生不协调变形，对斜坡稳定性及地质灾害的形成具有极为重要的影响。

4)坚硬较坚硬中—厚层状强至中等岩溶化碳酸盐岩碎屑岩岩组(Ⅲ-2)

分布情况：该类岩组主要为三叠系巴东组第一段、第三段地层泥灰岩夹泥岩，下寒武统牛蹄塘组、石牌组灰岩夹页岩，震旦系陡山沱组灰岩夹页岩，主要分布于百福坪-流来观背斜、九畹溪断裂、长江干流青干河和九畹溪附近、青干河一带。

(1)巴东组碳酸盐岩结构特征：巴东组泥灰岩中普遍发育了3～4组节理，倾角一般为50°～80°，倾向主要为近北西向及北北东向。节理和层面为岩体中主要贯通性结构面，其他结构面延伸较短，结构面隙宽多在5mm以下，且多见有褐黄色铁锰质或钙质薄膜。结构面的平均间距随岩性不同有较大差异，一般情况下薄层泥质含量高的岩体中劈裂、节理等次生结构面密度较大。对于巴东组第三段而言，受构造、结构面的切割及后期溶蚀风化作用影响，坡体表部泥灰岩多呈块度20～50cm的不规则块体，部分临空坡段岩体破碎程度较高，呈5～20cm的碎块状，岩体结构以层状块裂结构或层状碎裂结构为主。

工程地质性质：巴东组第一段、第三段泥灰岩地层为一套软硬相间的岩性组合，由于后期普遍遭受构造变动、重力、溶蚀风化作用，软弱夹层十分发育，这些软弱夹层结构松散，岩性软弱或破碎程度较高，性质特殊，受力易与围岩产生不协调变形，对斜坡稳定性及地质灾害的形成具有极为重要的影响。

巴东组第三段岩体中软弱夹层主要分布在岩性变化的接触面或泥灰岩的层间。按成因大体可分为原生型、构造型及溶蚀风化改造型3种。按照软弱带的物质结构特征可分为泥质(软岩)软弱夹层、碎裂岩软弱带及溶蚀风化改造带，宜昌巴东组软弱带主要为泥质(软岩)软弱夹层。

泥质(软岩)软弱夹层：泥质软弱夹层泥岩含量较高，通常情况下黏土矿物含量大于50%，具有遇水易泥化和软化、弱膨胀性特点。由于泥质易风化剥离，地表多表现为顺层剥蚀凹槽。此类夹层形成于沉积成岩时期，其分布连续，结构相对稳定，原岩主要为页岩及钙质泥岩，受后期构造作用影响，常见有层间错动形成的擦痕及黏土矿物定向排列，但其擦痕多为不连续的间断型，黏土矿物定向也表现有错动迹象，泥质软弱带的矿物成分主要为绿泥石、伊利石、方解石。天然状态下其峰值抗剪强度为内摩擦角25.7°，黏聚力36.8kPa，其残余强度内摩擦角与黏聚力分别为其峰值强度的86%和58%，表明夹层在受反复构造错动后内摩擦角趋于稳定，而黏聚力减小明显。

除上述泥质软弱夹层外，巴东组第三段中还有一类与之性质相近的软弱带，主要发育于泥质含量高的薄层泥灰岩中，地下水浸泡时岩质易软化，钻孔岩心表现为青灰色及灰黄色破碎泥状岩块，强度较低，相对于泥质软岩而言，所处沉积环境较稳定，厚度较大，力学强度稍高。

(2)寒武系和震旦系碳酸盐碎屑岩结构特征：地层为中—厚层灰岩夹薄层页岩，其中页岩强度相对较低，经过多种内外应力风化作用的影响，薄层页岩多表层破碎，结构面密布，页岩夹层部位多形成凹腔，灰岩强度较高，岩体结构完整性受构造影响较大，距离构造带较近的岩体破碎程度高，九畹溪一带结构面发育，一般发育 3～5 组，倾角多为陡倾结构面，少量缓倾，倾向主要为近南东向，岩体结构以块裂结构为主。

工程地质性质：该岩组多为夹层结构，受构造变动、重力、风化作用，页岩夹层形成软弱夹层，软弱层黏土矿物含量一般大于 40%，具有遇水易泥化和软化特点，一旦形成软弱夹层，上部多为硬质岩，在重力作用下，基座出现软弱带后，上部硬质岩将出现以脆性变形为主的特征。该类不良岩组的斜坡易形成崩塌灾害(图 2-4)。

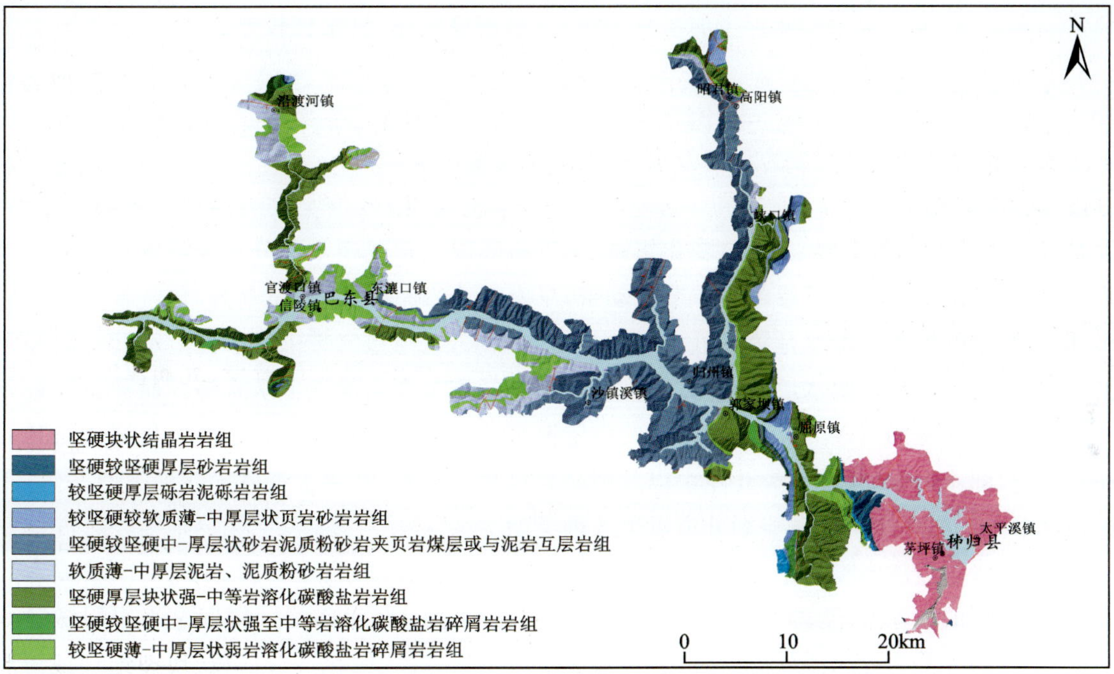

图 2-4 湖北省三峡库区岩体类型分布图

2.4.2 水文地质

2.4.2.1 地下水类型

根据地下水的赋存条件，库区地下水可分为松散岩类孔隙水、碎屑岩类裂隙水、碳酸盐岩类裂隙岩溶水、结晶岩类风化带裂隙水 4 种类型。

(1)松散岩类孔隙水。库区很少有大片分布的松散岩类，多是零星分布。主要有两类：一类是河谷阶地或漫滩河流冲积堆积物；另一类是斜坡重力堆积物。前者上部为黏性土，为隔水层，下部为砂卵石层，储存孔隙潜水；后者主要由滑坡、崩塌碎石类土构成，其架空形成的空隙是透水、储水的良好空间。孔隙潜水含水层厚度一般较小，富水性强。孔隙水由于碎石类土分布于斜坡地带，排泄条件好，补给条件差，透水性强，水位埋藏较深，很少形成统一的地下水位，富水性弱，属季节性潜水，虽然常见有泉水出露，但流量小。孔隙水与下伏基岩地下水有密切的水力联系，地下水动态随季节变化，近前缘地段地下水位随江水位变化而变化，离江较远的崩塌体后部受江水影响小，甚至不受影响。

(2)碎屑岩类裂隙水。主要分布于秭归盆地。地下水赋存于上三叠统沙镇溪组砂岩裂隙孔隙和侏罗系砂岩裂隙及泥化风化裂隙中，其中沙镇溪组砂岩裂隙水常具承压性，单井涌水量多大于 $100m^3/d$，局部条件好的地带可达到 $1000m^3/d$。在大多数侏罗系分布区，以泥岩为主的风化裂隙带网状裂隙厚度小，至深部则成为隔水层，层间所夹砂岩厚度小，裂隙发育不均匀，因此富水性常常较差，泉流量多小于 0.1L/s，单井涌水量小于 $100m^3/d$，含水层之间很少有水力联系，主要受大气降水补给，于附近低洼处排泄。

(3)碳酸盐岩类裂隙岩溶水。依据赋存条件，可进一步将其分为碳酸盐岩岩溶水和碳酸盐岩与碎屑岩互层裂隙岩溶水。前者主要分布于 T_1j、T_1d、P_2c、C_2h、O_1、$\in_3$ 中，具有较好的赋水性，暗河流量多大于 10L/s，局部大于 100L/s；后者主要分布于 T_2b、D_{2+3}、P_1、O_{2+3}、$\in_{1+2}$、Z_2 中，富水性较差，暗河流量多小于 10L/s。降水或地表水汇集于岩溶洼地，再经落水洞等下渗补给地下水，在长江及支流岸边或不同岩性的接触部位以暗河或大泉的形式排泄。

(4)结晶岩类风化带裂隙水。分布于库首地带前震旦系结晶岩风化带。该类岩石距强、弱风化带 10m 到数十米不等，地下水主要赋存于弱风化带中，含水层厚度小，富水性较差。

2.4.2.2 地下水动力学类型

库区地下水动力学类型可分为包气带水-潜水和承压水两大类型。

1)包气带水-潜水

该类型是一种混合水类型，受季节变化影响，无严格界限。包气带水是分布于斜坡浅部地下水面以上的非重力水，是地下水补给下渗带和季节变动带，旱季无水，雨季地下水位上升，包气带的一部分充满重力水，形成暂时性潜水。潜水是第一隔水层之上的无压水，它与包气带中季节性潜水具有同等的水力学性质，当二者之间无局部隔水层存在时，则构成统一的随季节变化的地下水系统。此种类型是三峡库区最基本、分布最普遍的水动力类型，对岸坡的稳定性影响最为直接。碎屑岩浅部风化裂隙与基岩裂隙水、碳酸盐岩裂隙水溶水、松散岩类孔隙水以及结晶岩风化裂隙水-孔隙水都属于此种类型。

按其地下水动力模型可进一步划分为以下 3 种类型。

(1)间歇下渗裂隙潜水型。岸坡中层状碎屑岩、碳酸盐岩的浅部，由于构造、风化和岸坡应力的调整等作用，形成密集的裂隙带，为地下水的入渗提供通道，同时也是赋水空间。特别是当岩层缓倾—中倾坡外，且岩体结构上部为砂岩或碳酸盐岩、下部为泥岩或页岩，在雨季包气带形成暂时的潜水层时，所产生的动水压力是推动上覆岩体沿泥岩层面发生变形的重要动力。

(2)间歇下渗空隙潜水型。该种类型是库区崩滑体内最普遍的水动力类型。堆积层多为松散的碎石土、碎块石土或碎裂岩，孔隙发育，并具有一定的汇水面积。雨季接受的降水补给，在内部形成暂时性潜水，所造成的动水压力是引起崩滑体不稳定的重要因素。

(3)裂隙充水承压型。该种类型主要见于砂岩与泥岩互层组成的平缓或缓倾外层状岸坡中。岩体经风化和浅部顺层滑移变形，坡体中出现张裂缝，为水体入渗和赋存提供了空间，完整的岩体本身透水性差，而滑移面附近岩体的完整性已经破坏，空隙性较好，雨季或暴雨季节，拉裂缝充水的同时，也沿滑移面形成暂时性承压水带。裂隙充水与滑带承压水的联合作用是造成岸坡破坏的重要因素。

2)承压水

坡体内由层间砂岩构成的水属于承压水动力类型，按循环特征可分为弱循环承压水和强循环承压水两类。前者主要在补给区循环，对岸坡演变影响小，一般是砂岩厚度小且埋藏较深、坡脚未被切开、岩石新鲜完整的斜坡。后者多在“自流斜坡”形成，因补给较远，水压力较大，并能较快地向下传递，因此对上覆岩层产生扬压力，是导致岸坡斜坡变形破坏的重要动力因素。

一般在侏罗系和上三叠统沙镇溪组构成的顺向坡岸坡，易形成强循环承压水动力类型。

2.4.2.3 地下水富水性

根据区内含水介质特征、地下水赋存条件和水动力特征，将区内地下水分为三大类型，并根据泉流量大小把富水性分为 3 级(表 2-5)。

表 2-5 地下水类型及富水性一览表

地下水类型		含水岩层代号	主要岩性	分布位置	特征	富水性
松散岩孔隙水		Q	粉土、砂砾石、黏土夹砾石、碎石土	零星分布于长江及其支流河谷两侧的阶地和山间洼地底部	泉流量小于0.5L/s	水量贫乏
碎屑岩裂隙水		Z_1n、D_{2+3}、P_1l、P_2l、C_2h、J	石英岩、石英砂岩、粗砂岩夹砾岩、砂(岩)砾岩	条带状分布于背斜核部及两翼	泉流量小于1L/s，水位埋深小于100m	水量贫乏
碳酸盐岩岩溶水	碳酸盐岩裂隙溶洞水	Z_2dn、$\in_1sl$、$\in_{2+3}$、O_1、$\in_{1+2}$、P_1、T_1j、T_1d、T_2b^3	石灰岩、白云岩、白云质砂岩	区内长江以南大面积分布	泉流量大于10L/s，水位埋深多大于100m	水量丰富
	碳酸盐岩夹碎屑岩岩溶裂隙水	O_{2+3}、P_2、Z_2d	含燧石结核灰岩、灰岩夹碳质灰岩或互层	背斜核部或靠近核部的两翼	泉流量1～10L/s	水量中等

2.4.2.4 相对隔水层

该层在区内主要为中三叠统巴东组第二、四段(T_2b^2、T_2b^4)、上二叠统龙潭组(P_2l)、下二叠统梁山组(P_1l)、下寒武统石牌组($\in_1s$)等地层，岩性以砂岩、页岩、泥岩为主，相对于碳酸盐岩隔水，砂岩含少量裂隙水，泉流量小于1L/s，属弱富水。由于单层隔水层吴家坪组页岩夹煤层的存在与含水层相间分布，组成区域的相对隔水层。

2.4.2.5 地下水的补给与排泄

1)补给

区内地下水位的补给有大气降水与地表水的双重补给。其中大气降水入渗补给为地下水的主要补给源，区内大面积基岩裸露，降水充沛。碎屑岩裂隙含水岩类渗入系数为0.02左右，岩溶山区碳酸盐岩类裂隙岩溶含水岩类渗入系数达0.3～0.45，大量的大气降水渗入地下转为地下径流，水量丰富，双重补给主要位于碳酸盐岩大面积裸露山区河流、溪沟洼地两侧及河流阶地前缘斜坡地段，且剥夷面上的地表径流、暗河常常相互转化，造成地表水与地下水互补，洼地、槽谷中地表径流通常经由落水洞、溶洞集中补给地下水。山间河流、溪河在洪汛期侧面补给地下水。区内碳酸盐岩地层广泛分布，丰沛的大气降水沿各种岩溶管道直接或间接补给地下水，同时岩溶化剥夷面上地表溪流也多消入地下成为暗河的重要补给来源。因此，区内以岩溶水为主的地下水资源较丰富。

2)排泄

地下水的排泄部位和溢出带主要有下列几种。

(1)当地侵蚀基准面。

(2)岩相突变接触带。

(3)各剥夷面之间的过渡斜坡地带。

(4)碳酸盐岩广泛分布的山前区，含水层倾没埋藏于山间盆地，丰富的岩溶地下水沿裂隙运移，以接触泉或上升泉形式排泄。

(5)褶皱山区，含水层被剥露，在斜坡地带局部隔水层的阻隔下，地下水以悬挂泉或下降泉的形式向沟谷或低洼地带排泄。

(6)岩溶发育、河流深切的地区，地下水以暗河的形式流出地表。

2.4.2.6 地下水的运移及动态特征

区内地下水的运移主要受地形地貌、地层岩性及构造条件的控制，其运动方向大体上沿沟谷径流排泄，多排向长江及其支流，在碳酸盐岩岩层分布广的区段，岩溶水具分带性。垂直循环带内地下水运动以垂直运移为主；季节变化带则以垂直和水平运动两者出现，泉水流量随季节变化；水平循环带内地下水以水平运动为主，出露泉水流量大且稳定。

区内地下水动态季节变化由大气降水控制，尤其是河谷深切、地形陡的变化带，其动态随季节的变化而变化，时间快，变幅大，与大气降水密切相关，一般仅滞后几个小时至数十个小时。其水量、水位在枯、丰水期差值可达几倍至几十倍，这种强烈变幅的动态特征为山区地质灾害孕育发展提供了有利的环境外动力条件，也是地质灾害发育于汛期的主要因素之一。

2.4.2.7 地下水化学特征

三峡库区部分地表水、地下水化学成分分析成果(表 2-6、表 2-7)表明，地下水的物理性质良好，无色、无味、透明、清澈，水温 15～18℃。化学成分中的阳离子以 Ca^{2+}、Mg^{2+} 为主，阴离子以 HCO_3^-、SO_4^{2-} 为主，地下水中的溶解性总固体在 196～402mg/L 之间，属低矿化度淡水，水中的 Ca^{2+} 在 22～122mg/L 之间，Mg^{2+} 在 0～69mg/L 之间，水的硬度在软水—微硬水之间，以微硬为主。水的 pH 值在 6.74～8.66之间，以中性水为主。水的耗氧量在 0.36～3.3mg/L 之间，总体水质较好。侵蚀性二氧化碳在少量水样中未检出，在多数水样中为 5.6～17mg/L，库区内地表水、地下水多对钢筋有弱腐蚀性。

表 2-6 侵蚀性二氧化碳、溶解性总固体水质分析一览表

样品名称	序号	检测项目	单位	结果	备注
水 1	1	侵蚀性二氧化碳	mg/L	17	棺木岭
		溶解性总固体	mg/L	235	
水 2	2	侵蚀性二氧化碳	mg/L	8.5	棺木岭
		溶解性总固体	mg/L	196	
SY-2	3	侵蚀性二氧化碳	mg/L	5.6	李家湾坡脚江水
		溶解性总固体	mg/L	402	
SY-6	4	侵蚀性二氧化碳	mg/L	8.2	集镇下游江水
		溶解性总固体	mg/L	222	
SY-9	5	侵蚀性二氧化碳	mg/L	9	鸡翅膀岸坡
		溶解性总固体	mg/L	356	
SY-12	6	侵蚀性二氧化碳	mg/L	8	东瀼口东溪水
		溶解性总固体	mg/L	364	
SY-14	7	侵蚀性二氧化碳	mg/L	6.9	梨子坪裂隙
		溶解性总固体	mg/L	262	
SY-23-2	8	侵蚀性二氧化碳	mg/L	15	龙昌峡坡脚溪水
		溶解性总固体	mg/L	324	
H-1	9	侵蚀性二氧化碳	mg/L	未检出	火焰石二次
		溶解性总固体	mg/L	278	

续表 2-6

样品名称	序号	检测项目	单位	结果	备注
P4	10	侵蚀性二氧化碳	mg/L	未检出	破水峡
		溶解性总固体	mg/L	208	
P5	11	侵蚀性二氧化碳	mg/L	未检出	破水峡
		溶解性总固体	mg/L	312	
R2	12	侵蚀性二氧化碳	mg/L	未检出	长江溶洞
		溶解性总固体	mg/L	306	

表 2-7 水样化学成分分析一览表

单位:mg/L

序号	Mg	Al	Si	P	S	Cl	K	Ca	Fe
1	0	0	30.60	2.94	20.49	109	11.94	48.17	0
2	69.4	10.53	66.0	2.41	13.77	55.6	11.15	122	0
3	64.9	0	27.00	2.96	25.96	194	21.18	51.2	0.67
4	34.21	0	25.00	2.49	18.20	169	16.47	55.9	0
5	52.9	0	42.39	1.51	22.87	2.61	1.30	35.99	0
6	16.49	0	10.87	1.84	55.4	18.80	3.73	37.86	0
7	32.22	0	25.11	2.16	5.00	2.46	2.71	22.54	0
8	17.30	0	138	1.93	6.82	9.27	2.35	51.2	0
9	19.19	0	22.25	2.24	10.25	22.23	0.92	50.6	0
10	0	0	175	1.69	8.02	52.8	18.42	71.9	0
11	22.46	0	13.60	1.97	4.13	10.72	1.41	86.9	0
12	46.49	0	1356	1.71	10.78	12.14	7.56	92.0	4.12

区内勘查资料表明,灰岩中节理裂隙较为发育,近南北向及东西向高倾角节理裂隙延伸较远,穿透性较好,巴东城区的云沱、西瀼坡等地钻孔孔深 46～52m 仍见有灰岩中沿结构面产生的溶蚀现象,坡体表部沿节理溶蚀形成大量的溶蚀裂隙,宽者可达 1m 以上,缝中见有灰华,裂面可见方解石片状结晶。由于巴东组地层软硬相间,层间错动强烈,层面也具有一定的透水性,在饱水带水流往往通过层面运移,将 $CaCO_3$ 成分溶蚀后,沿层面形成残积泥岩层,起隔水作用,使其上部形成局部汇水层,长期的溶蚀作用产生溶蚀层,沿层面溶蚀形成杏黄色泥质条带。节理与层理的联合作用加剧了岩溶的进行,在节理和层理切割围岩的块体中,溶蚀作用逐渐发展贯通,使其周边被强烈溶蚀风化,破坏原岩的工程地质性质。

2.5 库水位调度

自 2003 年 6 月起,三峡水库开始 135m 蓄水;2006 年汛后蓄水至 156m 水位;2008 年汛后进行了 175m 试验性蓄水,随后,三峡水库坝前水位在 145～175m 之间波动。目前三峡水库已形成比较稳定的运行调度过程,每年 6 月 10 日,库水位开始下降至 145m,到 10 月开始蓄水至 175m。

根据三峡库区多年的水位调度方案,库水位调度可以划分为 4 个阶段(图 2-5)。

(1)高水位运行期,时间为上年度 11 月初—本年度 5 月 25 日,库水位处于 175m 缓慢降至 162m 左右的过程中,降雨较少。

(2)水位快速下降期，时间为5月25日—6月10日左右，三峡库区处于正常蓄水位降至汛限水位的加速腾库期间，库水位由162m急剧降至145m，是三峡库区水位下降最快的时间段，也是动水压力最大的时间段，三峡库区也已进入汛期，降雨不断增多。

(3)限制水位期，时间为6月10日左右—9月10日，三峡库区处于汛限水位运行期间，是三峡库水位最低的时期，此时，三峡库区进入主汛期，是三峡库区降雨最集中的时间段。

(4)水位上升期，9月10日—10月底，三峡库区开始拦蓄洪水，库水位迅速增高，由145m增加至175m期间，降雨量不断减少。

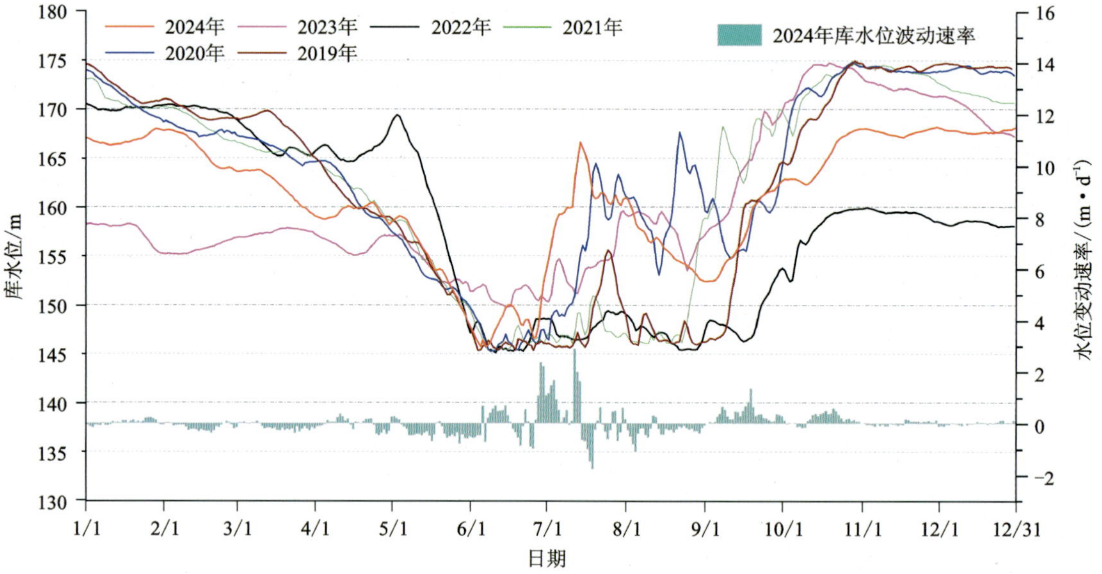

图2-5　三峡库区运行水位调度图

2.6　本章小结

针对三峡库区气候概况、区域地貌、地层岩性、地质构造及水文地质工程概况进行了概述。

(1)三峡库区属亚热带季风气候，近些年三峡库区夏季气温逐年上升，极端高温出现频繁，使得汛期调洪库区岸坡岩体加速劣化。

(2)三峡库区地形地貌属构造侵蚀中山—中低山峡谷地貌，地层出露比较齐全，沉积盖层极为发育。震旦系和古生界呈条带状展布于东南部至南部边缘，三叠系和侏罗系广泛发育于中部、西部、北部，白垩系仅见于仙女山、周坪等地。调查区内结晶岩集中分布于东部兰陵溪、庙河、鲁家河以东，均系前震旦纪扬子期岩浆活动，受北西向构造控制。

(3)三峡库区地质构造形迹从东往西依次为秭归向斜及黄陵背斜，秭归向斜地层为侏罗系碎屑岩沉积地层，黄陵背斜隆升过程控制了其两侧盆地沉积格架的形成。三峡库区处于新华夏构造体系鄂西隆起带北段和淮阳"山"字形构造体系的复合部位。主要表现为新华夏系联合弧形构造和新华夏系复合式构造两种形式，区内断裂主要有3组：北北东西—近南北向断裂组、近东西向断裂、北西向断裂。

(4)库区地下水可分为松散岩类孔隙水、碎屑岩类裂隙水、碳酸盐岩类裂隙岩溶水、结晶岩类风化带裂隙水4种类型。库区地下水动力学类型可分为包气带水-潜水和承压水两大类型。

3 消落区岩体劣化特性

湖北省三峡库区长江干支流岸坡劣化情况根据岩性大体可分为3类:第一类是巴东县城以西(巫峡段),巴东、秭归交界处的巴东水泥厂—破水峡、神农溪小三峡段(龙昌峡、鹦鹉峡、绵竹峡)、兵书宝剑峡—牛肝马肺峡以及香溪河、九畹溪一带以碳酸盐岩为主的岩质库岸;第二类是巴东县城以东以及东瀼溪支流、牛口—郭家坝集镇一带以及香溪河右岸、童庄河、吒溪河、青干河等支流以碎屑岩为主的岩质库岸;第三类是兰陵溪至大坝坝首以结晶岩为主的岩质库岸。通过前期湖北省三峡库区劣化带调(勘)查项目成果综合分析,结晶岩库岸岩性以黑云母石英闪长岩、斜长花岗岩、片麻岩为主,库岸段坡度一般为15°~30°,局部呈陡坎状,表部多风化呈砂土状,劣化以表层剥落、崩落掉块、砂土局部坍滑为主,变形规模及影响范围均较小,危害性小,因此本次研究主要针对碳酸盐岩和碎屑岩库岸劣化特征进行详细研究,现分别对两类岩体劣化特征分述如下。

3.1 碎屑岩岸坡消落区岩体劣化特征

3.1.1 碎屑岩岸坡消落区岩体劣化现象及分类

3.1.1.1 碎屑岩薄层侵蚀型

劣化区岩层多为薄层泥岩、泥质粉砂岩,呈颗粒状,平均粒径小于2cm,坡岸坡段多为缓坡—陡坡,主要分布在长江干流、童庄河、青干河、东瀼溪等地(表3-1,图3-1、图3-2)。

表3-1 碎屑岩薄层侵蚀型劣化特征分布汇总表

河流	分布库段位置	地层岩性	长度/m
长江干流	凤凰嘴—苏溪沟口岸坡	泥质粉砂岩、砂岩	5.07
	秭归老县城—八字门岸坡	泥质粉砂岩、砂岩	14.12
	东瀼溪	泥质粉砂岩	1.34
童庄河	童庄河口左岸—谢家坝岸坡	泥岩、泥质粉砂岩、砂岩	11.21
	童庄河口右岸—墨槽岸坡、郭家冲—罗汉沟岸坡	泥岩、泥质粉砂岩、砂岩	17.13
青干河	桐树湾—堰沟	粉砂质泥岩	3.11
合计			51.98

3.1.1.2 碎屑岩软硬互层冲蚀型

该类劣化特征主要受软硬相间岩性差异的影响,因砂岩和泥岩在相同环境下劣化的速度和程度存在明显差异,表现为消落区差异性的劣化特征,出现软弱层冲蚀凹陷剥落、硬质砂岩块裂崩落等凹槽,造成碎屑岩岸坡出现劣化变形,其中顺向岸坡凹槽型劣化变形主要以侧向侵蚀及滑移变形为主,逆向岸坡凹槽型劣化变形主要以崩落变形为主(图3-3、图3-4)。

图 3-1　侵蚀型劣化特征(赵家山)

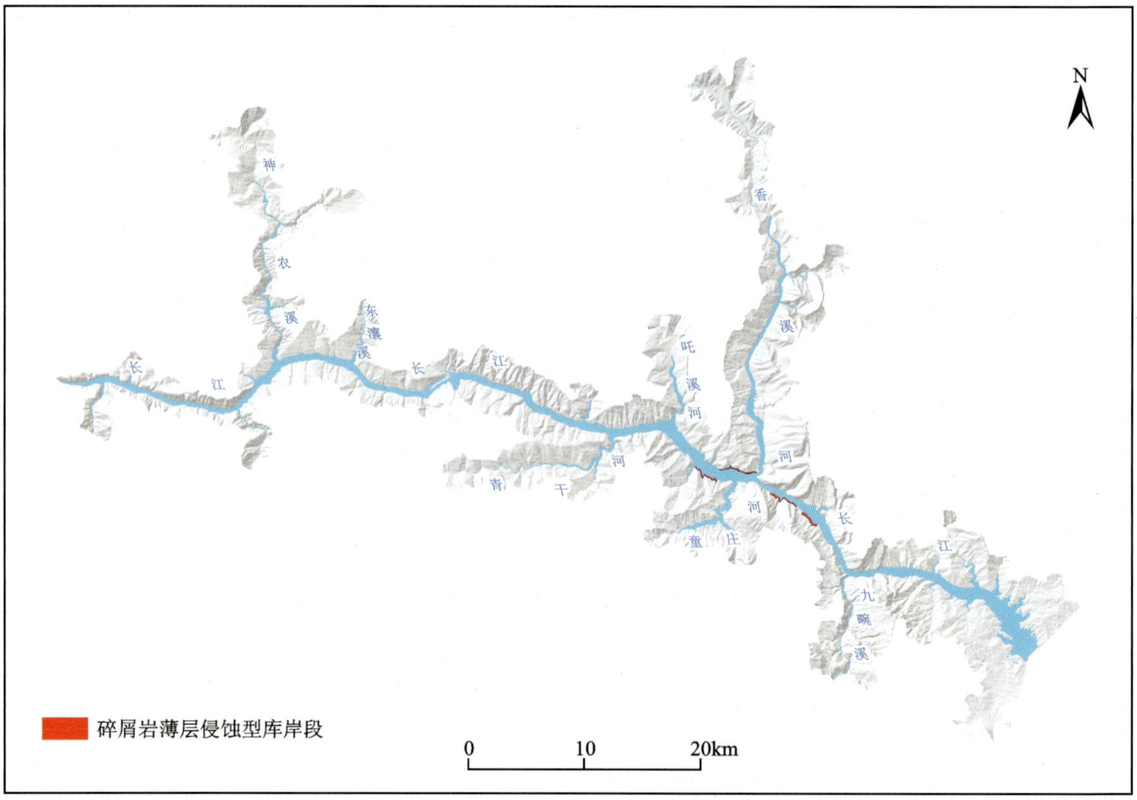

图 3-2　碎屑岩薄层侵蚀型分布图

劣化区岩层多为薄泥质含量较高的泥岩、泥质粉砂岩等与中厚层砂岩、石英砂岩等互层，砂岩、石英砂岩呈块状的结构面张开明显，多无填充，平均张开度 0.5～10cm，一般块径10～50cm，泥岩、泥质粉砂岩等呈颗粒状，平均粒径小于 2cm，表部裂纹密布呈张开状，张开宽度1～3mm，该劣化特征类型岸坡多为缓坡—陡坡。在软硬相间互层的条件下，砂岩、泥岩岩性产生差异，导致两种岩石的劣化速度和劣化程度产生差异，出现了明显的差异性劣化特征，泥岩表现为岩石崩解逐层剥蚀凹陷，砂岩以结构面扩展块裂为主。凹槽型按斜坡结构大致分为两类，其中顺向坡差异性劣化特征以侧向的侵蚀和滑移劣化变形为主，逆向坡差异性劣化特征以泥岩凹陷和砂岩崩落垮塌变形为主。

图 3-3 顺向坡碎屑岩软硬互层冲蚀型劣化特征(八叠壶岸坡)

图 3-4 逆向坡碎屑岩软硬互层冲蚀型劣化特征(泄滩集镇)

该类劣化特征分布较为广泛,主要分布于长江干流、巴东干流、香溪河、青干河、神农溪等地碎屑岩分布区,各分布区库段位置、岩体岩性及长度统计见表 3-2 和图 3-5。

表 3-2 碎屑岩软硬互层冲蚀型劣化特征分布汇总表

河流	分布库段位置	地层岩性	长度/m
长江干流	道士沱—冉家湾岸坡	泥质粉砂岩、砂岩	14.10
	烈士塔—张家溪	泥质粉砂岩、砂岩	7.91
	龙船沟—凤凰嘴岸坡	泥质粉砂岩、砂岩	15.70
	黄金岩—何家大沟岸坡	泥质粉砂岩、砂岩	2.65
巴东干流	东瀼溪、汪家梁子—牛口	巴东组泥质粉砂岩、粉砂质泥岩互层	10.01
香溪河	归州镇乔家坡—潘家湾、峡口镇吴家湾—竹溪墓、峡口镇平邑口—罗家河	粉砂岩夹紫红色泥质砂岩、紫红色泥岩夹砂岩	13.60
青干河	头道河—高家塝	粉砂岩夹紫红色泥质砂岩、紫红色泥岩夹砂岩	16.51
神农溪	罗坪、龙船河	巴东组泥质粉砂岩、粉砂质泥岩互层	5.11
合计			85.59

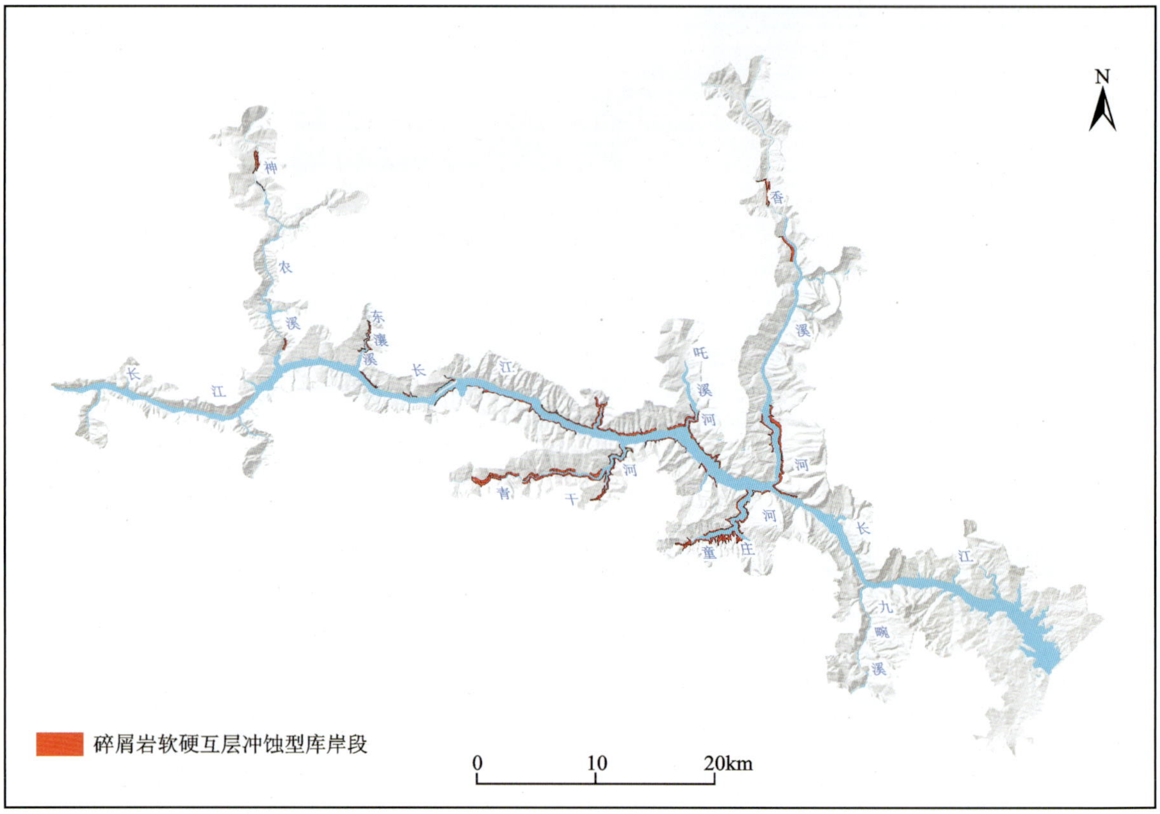

图 3-5　碎屑岩软硬互层冲蚀型分布图

3.1.1.3　碎屑岩中厚层剥蚀型

该类劣化后现状特征主要表现为消落区岩体块裂呈碎块状。劣化区岩层多为中厚层砂岩、粉砂岩，呈块状的结构面张开明显，多无填充(图 3-6)，平均张开度0.5～5cm，一般块径2～20cm，该劣化特征类型库岸坡岸坡度多为缓坡—陡崖，分布较为广泛，主要分布在干流、童庄河、青干河、神农溪等区域，各区域库岸段位置、地层岩性及长度统计见表 3-3 和图 3-7。

图 3-6　碎屑岩中厚层剥蚀型劣化特征(蟒蛇寨)

表 3-3 碎屑岩中厚层剥蚀型劣化特征分布汇总表

河流	分布库段位置	地层岩性	长度/m
干流	张家溪—道士沱岸坡岸坡	泥质粉砂岩、砂岩	12.75
	前坡—龙船沟岸坡岸坡	泥质粉砂岩、砂岩	20.93
	苏溪沟—黄金岩	泥质粉砂岩、砂岩	1.75
	何家大沟—童庄河口岸坡岸坡	泥质粉砂岩、砂岩	2.32
童庄河	龙潭河两岸	泥岩、泥质粉砂岩、砂岩	3.07
青干河	张家湾—李家咀	粉砂岩	3.46
	郭家屋场—周家坝	砂岩、粉砂岩、粉砂质泥岩	10.19
神农溪	碱芋沟—曹家坪	粉砂岩	2.03
合计			56.5

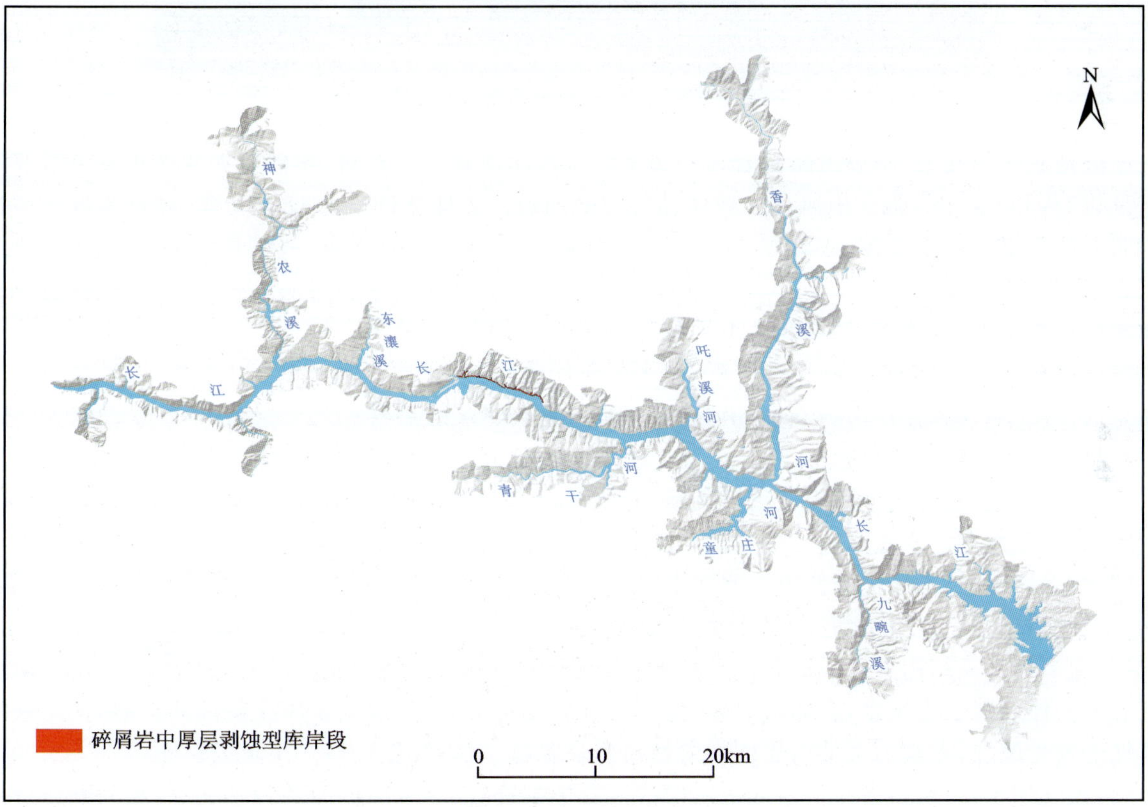

图 3-7 碎屑岩中厚层剥蚀型分布图

3.1.2 典型碎屑岩岸坡消落区岩体劣化

3.1.2.1 薄层侵蚀型——八字门岸坡

1)岸坡基本特征

八字门岸坡位于三峡库区宜昌市长江干流左岸。行政上隶属于秭归县归州镇,岸坡后缘上部有少量居民居住。该岸坡平面形态近弧形,剖面形态总体呈折线形,坡向 180°,岸坡总体坡度较陡,消落区坡度 20°~40°(图 3-8)。

图 3-8　八字门岸坡消落区照片

岸坡地貌多为陡坡，岸坡出露基岩为中侏罗统千佛崖组黄绿色泥岩、粉砂岩夹介壳灰岩条带及透镜体，岩层产状320°∠35°，强—中风化。坡体结构为横向坡。岩体节理裂隙较为发育，对岩体破坏主控性较为明显的为以下两组裂隙：①210°∠65°～75°，面平直，较粗糙，略弯曲，线密度5～8条；②135°∠24°，面平直，微张，张开宽度0.5～1cm，可见延伸长1.5～2m。消落区岩体多为薄层泥岩，受区域构造作用和风化卸荷作用影响，岩体多呈颗粒状，平均粒径小于 2cm。

岸坡消落区泥岩含泥量高、岩质较软，在水库作用下，夏季库水低位运行，岩体裸露，受高温暴雨等极端天气作用，岩体风化作用强烈，并沿结构面发生滑移，岸坡线后移。

2)岩体劣化影响因素分析

(1)地形地貌：消落区地形为缓坡—陡坡，基岩裸露，长江干流为区内最低侵蚀基准面，总体流向由西向东，临空条件好。

(2)地层岩性：发育于中侏罗统千佛崖组，岩性主要为薄层泥岩。泥岩泥质含量较高，岩质较软，在库水浪蚀的作用下，岩体软化并沿结构面发生崩塌。

(3)地质构造及结构面：滑坡区位于秭归向斜近核部东翼，岩层产状320°～340°∠30°～35°，岸坡消落区表部岩体裂隙较为发育，岩体较破碎，为水流入渗提供了通道，加剧了风化侵蚀的扩展，使岸坡岩体工程性能发生改变，尤其消落带内岩体力学性质明显降低，对岸坡稳定性产生重要影响。

(4)大气降水：由地表坡面下渗或从裂隙渗入岩体裂缝，改变了结构面的力学状态，水的静压效应对岩体中的陡倾裂面起水楔作用，产生向临空方向的推力，同时加速了结构面的软化，使裂缝增多、加深、加宽并向山体内部延伸。

(5)库水位动态变化：主要有物理作用(干湿交替)、水动力(水流冲刷、动水压力、静水压力、渗透侵蚀)。库水位对岸坡段冲刷、潜蚀是岸坡段破坏的方式之一，库水位冲刷和潜蚀作用，对岸坡岩体造成破坏，形成裂缝，掏蚀凹腔，破坏了岸坡岩体的完整性。另一种破坏方式为库水位升降，受水位涨落冲刷、掏蚀破碎程度加剧，岸坡岩体在干湿交替作用影响下，岩体的力学强度降低，加速岸坡变形破坏。

3)劣化带变形机制分析

八字门岸坡主要是中侏罗统千佛崖组薄层泥岩。对三峡库区消落带软岩抗剪强度劣化机理分析研究，得到了软岩初期干湿循环时，抗剪强度发生严重劣化。软岩抗剪强度的劣化是由蒙脱石遇水膨胀和岩石中裂隙吸附水分产生楔裂压力的发展造成的这一劣化机理，其发育趋势为随着干湿循环的次数增加而呈对数式增大。考虑到库区的运行具有长期性，因此劣化因素更为复杂，水化学作用、水压力变化以及水动力作用等均对劣化发育有着一定的影响。因此劣化带的实际发育相对于室内干湿循环试验的结果而言，其劣化程度和速率要大于室内试验结果(图 3-9)。

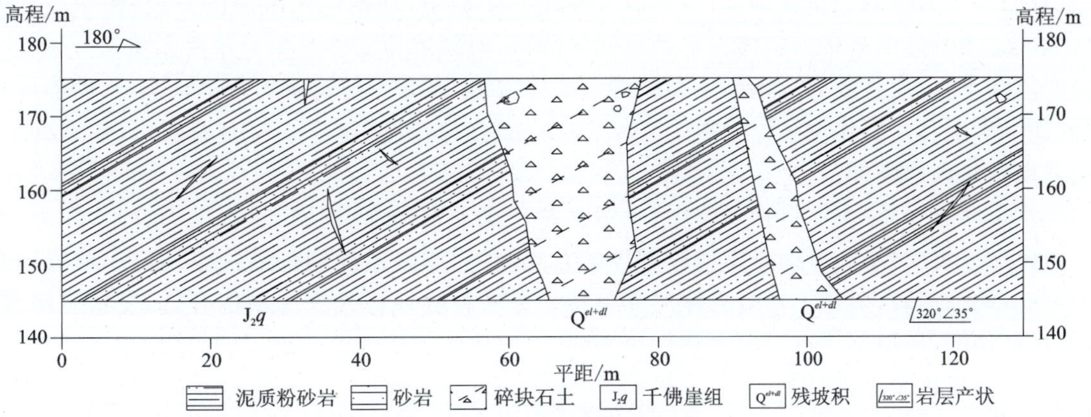

图 3-9　八字门岸坡实测剖面

3.1.2.2　软硬互层冲蚀型——八碟壶岸坡

1)岸坡基本特征

八碟壶岸坡位于三峡库区宜昌市长江干流右岸。行政上隶属于秭归县郭家坝镇楚王井村 8 组，岸坡后缘上部有少量居民居住，区域内无陆路交通可至，附近仅有少量小型船只停靠。该岸坡平面形态呈指状，剖面形态总体呈折线形，坡向 349°—357°—40°，岸坡总体坡度较陡，消落区坡度 45°～55°，消落区顶部第四系覆盖层坡度达 25°～40°。

岸坡地貌多为陡坡，岸坡出露基岩为沙溪庙组(J_2s)薄—中层泥岩砂岩互层，岩层产状 70°～108°∠55°，中—强风化。坡体结构为横向坡。受区域构造作用和风化卸荷作用影响，岩体节理裂隙较为发育，对岩体破坏主控性较为明显的为以下 3 组裂隙：①330°∠40°，面较平直，微张，泥质半充填，可见延伸长 3～10m，5 条/m；②25°∠78°，面较平直，张开 0.1～3cm，泥质半充填，可见延伸长 10～15m，3～5 条/m；③170°∠60°，面较平直，张开0.1～2cm，泥质半充填，可见延伸长1～5m，5 条/m。出露岩体受裂隙切割，多呈0.2～1m碎块状。

岸坡劣化变形根据岩体软硬程度及物质组成不同，劣化变形特征也不同。泥岩含泥量高、岩质较软，在水库作用下，夏季库水低位运行，岩体裸露，受高温、暴雨等极端天气作用，岩体风化作用强烈，岩体裂隙显现扩展；冬季库水高位运行，受库水侵蚀，岩体软化剥落，并沿结构面发生滑移，岸坡线后移形成凹槽。砂岩岩质较硬，泥岩后移后三面临空，在库水掏蚀和侵蚀作用下，发生块裂，以崩落掉块为主。

2)岩体劣化影响因素分析

(1)地形地貌：消落区地形坡度较陡，基岩裸露，顶部为坡度相对较缓的斜坡，斜坡植被茂密。长江干流为区内最低侵蚀基准面，总体流向由西向东，临空条件好。

(2)地层岩性：发育于中侏罗统沙溪庙组，岩性为泥岩砂岩互层。泥岩泥质含量较高，岩质较软，在库水位冲蚀和掏蚀的作用下，随结构面发生崩塌；砂岩砂质含量较高，岩质较硬，在泥质砂岩后移后三面临空，经库水上涨浸泡饱水后又经库水下降水分流失加上风吹日晒等自然作用下，岩块力学强度急剧下降，易崩解。岸坡不同岩体间存在明显差异性劣化。

(3)地质构造及结构面：区内勘查研究表明，受构造变动影响，层间节理和构造裂隙发育。碎屑岩岩体中劈理、节理等次生结构面密度较大。此外，各组结构面间距差别较大，一般为10～100cm，结构面线密度一般为1.2～5条/m。优势结构面与所构造部位有关，宜昌干流受轴向近南北的秭归向斜控制。受断层及层间软弱带、错动带、节理劈理等结构面的切割及后期溶蚀风化作用影响，硬质岩组多呈层状，完整性相对较好，软硬相间岩组和碎屑岩坡体表部多呈块度20～50cm的不规则块体，部分临空坡段岩体破碎程度较高，呈5～20cm的碎块状，岩体结构以层状块裂结构或层状碎裂结构为主。上述层理、节理构造的发育破坏了岩体的完整性，同时为水流入渗提供了通道，加剧风化溶蚀的扩展，使岸坡岩体工程性能发生改变，尤其是消落带内岩体力学性质明显降低，对斜坡稳定性产生了重要影响。

(4)大气降水：由地表坡面下渗或从裂隙渗入岩体裂缝，改变了结构面的力学状态，水的静压效应对岩体中的陡倾裂面起水楔作用，产生向临空面方向的推力，同时加速了结构面的软化，使裂缝增多、加深、加宽并向山体内部延伸。

(5)库水位动态变化：主要有物理作用(干湿交替)、水动力(水流冲刷、动水压力、静水压力、渗透潜蚀)。库水位对岸坡段冲刷、潜蚀是岸坡段破坏的方式之一，库水位冲刷和潜蚀作用对岸坡岩体造成破坏，形成裂缝，掏蚀凹腔，破坏了岸坡岩体的完整性。另一种破坏方式为库水位升降，受水位涨落冲刷、掏蚀破碎程度加剧，岸坡岩体在干湿交替作用影响下，岩体的力学强度降低，加速岸坡变形破坏。

3)劣化带变形机制分析

八碟壶岸坡主要是中侏罗统沙溪庙组泥质粉砂岩、砂岩互层。通过前人对水库运行期岸坡消落区红砂岩抗拉强度劣化机理进行的分析可知，在水压力和干湿交替共同作用过程中，红砂岩的抗拉强度随着干湿交替作用次数的增加逐渐劣化，劣化幅度逐渐减小趋于零。通过对三峡库区消落带沙溪庙组软岩抗剪强度劣化机理分析研究，得到了沙溪庙组软岩初期干湿循环时，抗剪强度发生严重劣化，软岩抗剪强度的劣化是由蒙脱石遇水膨胀和岩石中裂隙吸附水分产生楔裂压力的发展造成的这一劣化机理，其发育趋势为随着干湿循环次数的增加而呈对数增加。考虑到库水的运行具有长期性，因此劣化因素更为复杂，水化学作用、水压力变化以及水动力作用等均对劣化发育有着一定影响。因此，劣化带的实际发育相对于室内干湿循环试验的结果而言，其劣化程度和速率要大于室内试验结果。

通过对碎屑岩岸坡进行对比调(勘)查发现，岸坡劣化特点主要是差异性劣化，因砂岩和粉砂质泥岩强度及成分差异，在自然风化重力卸荷作用下，受三峡库区水位长期循环涨落影响，表层岩体出现劣化速度及劣化程度的差异，导致岸坡出现劣化变形。岸坡劣化变形表现为散裂碎裂—掏蚀冲蚀凹腔—局部垮塌—滑移4个阶段，一旦造成上部坡体整体滑移，并造成涌浪，将对坡体上的居民生命财产安全和长江航道安全造成严重威胁。

4)趋势分析

(1)初始阶段：软化、散裂、碎裂、崩解。

由于汛期三峡库区腾空库容低水位运行，碎屑岩岸坡岩体裸露，受夏季极端气候(高温、暴雨)影响，风化作用强烈，风化岩体主要沿结构面发育裂缝，随时间的推移，裂缝由闭合到显现、由显现到张开、由张开到扩展贯通，强度略高的粉砂岩岩体劣化散裂呈块状，而强度较低的泥岩岩体则劣化碎裂呈颗粒状，随着结构面的逐步增多，岩体强度逐步严重下降，这也是岸坡岩体劣化的重要标志，水库的运行加速了这一过程(图3-10、图3-11)。

图3-10 砂岩块裂现象(镜向200°)

(2)发展阶段：掏蚀、潜蚀、溶蚀、冲蚀形成凹腔、岩腔。

在三峡库区运行过程中，库水位变动尤为常见，库水的机械掏蚀、冲蚀现象也较为常见，它最明显的作用表现在以下几个步骤：①覆盖层较薄的岸坡土体及裂隙面充填物被掏蚀，导致岩体裸露；②机械的冲刷造成已有裂缝的进一步加宽加深，破坏了浅表层岩体结构，最终导致崩落、掉块；③对表层因劣化产生的松动岩体冲刷携带，坡体内凹；④下一循环劣化冲刷过程，岸坡逐步后移，岩体强度降低，斜坡前缘抗滑力降低(图 3-12)。

图 3-11 泥质粉砂岩散裂碎裂现象(镜向 205°)

图 3-12 泥质粉砂岩劣化风凹现象(镜向 220°)

(3)循环阶段：局部垮塌、滑移、岸坡再造致灾。

中侏罗统沙溪庙组泥质砂岩互层，岩体破碎或较破碎，结构多呈碎裂状，岩层结构面结合程度差，岩体完整性较差，劣化主要原因有地质构造、顺向坡体结构、库水位变动、冲蚀侵蚀、重力卸荷，可能产生的变形破坏模式主要为崩塌、滑移(图 3-13、图 3-14)。

图 3-13 泥质粉砂岩滑移、砂岩临空(镜向 200°)

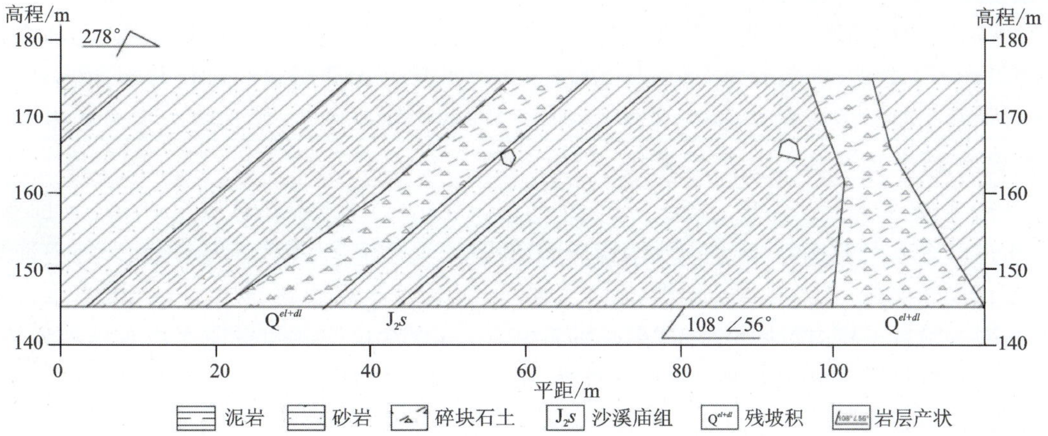

图 3-14 八蝶壶岸坡实测剖面

3.1.2.3 中厚层剥蚀型——蟒蛇寨岸坡

1)岸坡基本特征

蟒蛇寨岸坡位于三峡库区宜昌市长江干流左岸，石门—蟒蛇寨岸坡东段。行政上隶属于秭归县泄滩乡，区域内无陆路交通可至，附近仅有少量小型船只停靠。该岸坡平面形态呈凸状，剖面形态总体呈折线形，坡向131°，岸坡岸体高陡，消落区坡度65°～80°，局部反倾（图3-15）。

图3-15 蟒蛇寨岸坡

岸坡地貌为陡崖，岸坡出露基岩为九里岗组（J_1j）灰色中厚层砂岩夹碳质页岩及煤层，岩层产状26°∠42°，中—强风化。坡体结构为横向坡。受区域构造作用和风化卸荷作用影响，岩体节理裂隙较为发育，对岩体破坏主控性较为明显的为以下两组裂隙：①130°∠90°，面较平直，微张，张开0.5～5cm，泥质半充填，可见延伸长8～20cm，1～3条/m；②215°∠78°，面较平直，张开0.1～3cm，泥质半充填，可见延伸长5～15m，2～4条/m；①②互切；受裂隙切割，出露岩体多呈块状，块径0.3～1.5m。

该段岸坡岩性主要为砂岩，岩体受构造影响较破碎，消落区岩体在库水位变动、地质构造、风化剥蚀、冲蚀侵蚀、重力卸荷等综合作用下，岩体隐性裂隙由闭合到显现、由显现到张开、由张开到扩展贯通，随着结构面逐步增多，消落区岩体完整程度降低，岩体力学强度逐步下降，碎裂岩体开始崩落、掉块及沿临空面垮塌滑移等劣化变形，最终形成碎裂、块裂型劣化特征。

2）岩体劣化影响因素分析

（1）地形地貌：消落区地形坡度较陡，岩体裸露，临空条件好，为岸坡劣化变形提供了地形条件。

（2）地层岩性：场区主要出露九里岗组（J_1j）灰色中厚层砂岩夹碳质页岩及煤层等，岩体裂隙发育，受库水浪蚀侵蚀，易产生劣化变形。

（3）地质构造：岩体内垂直与平行于坡向的裂隙较为发育，将岩块分割成块状，导致岩体完整性差，成为拉裂变形的内在软弱面，为岩块变形破坏提供了边界条件。构造裂隙的风化与切割明显受构造的控制，主裂缝明显追踪裂隙发育。在库水位升降和干湿交替作用影响下，节理裂隙逐渐扩张贯通，叠加降水和浪蚀侵蚀作用，局部易产生崩落、掉块。

（4）大气降水：从裂隙渗入岩体裂缝，改变结构面的力学状态，水的静压效应对岩体中的陡倾面起水楔作用，产生向临空方向的推力，同时加速结构面的软化，使裂缝增多、加深、加宽并向山体内部延伸。

（5）库水位动态变化：主要有物理作用（干湿交替）、水动力（水流冲刷、动水压力、静水压力、渗透潜蚀）。库水位对岸坡段冲刷、侵蚀是岸坡段破坏的方式之一，库水位冲刷和侵蚀作用对岸坡岩体造成破坏，形成裂缝，掏蚀凹腔，破坏了岸坡岩体的完整性，加速岸坡劣化变形。

3）劣化带变形机制分析

蟒蛇寨岸坡地形陡峭，临空条件好。出露的碳酸盐岩地层受区域构造作用和重力卸荷作用影响，节理裂隙较为发育，在水库作用下，节理裂隙扩张贯通，岩体被切割成块体状，叠加库水侵蚀作用，岸坡消落区局部易产生崩落、掉块，并导致岸坡段上方厚层状岩体失去支撑，外倾裂隙逐渐扩张贯通，在不利因素的叠加影响下，极易形成坠落式＋滑移式崩塌（图3-16）。

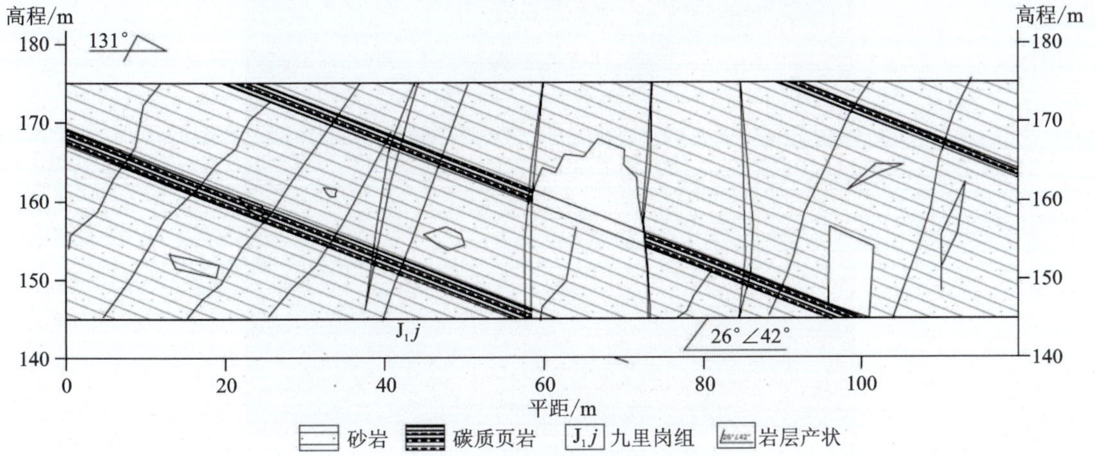

图 3-16 蟒蛇寨岸坡实测剖面

3.2 碳酸盐岩岸坡消落区岩体劣化特征

3.2.1 碳酸盐岩岸坡消落区岩体劣化现象及分类

对碳酸盐岩进行干湿循环岩石力学性质劣化取样测试分析，其结果是岩石干湿循环后抗压强度平均下降率约为2.6%。抗压强度、变形参数随循环次数 N 的衰减规律以二元一次方程拟合。岩石干湿循环后抗剪强度参数每循环的下降率为0.3%～0.7%，其弹性模量随干湿循环次数 N 的衰减以指数函数拟合。碳酸盐岩的干湿循环劣化幅度是呈指数增大的，其劣化机理非常复杂，主要为结构面填充物的溶蚀或潜蚀和温差导致硬质岩体裂缝扩展与新生。从岩性、结构面、水动力作用等要素将碳酸盐岩岩质岸坡现状劣化特征分为3种形式。

3.2.1.1 碳酸盐岩溶蚀型

该类劣化特征主要表现为消落区岩体表层出现溶洞、溶孔、溶隙、溶槽等，溶孔孔径一般为1～2cm，溶隙主要沿结构面发育，宽度和深度不等，结构面较顺滑，该类劣化特征广泛分布于碳酸盐岩岩溶发育区段。

受库区水位涨落影响，灰岩遇水更容易发生溶蚀作用。由于岩溶发育的不均匀性，形成规模大小不一的溶洞、溶孔、溶隙、溶蚀凹腔以及溶蚀沟槽，溶洞规模较大者高0.5～2m，宽2～5m；最大溶蚀凹腔深度约1.5m；溶蚀沟槽规模较大者长10～25m，宽0.5～1.2m，深1～2m。较为典型地段主要有干流兵书宝剑峡—牛肝马肺峡（三叠系嘉陵江组、大冶组，二叠系，奥陶系，寒武系，震旦系），支流九畹溪（寒武系、奥陶系）（图3-17）。

3.2.1.2 碳酸盐岩软弱夹层侵蚀型

该类劣化特征主要表现为消落区存在薄层软弱夹层岩体，劣化后逐步剥落形成凹腔或小型松弛带，最终形成危（石）岩。该类型劣化区水上部分岩层多为厚层碳酸盐岩，消落区多为薄—中厚层岩体，坡面岩体整体较完整，基座结构面张开明显，发育密度较大，平均张开度0.5～15cm，崩落、掉块迹象明显，常见小型凹腔，坡度多为陡崖。

劣化过程分析：岩体受构造影响较破碎，消落区的软弱薄层基座岩体在水库作用影响下，首先植被灭失，张开裂缝充填物消失，隐性裂隙逐步显现、张开、贯通，遵循碎裂、块裂型模式劣化，其次软弱基座

a.兵书宝剑峡岸坡岩体溶洞溶孔溶隙

b.兵书宝剑峡岸坡岩体溶孔溶隙

c.九畹溪岸坡岩体溶蚀沟槽

图 3-17　碳酸盐岩溶蚀类型

逐步崩落形成凹腔或小型松弛带，最终导致上部斜坡岩体下部悬空，形成危岩体，上部危岩体与母体分离后重心逐渐外倾，危岩体沿某一支点向临空方向转动性倾倒，形成倾倒式崩塌。

该类劣化特征分布较少，主要出现在消落区出露岩体为薄层状岩体部位，所属地层岩性主要有寒武系覃家庙组厚层白云质灰岩夹泥质条带灰岩。主要分布在九畹溪界—棺木岭岸坡段，长度 1.05km（图 3-18、图 3-19）。

3.2.1.3　碳酸盐岩薄—中厚层侵蚀型

该类劣化特征主要表现为消落区岩体劣化破碎呈碎块状。劣化区岩层多为薄—中厚层，结构面张开明显，多无填充，平均张开度 0.5～8cm，平均散裂块径 5～30cm，坡度多为陡坡—陡崖。

碎裂型劣化过程分析：岩体受构造影响较破碎，在库水位变动、地质构造、风化剥蚀、冲蚀溶蚀、重力卸荷等综合作用下，首先植被、覆盖层灭失，张开裂缝充填物消失，隐性裂隙由闭合到显现、由显现到张开、由张开到扩展贯通，随着结构面逐步增多，消落区岩体完整程度降低，岩体力学强度逐步下降，碎裂岩体开始崩落、掉块及沿临空面垮塌滑移等劣化变形，最终形成碎裂、块裂型劣化特征。该类劣化特征在碳酸盐岩区分布最为广泛，该类比较典型的地段有米仓口岸坡、破水峡岸坡、兵书宝剑峡岸坡、铁棺峡—二道岩等，碳酸盐岩分布库岸段位置、地层岩性及长度统计见表 3-4 和图 3-20，典型碳酸盐岩薄—中厚层侵蚀型库岸段照片见图 3-21。

图 3-18 棺木岭碳酸盐岩软弱夹层侵蚀型

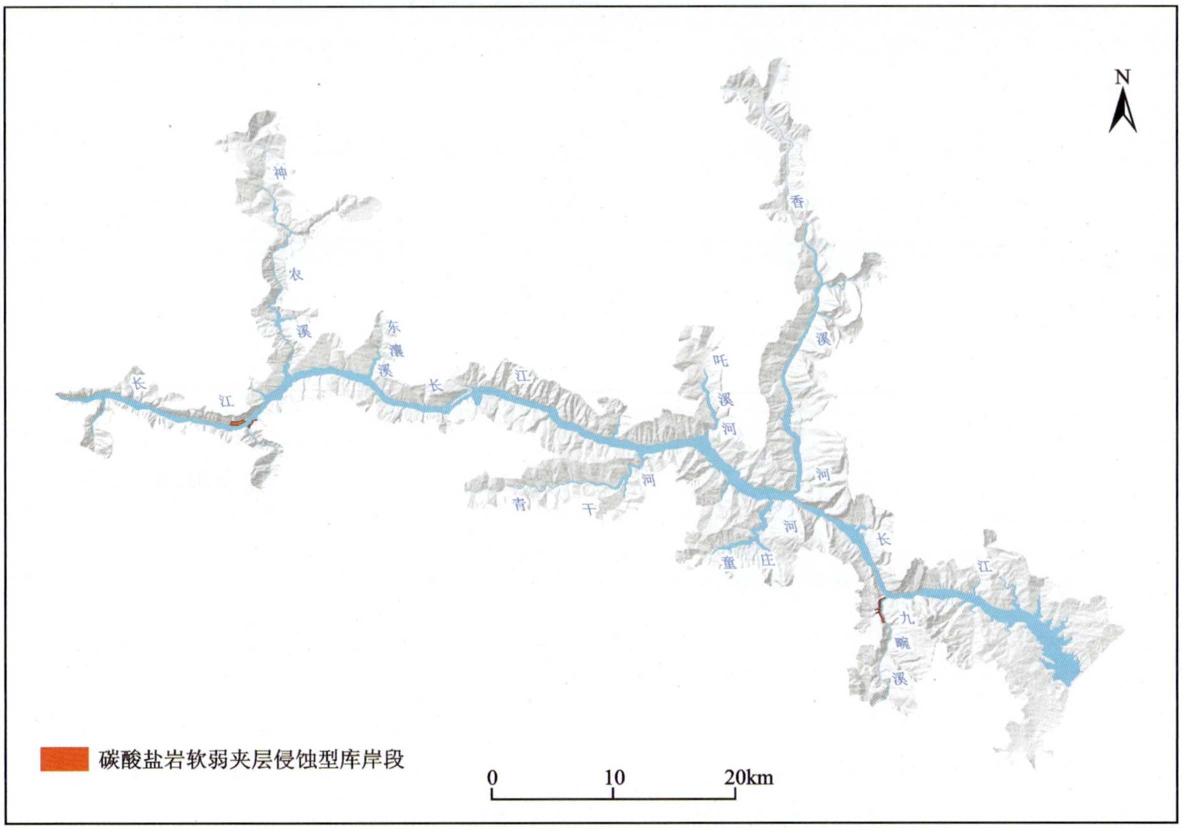

图 3-19 碳酸盐岩软弱夹层侵蚀型分布图

表 3-4　碳酸盐岩薄—中厚层侵蚀型劣化特征分布汇总表

河流	分布库段位置	地层岩性	长度/km
干流	米仓口—马岭包岸坡	T_1d 灰岩、泥质灰岩、页岩	1.53
	后沟—北沱岸坡	T_1d 灰岩、泥质灰岩、页岩	2.25
	水田湾—九畹溪口岸坡	白云质灰岩	3.56
	向家坪—关家湾岸坡	白云质灰岩	4.41
	兵书宝剑峡—后沟岸坡	灰岩	1.79
	葛家沱—米仓口岸坡	灰岩	1.32
	棕岩头—黄氏沟岸坡	白云质灰岩、泥质条带灰岩、灰岩	4.69
	牛肝马肺峡岸坡	白云质灰岩	1.93
	支流鳊鱼溪	T_1j 灰岩、白云岩	5.35
	铁棺峡—二道岩	T_1j 灰岩、T_1d 灰岩	27.32
	薄刀梁—纸厂沟	T_1j、T_2b^1 灰岩、白云岩	3.26
	大冲—杨家棚大部分	T_1j—P_1m 灰岩、白云岩、燧石结核灰岩	28.37
	链子溪	T_1j—T_1d 灰岩、白云质灰岩	9.84
	猴子包—童家坪	T_2b^1—T_1d 灰岩、白云质灰岩	4.79
	云沱—万户沱	T_2b^3 灰岩、泥灰岩	2.45
	水泥厂—破水峡	T_2b^1—T_1j 灰岩、白云质灰岩	4.13
九畹溪	中阳坪—槐树坪岸坡	白云岩	2.64
	漂流码头—聚集坊岸坡	白云质灰岩	11.40
香溪河	香溪河左岸秭归河口—游家河七里峡河口	灰岩、泥质灰岩	17.70
	深度河库尾响滩两岸、高岚河两岸、七里峡两岸	T_1j、P 泥灰岩、白云质灰岩	22.10
神农溪	石板坪—碱芋沟	T_2b^1—P_1 灰岩、白云质灰岩	9.60
	黄家梁子—袁家淌	T_2b^1—T_1j 灰岩、白云质灰岩	2.40
	绵竹河	T_2b^1—T_1j 灰岩、白云质灰岩	18.48
	横岩—白沙坡	T_2b^1—T_1j 灰岩、白云质灰岩	1.2
	叶子坝—横岩(鹦鹉峡)	T_1j—T_1d 灰岩、白云质灰岩	6.22
	望河包—神农溪大桥(绵竹峡)	T_1j 灰岩、白云岩	3.71
	白果树淌—象鼻子(鹦鹉峡)	T_1j—T_1d 灰岩、白云质灰岩	7.76
	杜家湾—毛家梁子(绵竹峡)	T_1j 灰岩、白云岩	2.86
	堰沟湾—望河包	T_2b^1—T_1j 灰岩、白云质灰岩	1.40
	罗坪旅游码头—白果树淌	T_2b^1—T_1j 灰岩、白云质灰岩	4.90
	向家垭合—杜家湾	T_2b^1—T_1j 灰岩、白云质灰岩	2.16
	猫子包—杜公祠	T_2b^1—T_1j 灰岩、白云质灰岩	0.80
合计			222.32

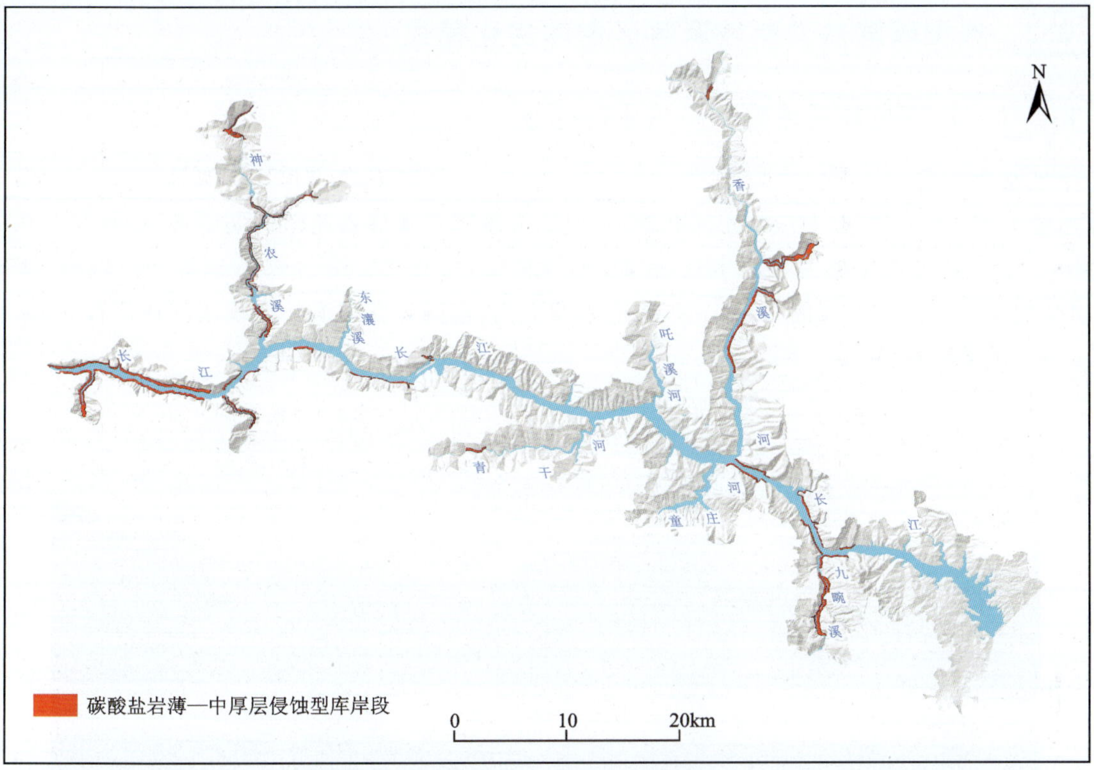

图 3-20　碳酸盐岩薄—中厚层侵蚀型分布图

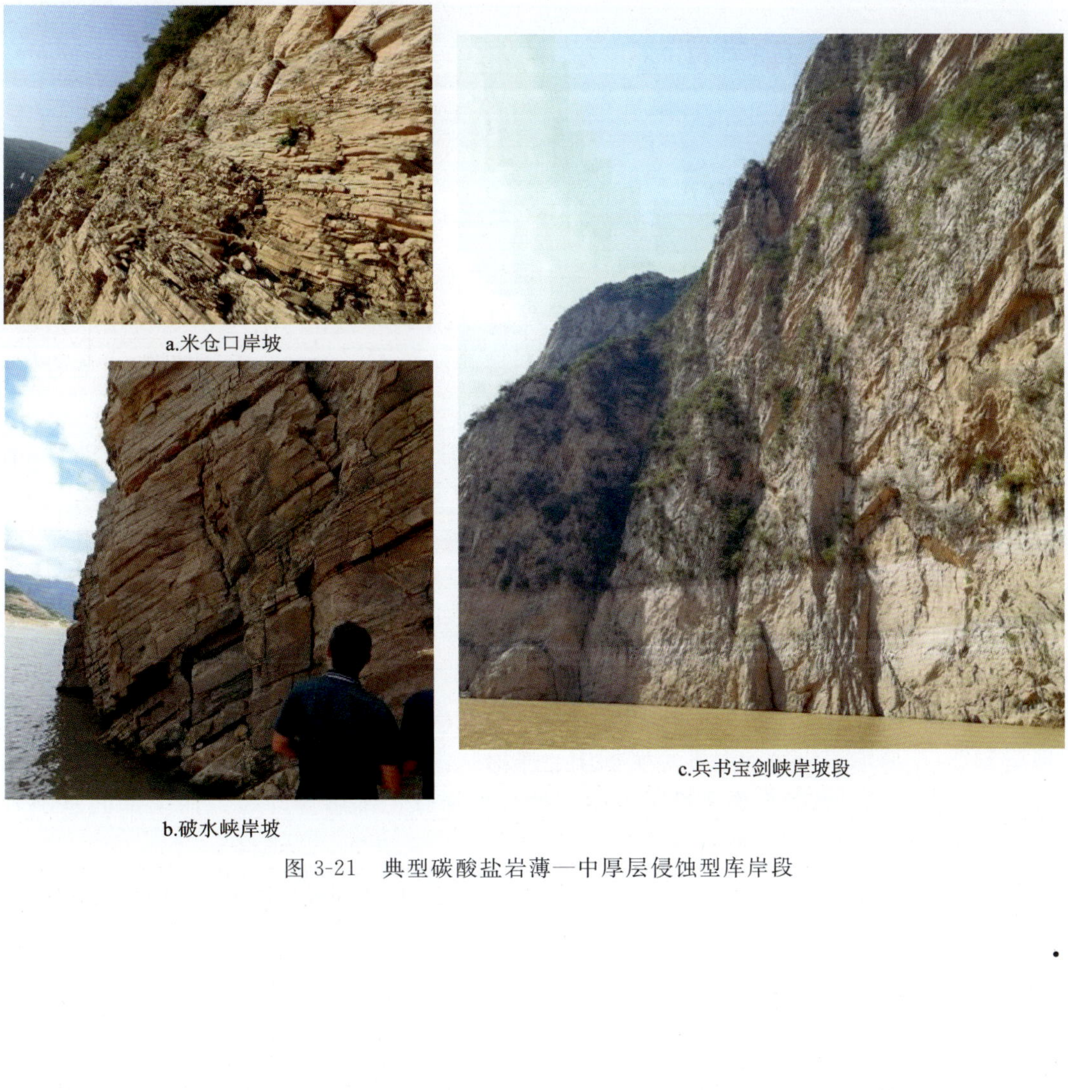

a.米仓口岸坡

b.破水峡岸坡

c.兵书宝剑峡岸坡段

图 3-21　典型碳酸盐岩薄—中厚层侵蚀型库岸段

3.2.2 典型碳酸盐岩岸坡消落区岩体劣化模式

3.2.2.1 软弱夹层侵蚀型——棺木岭岸坡

1)岸坡基本特征

棺木岭岸坡(图 3-22)位于三峡库区九畹溪左岸、九畹溪漂流终点旅游码头对面，距离河口长江主航道 1.2km。中心点地理坐标为东经 110°50′27.81″，北纬 30°52′26.48″。岸坡地形切割剧烈，属陡崖地貌，崖顶高程 263.7m，岸坡北侧为桥二沟，南侧为和平沟，东侧为九畹溪。九畹溪河床高程 82m，相对高差 181.7m。消落区坡度 70°～85°。

图 3-22 棺木岭岸坡

棺木岭岸坡所处地层有中寒武统覃家庙组($\in_2 q$)、上寒武统娄山关组($\in_2 O_1 l$)及第四系残坡积物(Q^{el+dl})，斜坡岩土体由层状岩类和第四系积松散土类构成，斜坡基地由下往上分为薄层状白云岩、薄层状泥质白云岩和厚层白云岩；底部为薄层状白云岩、薄层状泥质白云岩含泥质条带，构成危岩体基座；陡岩山体为性脆坚硬的中—厚层白云岩；山顶为第四系残坡积碎石土。

该段岸坡岩性为薄层状白云岩、薄层状泥质白云岩含泥质条带，岩体受构造影响较破碎，消落区岩体在库水位变动、地质构造、风化剥蚀、侵蚀剥蚀、重力卸荷等综合作用下，泥质条带软化消失形成凹腔，顶板岩体崩落、掉块，上部岩体重心外移形成棺木岭危岩，易发生倾倒或坠落式崩塌变形。

2)岩体劣化影响因素分析

(1)地形地貌：区内为构造侵蚀、溶蚀中山峡谷地貌，地势陡峭，危岩体大部位于陡崖地形，且前部临空面近于直立，为岩体变形破坏提供了良好临空条件，临空卸荷作用是高陡临空面形成过程中，卸荷作用使坡体产生卸荷裂隙，追踪构造面发育，地表裂缝逐渐形成。

(2)地层岩性：岸坡地层组合为上部是坚硬中—厚层状白云岩，底部为软弱的泥质白云岩、泥质条带及岩腔，形成软基座结构。此类岩体下部易产生塑性变形导致上部岩体开裂。而上部的坚硬岩层又易产生脆性破裂，因而加剧岸坡的变形破坏。

(3)地质构造：构造裂隙经历的风化作用和切割过程，为危岩体裂缝的形成与发育创造了有利条件，这一过程显著受到地质构造的控制，其中主裂缝明显沿着裂隙的发育路径延伸。在库区水位升降和干湿交替作用影响下，节理裂隙逐渐扩张贯通，叠加降雨和侵蚀作用，局部易产生崩落、掉块。

(4)水的作用：大气降水从裂隙渗入岩体裂缝，改变结构面的力学状态，水的静压效应对岩体中的陡倾裂面起水楔作用，产生向临空方向的推力，同时加速了结构面的软化；危岩体基座处于水位变动带上，在干湿循环条件下加速了岩体强度的衰减，致使其不足以支撑上部岩体，压裂变形加剧，同时浪蚀侵蚀作用使基座破碎岩体逐步掏空，加剧岩体的变形，使裂缝增多、加深、加宽并向山体内部延伸。

3)劣化带成灾模式分析

棺木岭岸坡地形陡峭，临空条件好。出露碳酸盐岩地层受区域构造作用和风化卸荷作用影响，节理裂隙较为发育，在库水作用下，基座破碎岩体逐步被掏空，不断扩大形成凹腔，改变了底部岩体结构，迫使山体内应力不断调整，基座成为最大压应力集中区，岩腔边缘出现压裂、片状脱落、掉块，造成岩体倾覆，加剧裂缝变形。本次危岩山体开裂与岩腔有明显的空间对应关系，主裂缝分布在山体内侧岩腔边缘。

棺木岭岸坡对面为九畹溪旅游码头，高峰时期漂流船只每3～5min一趟，每船66人，一旦发生较大规模崩塌，产生的涌浪将直接威胁游客安全，对码头设施、停靠船只造成损害，同时威胁长江航道安全(图3-23、图3-24)。

图3-23 棺木岭岸坡消落区

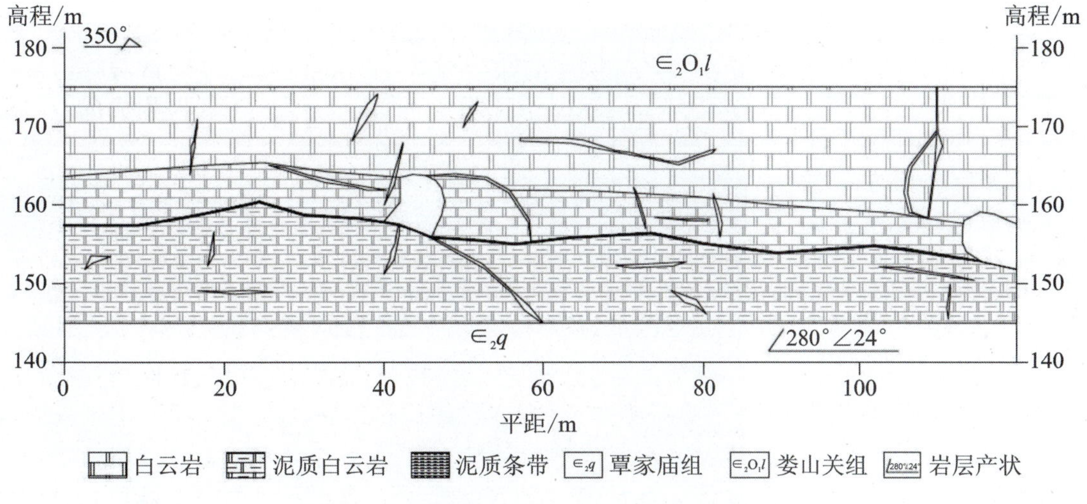

图3-24 棺木岭岸坡1∶2000实测剖面(局部)

3.2.2.2 碳酸盐岩薄—中厚层侵蚀型——葛家沱—米仓口岸坡

1)岸坡基本特征

葛家沱—米仓口岸坡位于三峡库区宜昌长江干流兵书宝剑峡右岸，岸坡起点地理坐标为东经110°45′23″，北纬30°57′08″。岸坡后缘上部无居民居住，只有轮船从岸坡下方长江航道经过，无停靠点，交通条件较差。该岸坡平面形态呈近直线型，剖面形态呈上缓下陡的折线形，总体坡向43°，岸坡顶部高程180～340m，坡高55～195m，为陡崖地貌，消落区坡度60°～75°，坡顶部第四系覆盖层坡度30°～45°，岸坡段总长1320m。

葛家沱—米仓口岸坡属陡崖地貌，岸坡高陡平直；岩性为中三叠统嘉陵江组二段(T_2j^2)灰色薄—厚层状含燧石灰岩；嘉陵江组一段(T_2j^1)中厚层灰岩，下部为薄层含泥质灰岩、页岩；下三叠统大冶组(T_1d)中厚层灰岩，下部为薄层含泥质灰岩、页岩。消落区岩体较破碎，碳酸盐岩表部溶蚀现象较发育。岸坡体结构以横向坡为主。岸坡段岩体产状单一，岩层产状314°∠35°，未见有断裂构造出露，但受区域构造作用和风化卸荷作用影响，岩体节理裂隙较为发育，对岩体破坏主控性较为明显的为以下4组裂隙：①80°∠70°，裂面较平直，张开5～30cm，局部块石填充，可见延伸长120m，1条/m；②0°∠80°，裂隙面较粗糙，不平直，张开1～5cm，无填充，延伸长3m，1条/m；③50°∠75°，裂隙面较粗糙，不平直，张开1～5cm，无填充，延伸长1m，2～3条/m；④350°∠15°，裂隙面较粗糙，不平直，微张，无填充，延伸长0.5～1m，3条/m；受裂隙切割，在风化和库区水位升降影响下，节理裂隙逐渐扩张贯通，叠加降雨和浪蚀作用，表层局部易产生崩落、掉块，块径一般为0.1～1.0m。

该段岸坡岩性为薄层白云岩，岩体受构造影响较破碎，消落区岩体在库水位变动、地质构造、风化剥蚀、冲蚀溶蚀、重力卸荷等综合作用下，岩体张开裂隙充填物消失，隐性裂隙由闭合到显现、由显现到张开、由张开到扩展贯通，随着结构面逐步增多，消落区岩体完整程度降低，岩体力学强度逐步下降，碎裂岩体开始崩落、掉块及沿临空面垮塌滑移等劣化变形，最终形成了碎裂、块裂型劣化特征。

受岩体劣化影响，岸坡段内发育多处危岩体或危岩带，最大一处米仓口危岩位于岸坡东侧，宽约50m，高约120m，厚约40m，体积约$24\times10^4m^3$，危岩体后缘裂缝贯通，张开宽1～5cm，危岩体底部岩体受库水侵蚀剥落后移，上部岩体重心前移，存在整体倾倒式或滑移式崩塌的可能性，并进而激起涌浪，对长江航道和过往船只造成危害。

2)岩体劣化影响因素分析

(1)地形地貌：区内为构造侵蚀、溶蚀中山峡谷地貌，地势陡峻，危岩体大部位于陡崖地形，且前部临空面近于直立，为岩体变形破坏提供了良好临空条件，临空卸荷作用是在高陡临空面形成过程中，卸荷作用使坡体产生卸荷裂隙，追踪构造面发育，地表裂缝逐渐形成。

图3-25 米仓口下部岩体劣化、凹腔

(2)地层岩性：场区主要出露中三叠统嘉陵江组含燧石灰岩、灰岩及大冶组灰岩、泥质灰岩等，岩溶极为发育，形成大小不一的溶洞、溶蚀凹腔，易产生崩塌（图 3-25）。

（3）地质构造：岩体内垂直与平行于危岩体主崩方向的裂隙较为发育，将岩体分割成块状，导致岩体完整性差，成为拉裂变形的内在软弱面，为岩块变形破坏提供了边界条件。构造裂隙经历的风化作用和切割过程，为危岩体裂缝的形成与发育创造了有利条件，这一过程显著受到地质构造的控制，其中主裂缝明显沿着裂隙的发育路径延伸。在库区水位升降和干湿交替作用影响下，节理裂隙逐渐扩张贯通，叠加降雨和浪蚀作用，局部易产生崩落、掉块（图 3-26）。

图 3-26　岸坡崩塌、崩落、掉块

（4）大气降水：从裂隙渗入岩体，改变了结构面的力学状态，水的静压效应对岩体中的陡倾裂面起水楔作用，产生向临空方向的推力，同时加速了结构面的软化，使裂缝增多、加深、加宽并向山体内部延伸。

（5）库水位动态变化：主要有物理作用（干湿交替）、化学作用（溶蚀、溶解、水解）、水动力（水流冲刷、动水压力、静水压力、渗透潜蚀）。库水位对岸坡段冲刷、潜蚀、溶蚀是岸坡段破坏的方式之一，库水位冲刷和潜蚀作用，对岸坡下部灰岩造成破坏，形成宽大裂缝，掏蚀凹腔，影响岸坡的稳定性；库水对碳酸盐岩的溶蚀作用形成溶蚀孔洞、溶沟和溶槽，破坏了岸坡岩体的完整性。另一种破坏方式为库水位升降，受水位涨落冲刷、掏蚀，岩溶及溶蚀破碎程度加剧，岸坡岩体在干湿交替作用影响下，岩体的力学强度降低，岩体劣化加剧，加速岸坡变形破坏，推测岸坡消落区岩体陡崖段为 2m 左右。

3）劣化带成灾模式分析

葛家沱—米仓口岸坡地形陡峻，临空条件好。出露碳酸盐岩地层受区域构造作用和风化卸荷作用影响，节理裂隙较为发育，在水库作用下，节理裂隙扩张贯通，岩体被切割成块体状，叠加库水侵蚀作用，岸坡消落区局部易产生崩落、掉块，并导致岸坡段上方厚层状岩体失去支撑，外倾裂隙逐渐扩张贯通，在不利因素的叠加影响下，极易形成坠落式＋滑移式崩塌。

三峡库区长江航道内每天来往轮船密集，葛家沱—米仓口岸坡地形高陡，且峡谷区域河道较窄，宽度 350～800m，一旦发生大规模崩塌，会对航道内的船只造成致命威胁，其造成的涌浪危害更是无法预估，将造成严重的经济损失及不良的社会影响，米仓口危岩体正侧面实拍如图 3-27 所示，葛家沱—米仓口岸坡消落区、地质剖面如图 3-28 所示。

图 3-27　米仓口危岩体正侧面概貌

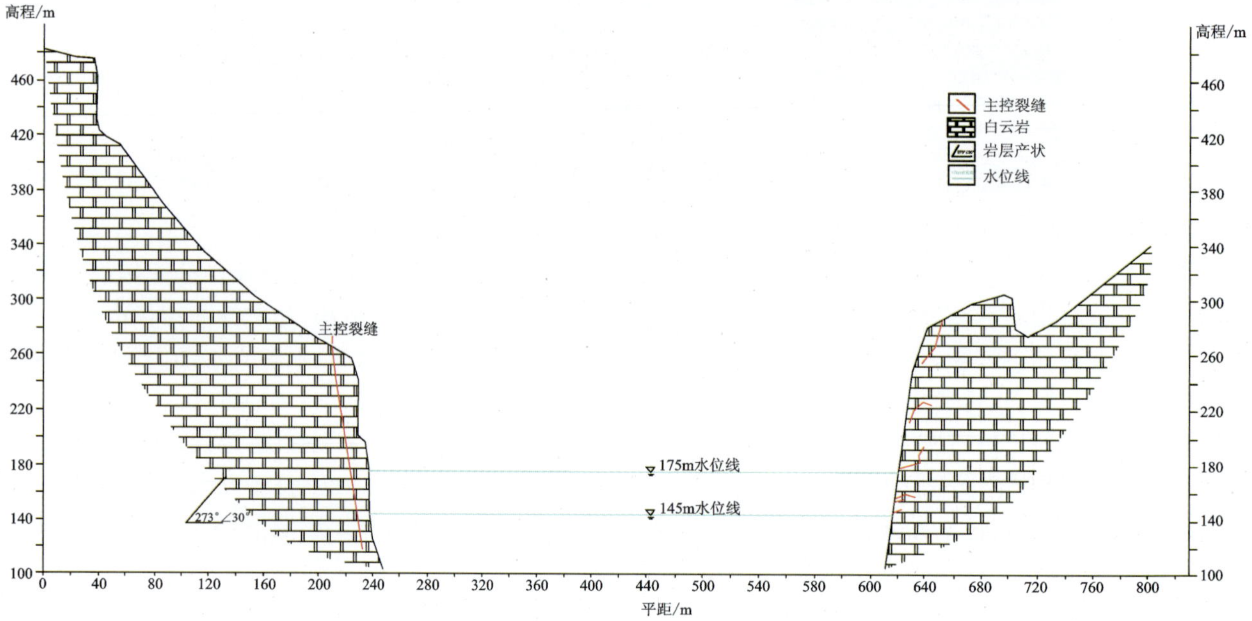

图 3-28　葛家沱—米仓口岸坡地质剖面图

3.3　岸坡消落区岩体劣化影响因子

三峡水库蓄水及运行条件下斜坡劣化导致岸坡变形破坏，主要受斜坡组构、动力因素和现状特征的综合控制，斜坡组构包括坡体地貌形态（坡高、坡度）组合、坡体工程地质岩性组合、构造裂隙发育与破碎程度、坡体结构 4 个方面；动力因素包括地震、加载及卸荷作用、降雨与库水位变化形成的地下水作用、人类工程活动强度 4 个方面以及劣化特征和破坏模式等。通过对这些因素开展综合分析，岸坡劣化影响因素归纳为基础因子、诱发因子、响应因子三大类。

3.3.1 基础因子

基础因子指的是岸坡形成的基础条件，包括地形地貌、地层岩性、地质构造、岸坡结构类型等。

3.3.1.1 地形地貌

调查结果表明，库区内的岸坡劣化致灾与地形地貌、岸坡类型等岸坡基本条件密切相关。比如，斜坡致灾多产生于坡度为15°～45°的斜坡上，在小于15°或大于45°的斜坡地段灾害相对较少。

地形地貌是崩塌、滑坡等地灾活动的基础，它在很大程度上决定了灾害的类型、灾害能否形成以及灾害形成的规模。

3.3.1.2 地层岩性

三峡库区不同区域内分布着不同时代、不同环境的岩层。震旦系至中三叠统为浅海相—滨海相碳酸盐岩和碎屑岩，总厚度4200～5200m，分布在庙河—香溪等库段，其他库段仅局部出露；三峡库区分布较多上三叠统至侏罗系碎屑岩，总厚度1800～4600m；第四系零星分布，沿江两岸可见断续分布的阶地冲积物、洪积、残坡积和崩滑堆积物等。

3.3.1.3 地质构造

三峡坝区和库区规模较大的断裂不多，较大断裂主要分布在黄陵地区周边及其外围，西部库区在一些紧密背斜核部也有一些规模较大的断裂。三峡大坝及库区各地层之间，大都呈整合或假整合接触，震旦系与前震旦系之间、白垩系与老地层之间、新近系与老地层之间则为明显的不整合接触。地质构造对斜坡的变形影响明显，地质构造发育强烈地区地质灾害相对发育。

库区东西向和北东向以褶皱为主，如官渡口向斜、秭归向斜、茶店子向斜两侧及其邻近地带。这些褶皱影响范围内各类地质灾害相对发育。其原因主要为褶皱轴部是地应力较集中的部位，构造裂隙发育，特别是先压后张的高倾角切层裂隙，往往起到岩层崩滑的切割边界作用，同时裂隙发育区的风化溶蚀、剥蚀作用较强，常常形成斜覆于基岩上的残坡积松散堆积层，为滑坡提供了物质基础。

地质灾害的发育程度受断裂构造影响明显。区内断裂发育，主要有沿渡河断裂、平阳坝断裂、火焰石断裂、巴东断裂、九畹溪断裂、兴华断裂等。断裂两侧地层岩性因强烈挤压，形成几十米宽的破碎带，破碎带物质相对破碎，结构面较多，局部存在软弱面或软弱带，如断层泥、糜棱岩等，岩土体强度较低，易风化剥蚀。在降雨、风化、侵蚀、人类工程活动等因素作用下，易形成地质灾害。

3.3.1.4 岸坡结构类型

岸坡边坡类型不同，岩体劣化特性、劣化模式有明显的差异。逆向坡或横向坡的软硬互层结构中，软弱层多为泥化软化，而硬层容易被密集裂隙切割，形成碎块状，岸坡表现为浅表层的垮塌和掉块。顺向坡的软硬互层结构中，软弱层多被掏蚀运移，形成凹槽或者岩腔，岸坡多表现为沿层面滑移或者沿着严重垂直层面的裂隙拉裂破坏。

3.3.2 诱发因子

诱发因子指的是岸坡受到外界环境条件改变和人类活动的影响，产生劣化加剧效应的条件，包括气候气象（降雨、气温）、库水位变动、水文地质（地下水、坡面径流、入渗等）、江河水文、频发微震等。

3.3.2.1 气候气象

三峡库区气候为亚热带季风气候，温和湿润，降雨充沛。三峡库区年平均气温，在高程500m以下的河谷区，为16.7～18.7℃。1月平均气温为3.4～7.2℃，7月平均气温为28～30℃，最高气温：44℃（沿江低海拔地区），最低气温：－9.2℃（奉节县高海拔区域）。

三峡库区年平均降雨量987～1326mm，最大值多分布在重庆—奉节之间。在时间分配上，4—10月降雨量占全年降雨量的80%以上，5—9月常出现暴雨。库区北岸年平均暴雨日数为3～7d，三峡区间干流沿岸及南岸年平均暴雨日数为3d左右。连续最大降雨量200～550mm，最大值出现在开县一带；3日最大降雨量161～388mm，最大值出现在万州一带；1日最大降雨量127～229mm，最大值出现在开县和宜昌一带。库区年平均湿度在70%以上，最高达85%。

降雨的入渗可增加土体容重和坡体自重，又会对岩土体起到软化作用，降低岩土体力学强度。同时降雨汇集而成的地表水冲刷坡脚，致使坡脚被掏空，降雨沿裂隙深入坡内，增大了斜坡岩体中的动水压力和静水压力，软化或掏蚀了岩体裂隙中的充填物，增加岩体自重，从而加速了崩塌的产生。

3.3.2.2 库水位变动

三峡水库高水位蓄水后，水位在145m—175m—145m之间波动，水库水位变幅为30m。三峡水库历年水位变化如图3-29所示。随着库水位升降，岩体经历着周期性的干湿循环作用。当库水位上升时，岩体浸润线抬升，原本干燥的岩体逐步进入饱和状态，岩体内部胶结物质被溶蚀，岩体趋于软化；当库水位下降时，原本饱和的岩体逐渐失水，颗粒物质被水搬运，促使岩石孔隙结构甚至是微裂隙形态发生变化，进而出现开裂。如此往复，岩体在这样的恶性循环中不断劣化。库水位升降产生的纵向冲刷也影响消落带岩体中的软弱夹层和岩体表面的颗粒物，长期反复的库水位升降，带走消落带岩体表面的细小颗粒和岩体软弱夹层中易溶于水的物质，使消落带岩体的渗透流速显著提高，更易产生渗透破坏。对于渗透性较差的灰岩、白云岩、细砂岩等岩体，当库水位上升时，库区的水不能及时有效地渗入岩体中，岩体内外形成一定的水头差，产生指向岩体内部的动水压力，在该压力的作用下，岩体中一些张开裂隙受到挤压作用，颗粒更聚集，岩体劣化进程放缓；当库水位下降时，岩体内的水无法及时排出，岩体内外再次形成一定的水头差，产生指向岩体外部的动水压力，在该压力的作用下，岩体中一些张开裂隙进一步扩张，颗粒更为离散，岩体劣化加剧。

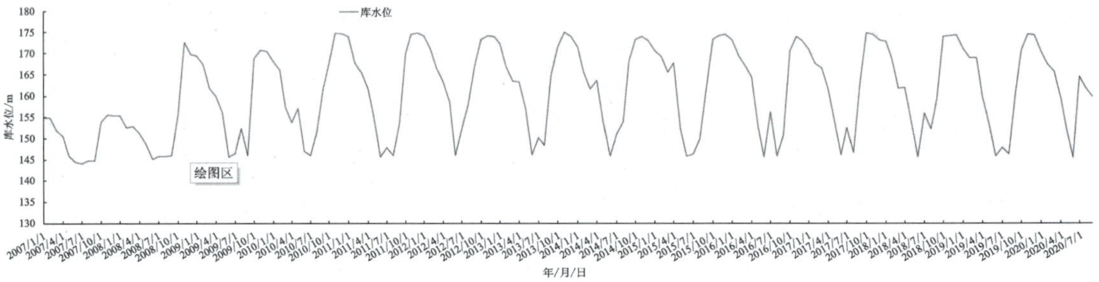

图3-29　三峡水库历年水位变化图

3.3.2.3 水文条件

波浪对岸坡的冲击力与岸坡坡度有关，该冲击力长时间对岸坡同一位置产生冲击会直接影响岸坡岩体的物理力学性质。一般情况下，坡度越陡，所承受的冲击力越大。作用最强烈的部位首先被冲蚀成波蚀龛，当波蚀龛进一步发展，岩体下部被掏蚀出空洞，从而引起上部岩体崩落（图3-30）。

根据地下水的赋存条件，库区地下水可分为以下4种类型（表3-5）。

（1）松散堆积层孔隙水。分布于Ⅰ级阶地底部砂卵石层中和崩塌堆积与坡积物中。富水性微弱，泉流量多小于0.5L/s，动态不稳定。崩塌堆积层因分布在斜坡上，补给条件差，排泄条件好，地下水位埋藏较深，但在雨季则大幅度上升，常导致崩塌体复活。

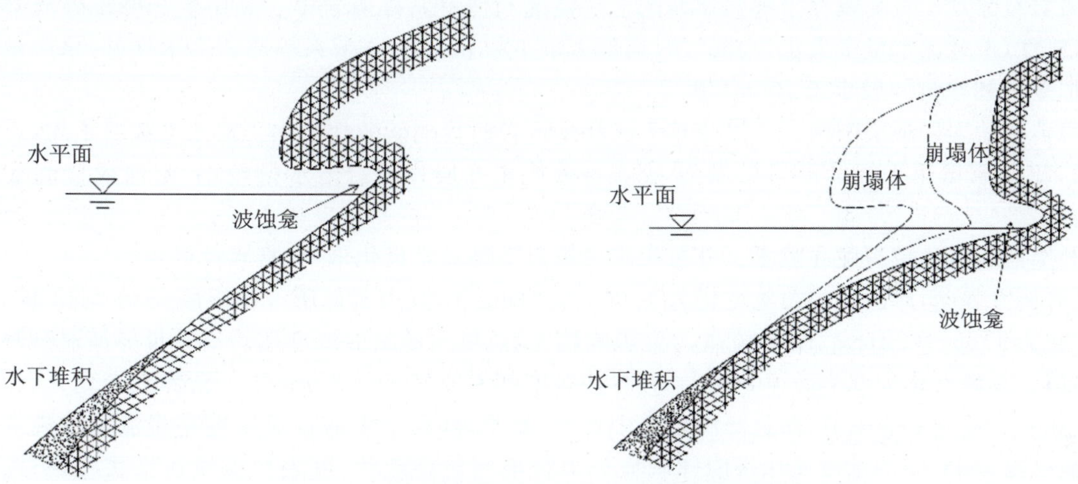

图 3-30 波浪冲蚀下波蚀龛的形成与岸坡后退

表 3-5 三峡库区地下水类型及富水性级别划分

地下水类型		含水层代号	富水性划分	
类型	亚类		级别	划分指标
松散堆积层孔隙水		Q	水量较贫乏	单井涌水量小于 100m³/d
			水量较丰富	单井涌水量大于 100m³/d
碎屑岩裂隙水	砂岩夹页岩裂隙水	J_1z/J_1z、T_3xj/T_3s	水量丰富	单井涌水量大于 100m³/d
			水量较丰富	单井涌水量 100～1000m³/d
			水量较贫乏	单井涌水量小于 100m³/d
	砂岩、泥岩互层裂隙水	E、K_1、J_3p、J_3a、J_2s、J_2xs、$J_{1-2}s$	水量丰富	单井涌水量 300～500m³/d
			水量较丰富	单井涌水量 100～300m³/d
			水量较贫乏	单井涌水量小于 100m³/d
碳酸盐岩岩溶裂隙水	碳酸盐岩岩溶水	T_1j、T_if、T_1d、P_2c、C_2、$\in$	水量丰富	地下水径流模数大于 6L/(s·km²)，泉暗河流量 100～1000L/s
			水量较丰富	地下水径流模数 3～6L/(s·km²)，泉暗河流量 10～100L/s
			水量较贫乏	地下水径流模数小于 3L/(s·km²)，泉暗河流量小于 10L/s
	碳酸盐岩、碎屑岩互层岩溶裂隙水	T_2l/T_2b D_{2-3}、P_1 O_{2-3}、Z_2	水量较丰富	地下水径流模数 3～6L/(s·km²)，泉暗河流量 10～100L/s
			水量较贫乏	地下水径流模数小于 3L/(s·km²)，泉暗河流量小于 10L/s
结晶岩风化带裂隙孔隙水		γ、δ 等	水量贫乏	地下水径流模数小于 1L/(s·km²)，泉流量小于 1L/s

(2)碎屑岩裂隙水。主要赋存于秭归盆地的上三叠统和侏罗系碎屑岩中。其中上三叠统碎屑岩裂隙水常具承压性，单井涌水量多大于 $100m^3/d$，局部大于 $1000m^3/d$。侏罗系碎屑岩富水性差，泉流量多小于0.1L/s，单井涌水量一般小于 $100m^3/d$。

(3)碳酸盐岩岩溶裂隙水。主要分布于三峡地区各时代的碳酸盐岩中。富水性强弱不均，岩溶水水量较大，暗河流量达10～100L/s。碳酸盐岩与碎屑岩互层裂隙岩溶水量较小，暗河或泉流量多小于10L/s。

(4)结晶岩风化带裂隙孔隙水。分布于坝区震旦系结晶岩风化带中，富水性微弱。

已有研究表明，库区局部总氮变化为1.90～0.31mg/L，其中硝氮所占比例最大，平均比重在83%，浓度变化为1.55～0.21mg/L，受流域污染影响较大，总氮与硝氮的浓度值均高于世界河流溶解氮浓度的平均值。总磷变化为0.08～0.03mg/L，而硅盐浓度为6.90～0.84mg/L。营养盐变化具有季节性，春季是流域农业施肥的季节，而且降雨也集中在春、夏季，降雨产生的径流很容易将流域污染带到河流中，河流氨氮($NH_{4\text{-}N}$)的浓度变化很能体现流域多种电源污染现状，可表征流域污染状况，毕竟水体中的氨态氮主要为微生物分解流域生活污水的产物，长江支流靠近农田区域春季总氮以及氨氮含量明显高于其他季节，随着水体对营养盐的消耗，大部分营养盐浓度随着季节更替而减小，而硝氮以及总氮浓度在冬季(高水位运行期间)相比于秋季有少许增加趋势，硅盐整年都比较高，并且浓度随季节变化呈现增大趋势，水质变化影响了江水中矿物离子的成分及含量变化，进一步影响着岸坡岩体的劣化(表3-6)。

表3-6 研究区域营养盐含量变化

采样	单位	1	2	3	4	备注
TN	mg/L	2.440	2.318	2.150	2.463	春季
NO_3^--N	mg/L	1.722	1.698	1.607	1.551	
NO_4^+-N	mg/L	0.117	0.127	0.108	0.225	
TP	mg/L	0.133	0.117	0.130	0.110	
PO_4^{3-}-P	mg/L	0.089	0.075	0.081	0.073	
Si	mg/L	6.565	6.078	6.189	5.996	
TN	mg/L	1.900	1.958	2.048	1.982	夏季
NO_3^--N	mg/L	1.628	1.577	1.541	1.403	
NH^{4+}-N	mg/L	0.097	0.081	0.137	0.197	
TP	mg/L	0.089	0.120	0.080	0.066	
PO_4^{3-}-P	mg/L	0.069	0.058	0.052	0.042	
Si	mg/L	6.160	6.455	6.468	6.417	
TN	mg/L	1.536	1.514	1.419	1.410	秋季
NO_3^--N	mg/L	1.459	1.460	1.317	1.246	
NH_4^+-N	mg/L	0.034	0.029	0.052	0.107	
TP	mg/L	0.064	0.071	0.067	0.070	
PO_4^{3-}-P	mg/L	0.053	0.057	0.053	0.054	
Si	mg/L	7.064	7.381	6.995	7.166	

续表 3-6

采样	单位	1	2	3	4	备注
TN	mg/L	1.852	1.795	1.850	1.968	冬季
NO_3^--N	mg/L	1.841	1.693	1.758	1.818	
NH_4^+-N	mg/L	0.009	0.069	0.015	0.012	
TP	mg/L	0.013	0.025	0.052	0.035	
PO_4^{3-}-P	mg/L	0.012	0.023	0.047	0.032	
Si	mg/L	8.680	8.250	8.700	8.610	

3.3.3 响应因子

响应因子是指在外界条件改变时，基于岸坡消落区岩体自身的基础因子条件所产生的响应，包括岩体强度变化和变形、节理裂隙结构面的显化、溶蚀、崩解、剥落等，不同类型、结构、岩性岩组的岸坡，岩体劣化对应的响应因子也各不相同。

3.3.3.1 强度和变形

从微观结构上来看，岩石是由无数微小的颗粒和孔隙构成的，岩石受到水对其产生的物理、化学作用，其实是微观结构变化的宏观体现。水库水流在向岩石内部裂缝和孔隙侵入的过程中，矿物质表层的颗粒会发生软化作用，从而大大降低了颗粒与颗粒之间的摩擦系数，导致黏聚力下降，起到润滑作用，尤其是那些受到水侵入后会发生膨胀的岩石，上述现象就更加显著了。与此同时，由于不断受到流动水的压力，水库边坡中的绝大多数岩石都已经发生破裂，岩体被软化，加之流动水的冲刷，岩层内部的缝隙越来越大，岩石的内部微结构发生改变，使其强度大大降低。消落带岩体在干湿交替环境条件下，岩体的强度降低，变形加大。不同类型的岩体，其强度降低的幅度和变形程度具有差异性。

3.3.3.2 节理裂隙结构面显化

处于渗流场中的裂隙岩体，宏观上渗流水压降低了结构面之间的有效正应力，加剧了裂隙岩体沿结构面的滑移剪切破坏。而在微观上，作用于微裂纹表面的水压力使微裂纹尖端的应力强度因子提高，促使微裂纹起裂，并加速完成稳定扩展阶段，进而进入失稳扩展阶段，相互贯通，导致主裂纹向前扩展、贯通。裂隙岩体受载后，都会在裂纹尖端产生应力集中区，由于裂纹之间应力场的相互影响，在渗透力作用下，多裂隙岩体更容易产生裂纹起裂扩展，最终导致岩体失稳破坏，同时水压力会促进应力变化，加速裂隙扩张。当扩展裂纹进入一定区域，裂纹之间将产生强烈的相互作用，这种作用促使裂纹向最有利于裂纹贯通的方向扩展，并最终导致裂纹贯通。消落带岩体在风化作用与水库运营导致的水位升降作用下，对岸坡岩体的水浪应力、侵蚀、机械冲刷等是导致岸坡岩体原有裂隙与结构面显化的重要原因，是破坏岩体完整性的重要形式。

3.3.3.3 碳酸盐岩的溶蚀

对于碳酸盐岩，当水中含有侵蚀性二氧化碳时，游离的二氧化碳会跟岩石矿物发生化学反应，形成岩石内部孔隙结构增大或者孔洞增加的溶蚀现象。溶蚀是碳酸盐岩劣化的重要形式，表现为溶隙、溶孔、溶槽、刀砍纹等类型。

3.3.3.4 碎屑岩的崩解

崩解是碎屑岩劣化的重要表现形式，受其矿物组成和微裂隙发育情况控制，同时与其宏观节理裂隙结构面有关。对于砂岩、泥质粉砂岩等，表现为块体无序开裂，多次作用下形成碎屑直至粉末。

3.3.3.5 软岩的软化和泥化

泥质胶结物在与水分子和离子接触的过程中发生部分溶解，对于容易发生泥化和软化的泥质粉砂岩，粉砂岩颗粒起骨架作用，而黏土矿物起胶结作用。当泥质胶结物中黏土矿物含量较高时，具有很强亲水性，其结构总体致密，局部疏松，连通性好，水分子进入其中，亲水矿物与水作用发生局部膨胀，微溶细小颗粒被水流运移，但由于总体结构形态致密，胶结力尚未完全丧失，对其膨胀产生抑制，而且相互抵抗，最终导致矿物结构发生破坏，层状结构发生错位，组成的岩层微粒强度降低，产生泥化和软化现象。泥岩、页岩、粉砂质泥岩等软岩在浸水之后，亲水矿物或者可溶性矿物会与水发生反应，导致岩石的强度迅速降低，形成“软化”。部分岩石会在失去颗粒矿物支撑之后变成半凝固的泥态，称为“泥化”。岩石中孔隙与微裂隙越发育，亲水性或可溶性矿物的含量越高，岩石越容易软化和泥化。

3.4 本章小结

在资料收集整理、野外调查和综合各类岩体劣化特性的基础上，开展了三峡库区碎屑岩和碳酸盐岩岸坡岩体劣化特征与劣化影响因子研究，得到了以下结论。

(1)碎屑岩劣化特征规律主要是差异性劣化，因粉砂岩和泥质粉砂岩岩性强度及成分差异，从岩性、坡体结构、水动力作用等要素将碎屑岩岩质岸坡现状劣化特征分为 3 种类型：碎屑岩薄层侵蚀型、碎屑岩软硬互层冲蚀型、碎屑岩中厚层剥蚀型。

(2)碳酸盐岩劣化特征主要是结构面填充物的溶蚀或潜蚀和温差导致硬质岩体裂缝扩展与新生。从岩性、结构面、水动力作用等要素将碳酸盐岩岩质岸坡现状劣化特征分为 3 种类型：碳酸盐岩溶蚀型、碳酸盐岩软弱夹层侵蚀型、碳酸盐岩薄—中厚层侵蚀型。

(3)通过劣化影响因子研究，将岸坡劣化影响因素总体归纳为基础因子、诱发因子、响应因子三大类。基础因子指的是岸坡形成的基础条件，包括地形地貌、岸坡类型(坡高、坡度、岩性组合、岸坡类型等)、地质结构等；诱发因子指的是岸坡受到外界环境条件改变以及人类活动的影响，产生劣化加剧效应的条件，包括气候气象(降雨、气温)、水文地质(地下水、坡面径流、入渗等)等；响应因子是指在外界条件改变时，基于岸坡消落区岩体自身的基础因子条件所产生的响应，包括岩体强度变化和变形，节理裂隙结构面的显化、溶蚀、崩解、剥落等。劣化影响因子为劣化程度评价指标和方法奠定了基础。

4 碎屑岩岸坡消落区岩体劣化机理研究

4.1 薄层侵蚀型岩体劣化机理分析

薄层侵蚀型岸坡劣化，以古桑溪—蔡家坡岸坡段为研究对象，通过野外现场取样、室内试验及测试研究其机理。

4.1.1 古桑溪—蔡家坡岸坡概况

古桑溪—蔡家坡岸坡段位于长江干流宜昌段右岸，该岸坡段为碎屑岩构成的逆向坡，位于秭归向斜南东翼，区域岩层呈单斜构造，岩体层面倾向约为310°，倾角约为40°，受构造及卸荷作用的影响，其主要结构面可分为两组：①60°∠70°，面平直，较粗糙，略弯曲，线密度2～3条；②140°∠60°，面平直，微张，张开宽度0.5～1cm，可见延伸长15m。该段岸坡边坡岩性组成以下侏罗统聂家山组（J_1n）褐红色泥质粉砂岩夹灰黄色细砂岩为主。其中，褐红色泥质粉砂岩多呈薄层状，岩性软弱；灰黄色细砂岩呈薄—中厚层状，岩性硬脆，节理裂隙发育，岩层产状310°∠40°，如图4-1所示，钻孔剖面如图4-2所示。钻孔ZK1和ZK2岩心多以褐红色的泥质粉砂岩和灰黄色的钙质细砂岩互层结构为主，其中，泥质粉砂岩表现为中等风化程度，岩心多呈碎块及饼状结构，其断面较平直，钙质细砂岩表现为中等风化，呈现出中粗粒结构，岩心也多呈碎块或饼状结构，其断面略弯曲，粗糙。

图4-1 古桑溪—蔡家坡岸坡段岩体劣化特征

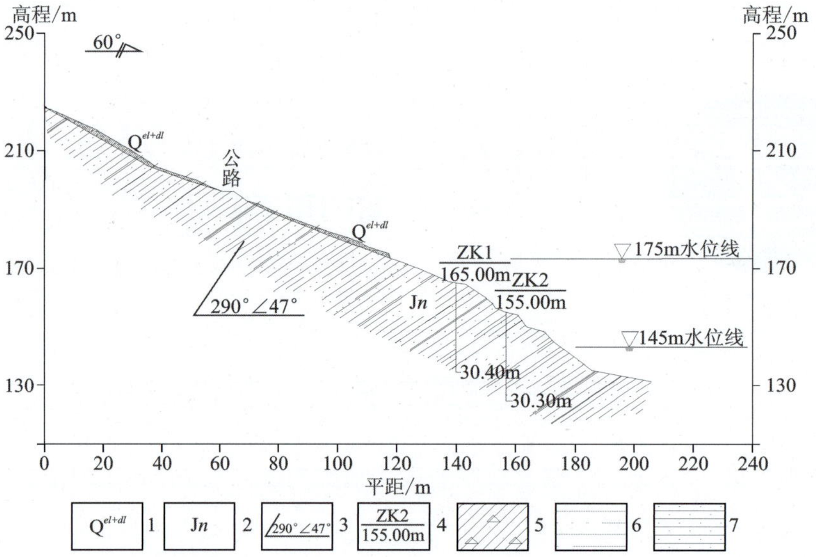

1.第四系残坡积；2.侏罗系聂家山组；3.岩层产状；4.钻孔编号及高程；5.碎石土；6.泥质粉砂岩；7.砂岩。

图 4-2 古桑溪—蔡家坡岸坡段钻孔剖面图

4.1.2 岩石物理力学性质测试

4.1.2.1 室内试验

1)试验方案

通过上述现场勘查以及钻孔岩心分析，同时选取水位线位于 145～175m 消落带区域的钙质胶结的细砂岩在室内做常规干湿循环试验(浸水抽真空饱和 24h，干燥箱烘干 24h)，同时选取位于水位线 145m 以下的泥质粉砂岩(135-8)进行长期浸泡试验和静态崩解试验，选取高程 145～175m 的试样(134-1、135-3)开展 6 次和 4 次常规干湿循环试验(表 4-1)，所取试样的基本物理指标见表 4-2。

表 4-1 碎屑岩薄层侵蚀型岸坡段取样信息

室内编号	取样岸坡	取样高程/m	岩性	钻孔编号	取样深度/m
134-1	长江干流蔡家坡	153.93	钙质胶结细砂岩	ZK1-YY5	16.53～16.90
135-3	长江干流蔡家坡	146.45	钙质胶结细砂岩	ZK2-YY2	8～8.2
135-8	长江干流蔡家坡	125.75	泥质胶结粉砂岩	ZK2-YY8	28.6～28.8

表 4-2 碎屑岩薄层侵蚀型岸坡段试样基本物性指标

试样编号	孔口标高/m	取样高程/m	天然含水率/%	饱和含水率/%	干密度/($g\cdot cm^{-3}$)	饱和密度/($g\cdot cm^{-3}$)	干质量/g	纵波波速/($m\cdot s^{-1}$)	孔隙率/%
134-1	170.46	166.06	0.61	1.00	2.55	2.57	511.3	2865	2.54
135-3	154.45	146.45	0.47	1.02	2.52	2.54	508.2	3034	2.57
135-8	154.45	125.75	1.26	—	2.53	—	510.4	2035	—

2)钙质胶结细砂岩干湿循环试验

(1)形貌变化。

将钙质胶结细砂岩试样 134-1 和 135-3 分别经历 6 次和 4 次常规干湿循环试验，每次常规干湿循环之后对试样整体形貌进行观察，其形貌变化特征如图 4-3 所示。

图 4-3　钙质胶结细砂岩干湿循环过程中试样形貌变化特征

可以发现，在干湿循环作用过程中，试样上端部逐渐产生裂隙带，并沿裂隙逐渐剥蚀脱落，下端部虽无明显的脱落现象出现，但试样表面也出现颜色逐渐加深的现象，说明试样在饱和—干燥过程中，试样中水分的迁移过程是沿着试样由内到外、由下至上的方向，因此导致试样上表面劣化较试样其他部位严重。

(2)波速变化。

将钙质胶结细砂岩试样 134-1 和 135-3 在不同次数的常规干湿循环后，利用 RSM-RCT(B)型声波测试仪测试试样的波速，其变化趋势如图 4-4 和图 4-5 所示。

钙质胶结细砂岩试样 134-1 在经历 6 次常规干湿循环过程中，试样的波速整体呈现出下降的趋势，且在第 3 次后下降比较明显，与第 2 次干湿循环后相比，试样的波速降低 15.67%，这与试样上表面出现

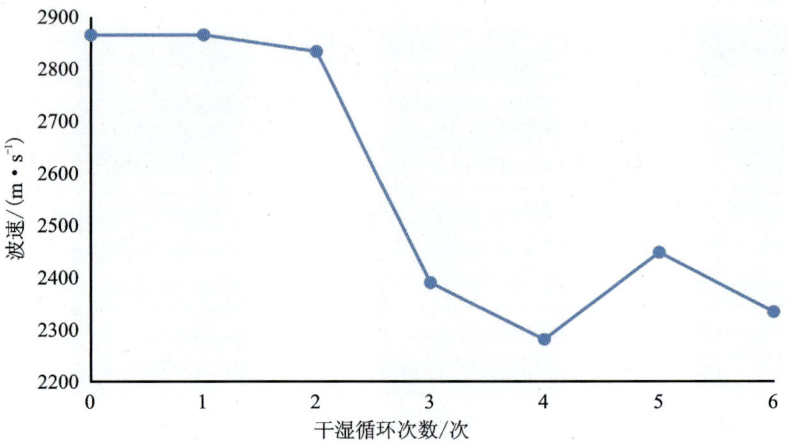

图 4-4　试样 134-1 干湿循环过程中的波速变化

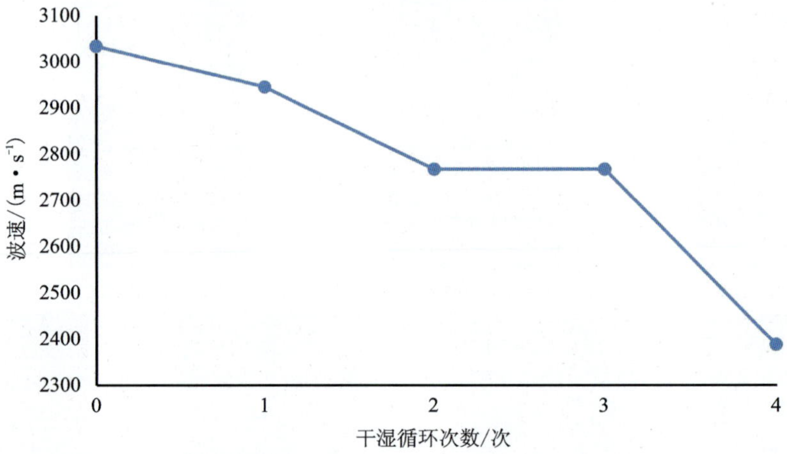

图 4-5　试样 135-3 干湿循环过程中的波速变化

脱落的现象相一致，说明在第 3 次饱和—干燥过程中试样内部以及上表面同时出现劣化现象；试样的波速虽然在第 5 次干湿循环后出现波动趋势，但与初始试样相比，试样的波速同样存在降低的趋势。钙质胶结细砂岩试样 135-3 在前 3 次的波速变化幅度较小，在第 4 次干湿循环之后波速有较大幅度的减小，与第 3 次干湿循环后的试样相比，其降幅达到 14.60%，较初始值下降了 22.12%。

(3)抗压强度。

钙质胶结细砂岩在经历不同次数的干湿循环试验后，采用 RMT-150C 岩石力学试验机测试其围压为 5MPa 的三轴抗压强度，其变化特征及破坏形态见表 4-3。

经历 4 次和 6 次干湿循环后，其围压为 5MPa 的三轴抗压强度分别为 108.46MPa 和88.34MPa，与经历 4 次干湿循环的试样 135-3 相比，经历 6 次干湿循环的试样 134-1 强度劣化达到 18.55%；经历 4 次和 6 次常规干湿循环后试样达到峰值强度时其应变分别为7.81‰和 8.87‰，与经历 4 次常规干湿循环的试样 134-1 相比，应变增加了 13.54%；经历 4 次和 6 次干湿循环后试样的弹性模量分别为17.08GPa 和 11.54GPa，与经历 4 次常规干湿循环的试样 134-1 相比，弹性模量劣化达到 32.44%。经历 4 次和 6 次干湿循环的钙质胶结细砂岩在围压 5MPa 的三轴试验后，其破坏模式表现为试样 134-1 较为破碎，其裂纹数量也较多。

表 4-3 钙质胶结细砂岩试验结果

试样编号	134-1	135-3
初始孔隙率/%	2.54	2.57
工况	pH=7,6 次常规干湿循环， 围压 5MPa 加载	pH=7,4 次常规干湿循环， 围压 5MPa 加载
抗压强度/MPa	88.34	108.46
应变/‰	8.87	7.81
弹性模量/GPa	11.54	17.08
应力-应变曲线	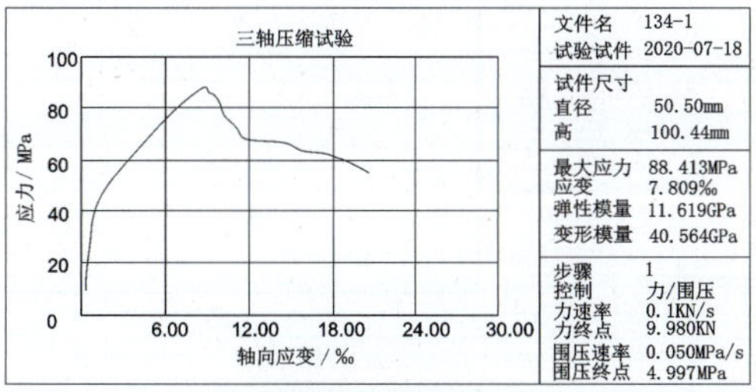	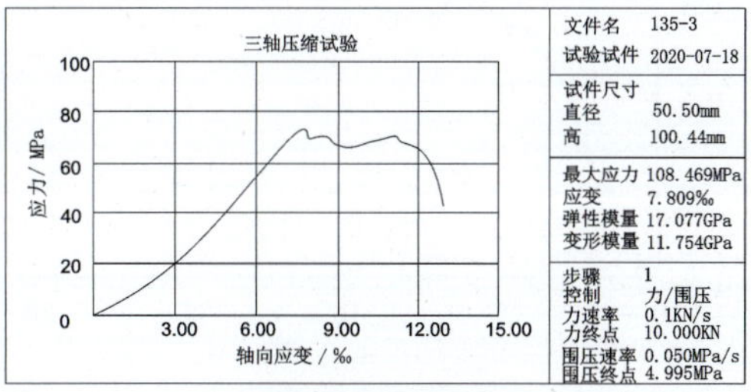
破坏状态		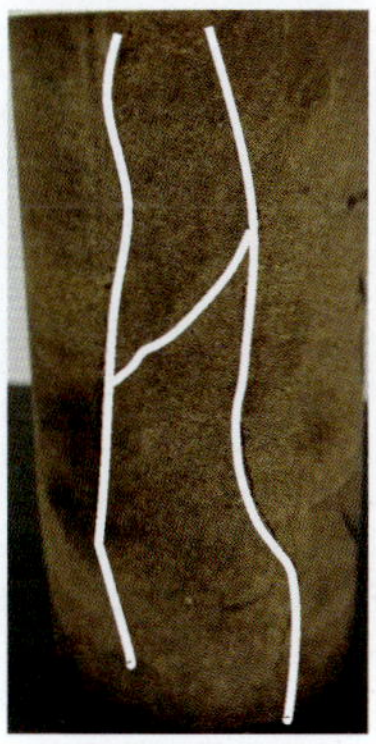

3)泥质胶结粉砂岩崩解试验

(1)试验方案。

在 pH=7 的水环境中将泥质粉砂岩试样 135-8 进行 25d 静态浸泡崩解试验：①将制备好的试样观察描述现状并称重记录后置于 1000mL 烧杯中，同时注入去离子水，记录其初始崩解时间，以及分别在浸水 10min、30min、60min 后试样的崩解情况；②当试样浸泡时间达到 12h 后，将其带水过 5mm 的标准筛网，得到岩样浸水后小于 5mm 的崩解残留物，而大于 5mm 的试样继续置于 1000mL 烧杯内进行浸泡崩解；③然后将残留物置于烘箱内（105～110℃）烘干至恒重，并在干燥器内冷却至室温后采用孔径分别为 5mm、2mm、1mm、0.5mm、0.25mm 和 0.075mm 的标准筛进行筛分试验，然后分别称其质量，做好记录；④重复上述 3 个步骤，最终达到 25d 后结束试验。

在 pH=7 的水环境中将泥质粉砂岩试样 135-8 进行不同次数干湿循环的崩解试验：①将制备好的试样观察描述后，称重置于烘箱内（105～110℃）烘干至恒重，在干燥器内冷却至室温后将试样置于 1000mL 烧杯中，同时注入去离子水，记录其初始崩解时间，以及分别在浸水 10min、30min、1h 后试样的崩解情况；②当试样浸泡时间达到 12h 后，取出试样置于烘箱内（105～110℃）烘干 12h 至恒重，然后在干燥器内冷却至室温过 5mm 的标准筛网，得到小于 5mm 的崩解残留物，而大于 5mm 的试样置于 1000mL 烧杯内进行浸泡崩解；③然后将残留物采用孔径分别为 5mm、2mm、1mm、0.5mm、0.25mm 和

0.075mm 的标准筛进行筛分试验，然后分别称其质量，做好记录；④重复上述 3 个步骤，最终在试样完全粉化后结束试验。

(2)电导率变化。

在泥质粉砂岩试样 135-8 静态崩解和干湿循环崩解试验中，测试浸泡过程中溶液的电导率，其电导率试验测试结果如图 4-6 和图 4-7 所示。

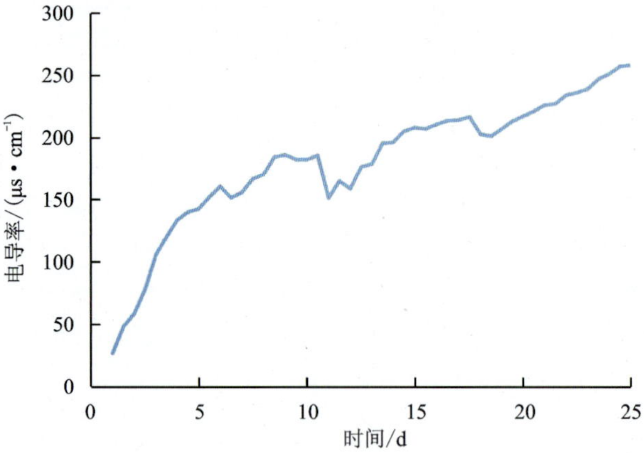

图 4-6　试样 135-8 静态崩解过程中的电导率变化

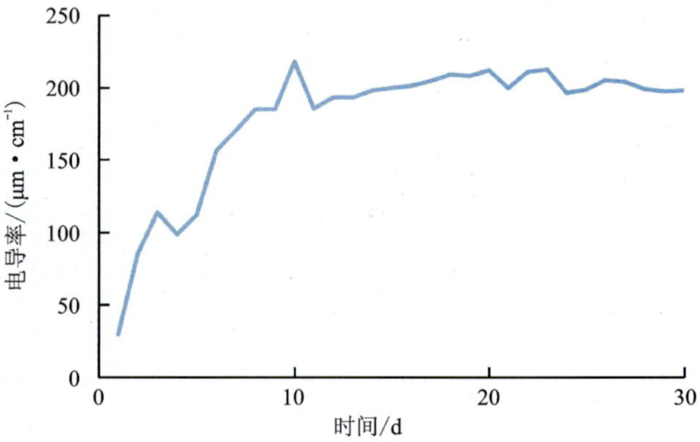

图 4-7　试样 135-8 干湿循环崩解试验中的电导率变化

泥质粉砂岩试样 135-8 在 25d 静态崩解浸泡过程中，浸泡 1～24h 内溶液的电导率由 10μm/cm 增长至 25μm/cm；2～25d 电导率不断上升，并且 1～5d 内增长速率较高，5～20d 速率相对平缓，20～25d 速率略微增大至 258.15μm/cm。

泥质粉砂岩试样 135-8 在干湿循环崩解试验浸泡过程中，浸泡 1～24h 内溶液的电导率由 7.47μm/cm增长到 29.30μm/cm，升高幅度较静态崩解较大；2～15d 电导率不断上升，1～5d 增长速率较高，5～15d 内速率平缓，最终在 30d 趋于平缓，达到 198μm/cm。

通过对泥质粉砂岩试样 135-8 在两种崩解工况下的对比发现，干湿循环崩解的试样电导率变化更为严重，并从 15d 之后溶液电导率逐渐趋于平稳，此时试样基本已全部崩解；而对于长期处于水环境中的静态崩解试样，在浸泡过程中均处于增长趋势，说明干湿循环对泥质粉砂岩的劣化更为严重。

(3)试样形貌变化。

泥质粉砂岩试样 135-8 在经历 25d 长期静态崩解试验过程中(图 4-8)，在 2h 内发现试样表面有气泡产生现象，试样整体还保持原样；浸泡 48h，试样表面气泡减少，试样周围出现雾化现象，有明显的裂纹出现且有贯通趋势；浸泡 72h，试样整体出现崩解现象，呈现出明显的碎块状；浸泡 4～25d，试样整体破碎严重，碎块状试样的数量增多，且尺寸也不断减小，大于 5mm 的碎屑样整体减少。

泥质粉砂岩试样 135-8 在经历干湿循环崩解过程中(图 4-9)，在浸泡 2h 内表面有气泡产生，且随着时间增加气泡产生数量不断减少，试样表面未见明显的裂隙出现；浸泡 2d，试样表面气泡基本不可见，试样周围有雾化现象出现，试样表面有明显裂纹产生，且大部分已经贯通，试样整体较为破碎；当经历第 1 次烘干后，试样整体崩解严重，破碎分裂成碎块状，且随着干湿循环次数的不断增加，颗粒粒径不断减小，最终在第 13d 达到饱和状态后变成粉末状，结束试验。

(4)崩解物分析。

泥质粉砂岩试样 135-8 在经历 25d 静态崩解试验过程中，在 1～4d 试样的崩解物不断增多，粒径在 0.075～0.25mm 之间以及 0.075mm 以下崩解物崩解速率不断增大，其他粒径下的崩解物崩解速率基本不变；在第 4d 时，粒径在 0.075～0.25mm 之间以及 0.075mm 以下崩解物质量达到最大峰值，尤其是 0.075mm以下的颗粒为 5.760g，0.075～0.25mm 的为 4.260g，总量共有 11.80g；4～14d 崩解物质量接近最小，15～17d 崩解物增多，且在第 17d 达到一个小峰值，总量 3.156g；18～25d 崩解量少，崩解速率低，基本总量保持在 1g 左右(图 4-10、图 4-11)。

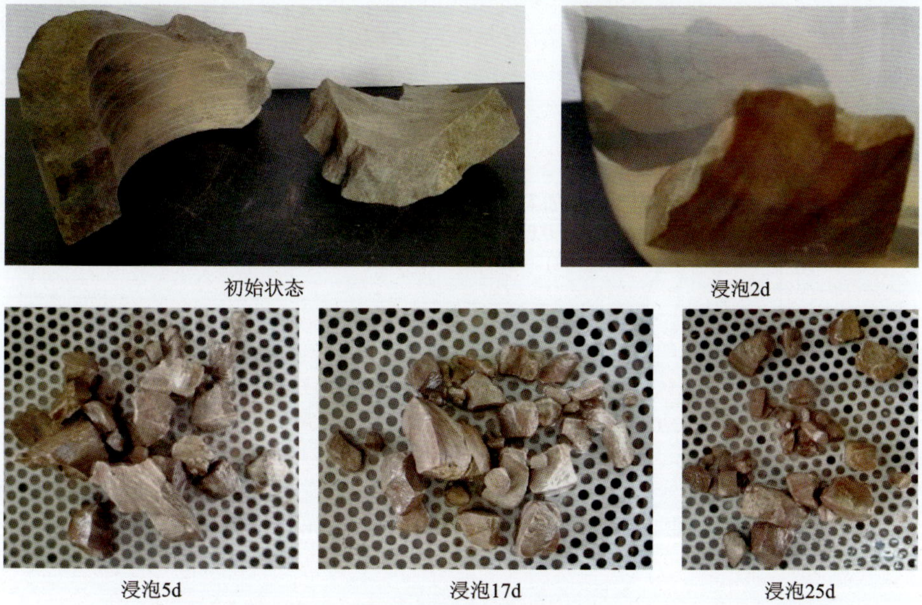

图 4-8 试样静态崩解试验过程

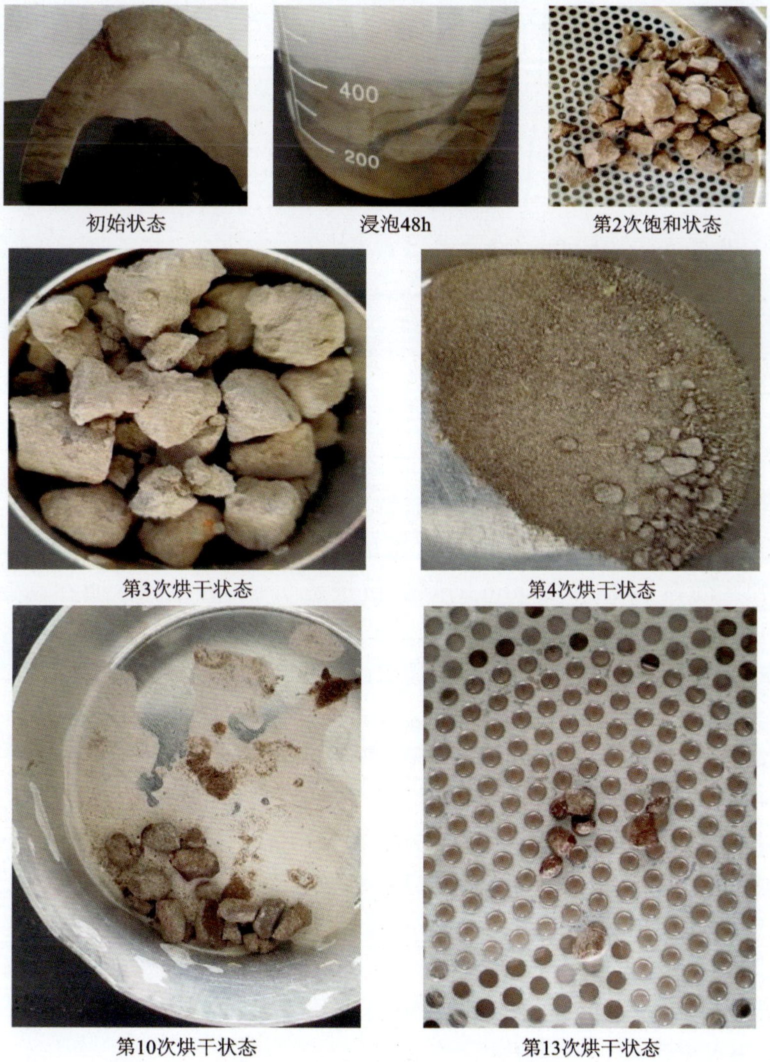

图 4-9 干湿循环过程中的崩解试验

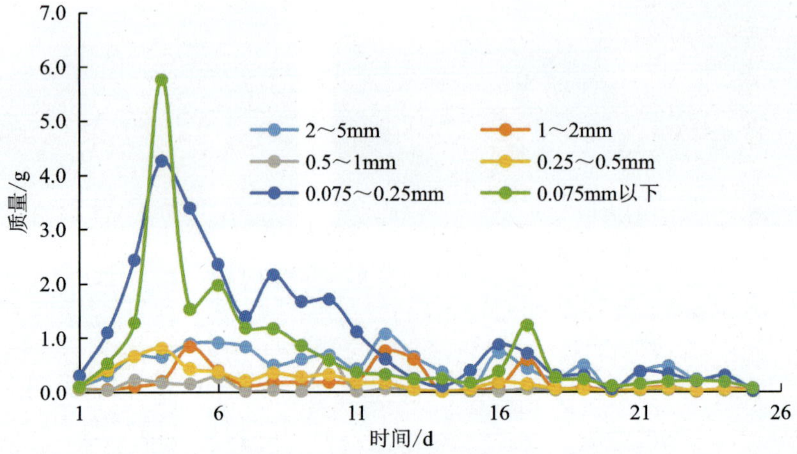

图 4-10　试样静态崩解过程中的崩解物筛分

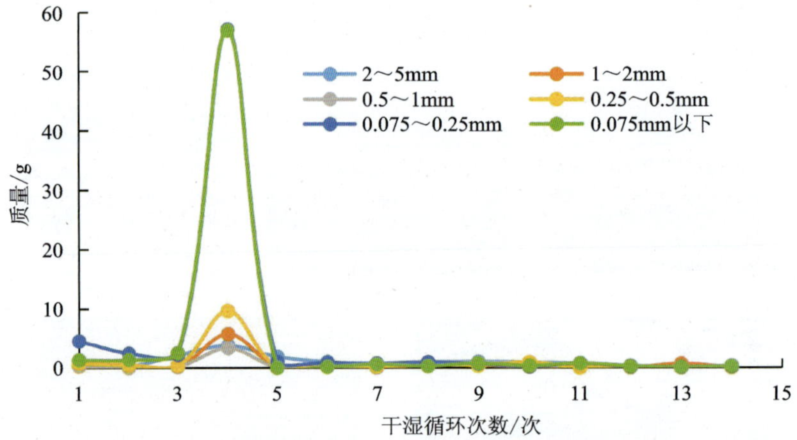

图 4-11　试样干湿循环崩解过程中的崩解物粒径变化

泥质粉砂岩试样 135-8 在经历干湿循环崩解试验过程中，在 1～4d 崩解不断增多，且0.075mm以下崩解物崩解速率增长最快，其余粒径下的崩解物崩解速率缓慢增长；同样，在第 4d 时试样崩解物质量达到最大峰值，尤其是粒径在 0.075mm 以下的颗粒质量是 56.860g，粒径区间在 0.075～0.25mm 的颗粒质量是 57.040g，粒径区间在 0.25～0.5mm 的颗粒质量是 9.630g，粒径区间在 0.5～1mm 的颗粒质量是 3.320g，粒径区间在 1～2mm 的颗粒质量是 3.740g，小于 5mm 的崩解物总量达到 136.310g；在5～14d 浸泡过程中试样的崩解物减少，且速率基本不变，并在第 14d 筛分完成。

4）长期浸泡崩解试验

将泥质粉砂岩试样 135-8 在 pH＝7 的去离子水溶液中，经历长达 40d 的长期浸泡试验，来观察试样表面的相貌变化特征和细观矿物形貌及成分的变化。泥质胶结的粉砂岩试样 135-8 在经历长期浸泡试验过程中，在浸水 1d 后其表面发生比较严重的泥化；在经历 40d 长期浸泡过程中，试样完全断裂且散落分布在溶液中，呈块状分布；在经历 40d 长期浸泡后，将试样进行干燥处理，试样完全泥化，且块状尺寸明显减小(图 4-12)。

(1)电导率变化。

泥质胶结粉砂岩试样 135-8 在长期浸泡过程中，1～38d 电导率不断上升，并且 1～6d 内增长速率较高，6～38d 增长速率相对平缓(图 4-13)。

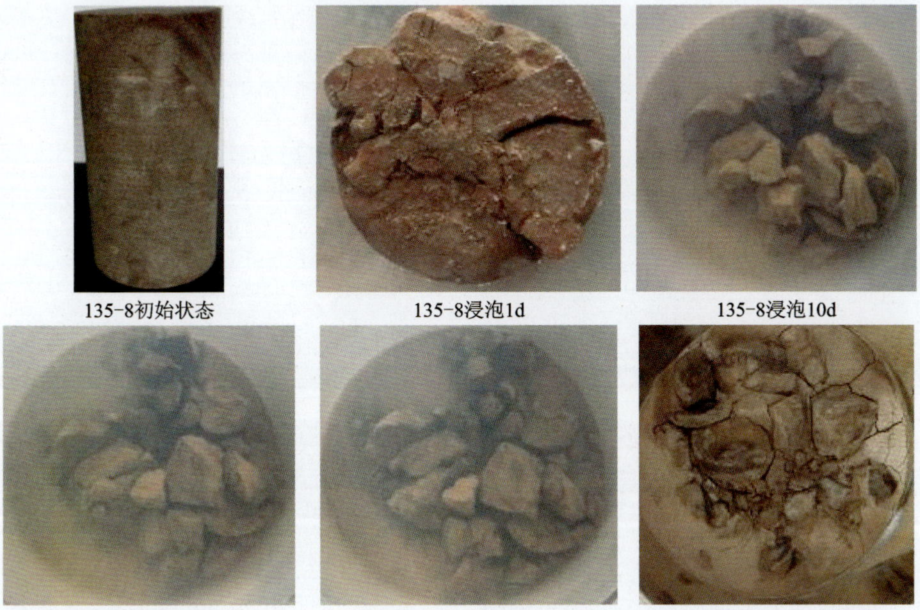

图 4-12 试样长期浸泡 40d 过程中的形貌变化

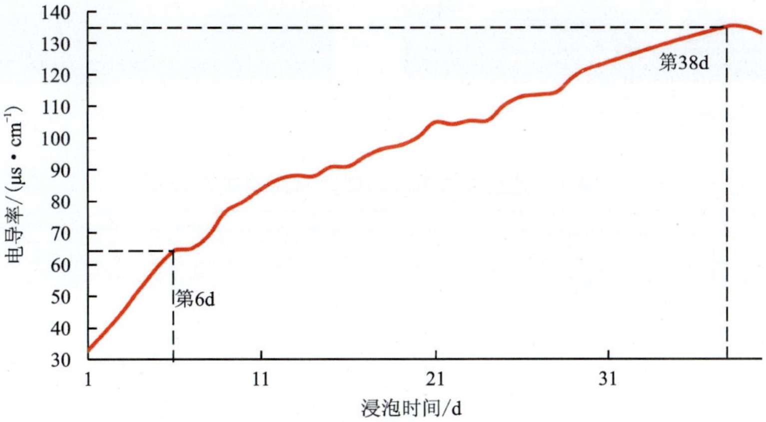

图 4-13 试样长期浸泡过程中的电导率变化

(2)细观结构变化。

通过对泥质胶结的粉砂岩试样 135-8 水岩作用前后的 SEM 细观进行分析发现，在经历水岩作用前，试样表面的孔、裂隙尺寸较小，且均被黏土矿物等填充，因而试样表面整体较为致密。而在经过 40d 长期浸泡水岩作用后，试样表面有诸多碎屑附着，且试样中片状矿物和充填岩屑被溶解，矿物颗粒棱角逐渐被溶蚀，颗粒间有大量碎屑被溶解，颗粒矿物呈孤岛式出现，周围有较多溶隙和溶孔并且有诸多鳞片状伊利石等次生矿物生成(图 4-14、图 4-15)。

(3)矿物成分变化。

通过对经历 40d 长期浸泡的泥质粉砂岩试样 135-8 水岩作用前后的矿物成分进行分析可知，试样中石英含量略微减少，钠长石含量大幅度提升，无论是单一的伊利石、绿泥石、高岭石，还是伊蒙混层的中间形态的混层矿物等黏土矿物含量均有较大幅度减少。这说明泥质胶结的粉砂岩在水溶液中经历长时间浸泡过程中，石英的溶解度很低，黏土矿物的溶解比较严重，见表 4-4。并且此类试样黏土矿物含量占比较大，在长期浸泡下黏土矿物以及胶结矿物出现大幅度的溶解现象，导致试样内部出现大量次生孔隙，胶结程度降低，最终引起试样出现崩解碎裂现象。

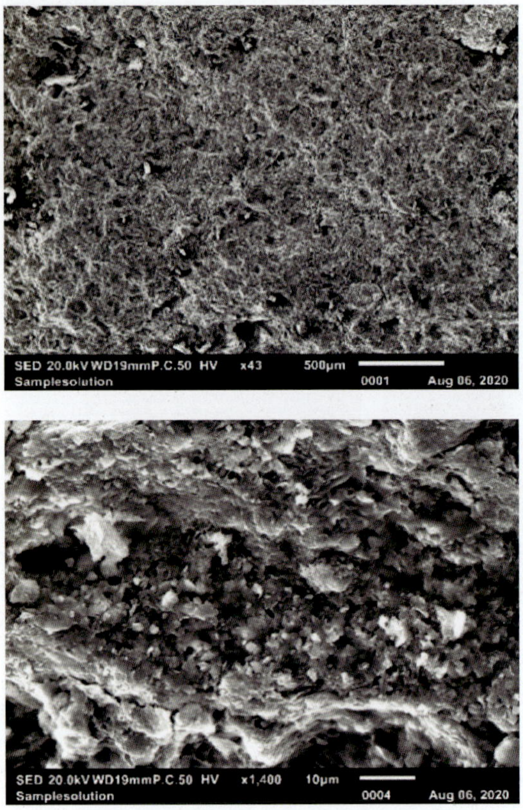

图 4-14 泥质胶结粉砂岩浸泡前

图 4-15 泥质胶结粉砂岩浸泡后

表 4-4 泥质胶结粉砂岩试验前后的矿物含量 单位:%

类别	试验前后	石英	钾长石	钠长石	伊利石	绿泥石	高岭石	伊蒙混层	伊蒙混层
泥质胶结粉砂岩	前	38.03	6.58	35.57	3.01	0.20	0.12	7.58	8.94
泥质胶结粉砂岩	后	31.25	6.27	50.66	1.84	0.12	0.07	4.11	5.67
变化幅度	—	−6.78	−0.31	15.09	−1.17	−0.08	−0.05	−3.47	−3.27

注:伊蒙混层指的是伊利石和蒙脱土的混合层,其中第一栏是伊利石占比较多的部分,第二栏是蒙脱石占比较多的部分。

通过对经历长期浸泡的泥质粉砂岩试样 135-8 水岩作用前后试样的化学成分进行分析可知,试样中大部分氧化物为 SiO_2,且水岩作用前后含量几乎没有变化,这与矿物成分中石英在水环境中不发生溶解的性质有关。但是与钙质胶结细砂岩试样相比,此类泥质胶结粉砂岩试样中的 SiO_2 含量整体偏低,这将导致试样的强度较低,而且软层中出现较多的化学成分,MgO、Al_2O_3、Fe_2O_3 含量均较高,这也是泥质胶结粉砂岩黏土矿物含量较高的根本原因(表 4-5)。

表 4-5 泥质胶结粉砂岩试验前后的化学组成含量 单位:%

氧化物类别	Na_2O	MgO	Al_2O_3	SiO_2	P_2O_5	K_2O	CaO	MnO	Fe_2O_3
试验前	1.91	2.96	16.08	60.3	0.14	3.07	1.61	0.11	5.58
试验后	1.81	2.87	15.55	60.43	0.13	2.87	1.5	0.11	5.24
变化幅度	−5.24	−3.04	−3.30	0.22	−7.14	−6.51	−6.83	0	−6.09

4.1.2.2 基于钻孔波速和成像的劣化分析

通过钻孔岩心和孔内波速可以看出，钻孔深度 9.5m 以内，岩心较为破碎，该岩层为砂岩，室内试验测定的岩石波速为 2865m/s，岩体波速只有 2000m/s 左右，岩体裂隙较为发育，干湿循环对岩体劣化作用强烈。孔深 9.5～18m 范围泥质粉砂岩岩体波速在 2500～3000m/s 之间波动，岩体完整性较好，岩体裂隙发育中等，干湿循环对岩体劣化作用减弱(图 4-16)。

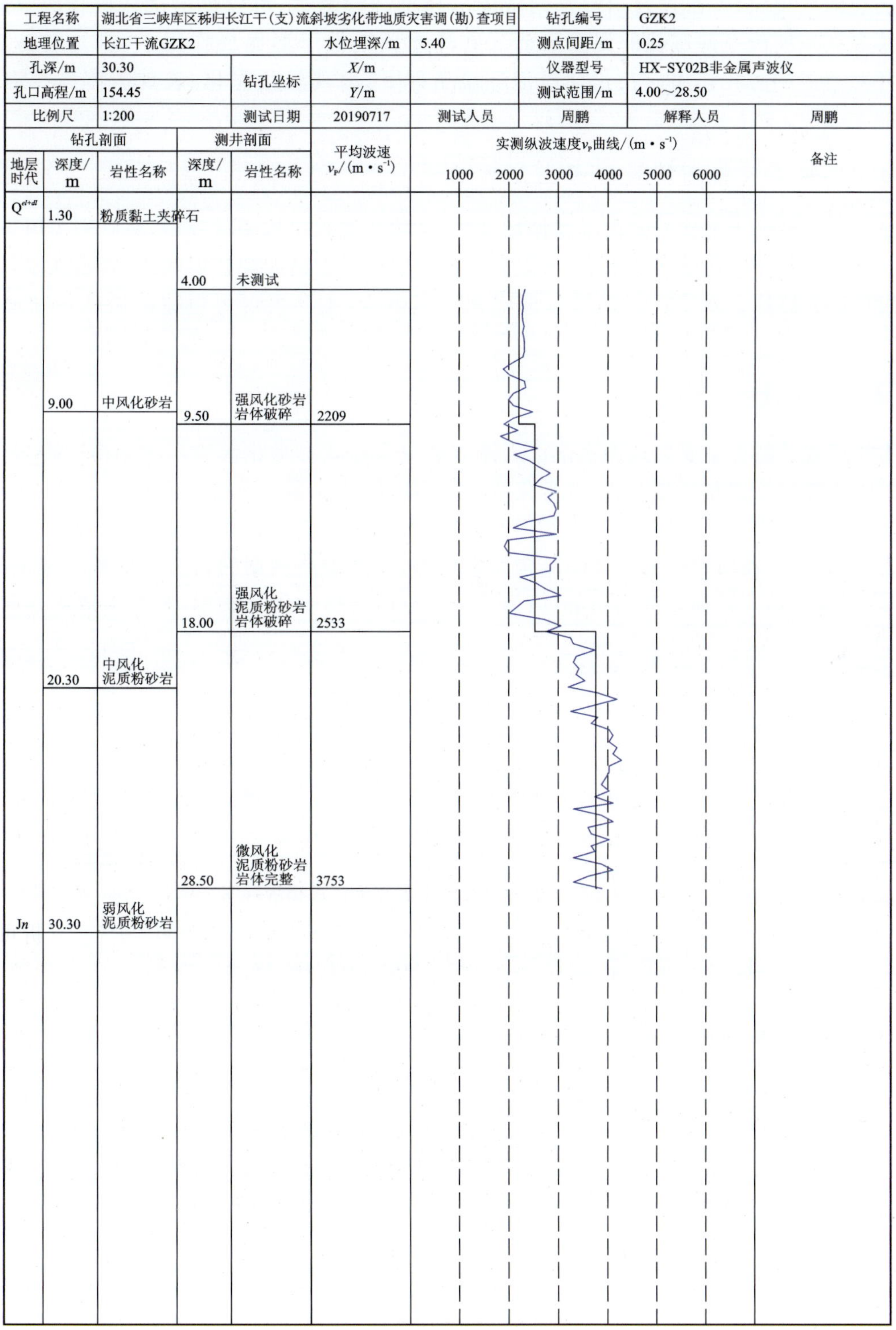

图 4-16　钻孔 ZK2 波速测试

4.1.3 岩体劣化特征

4.1.3.1 泥质粉砂岩劣化分析

通过对泥质粉砂岩室内长期浸泡、干湿循环等试验及矿物和细观结构等测试分析，褐红色的泥质粉砂岩试样中含有大量的黏土矿物成分，且石英等骨架矿物含量较少，因而在 pH=7 的水环境中极易发生破裂崩解现象，并且通过对浸泡溶液的电导率进行测试，可以得出试样矿物溶解速率较大。古桑溪—蔡家坡岸坡段呈薄层状的泥质粉砂岩在库水周期性干湿循环作用下，容易崩解溶解，表现为干湿循环对岩体的劣化作用。在长期浸泡环境条件下，出现软化泥化，表现为库水浸泡对岩石的劣化作用。

4.1.3.2 钙质胶结细砂岩的劣化分析

通过对灰黄色的钙质细砂岩室内干湿循环试验、矿物和细观结构测试分析，该砂岩经历干湿循环作用后，孔隙度增大，部分矿物溶解于水中，干湿循环作用引起岩石微裂隙扩展联通，岩石强度降低，同时，在浅表层出现崩解掉块。对于处于消落区的钙质胶结砂岩，主要表现为裂隙扩展延伸和崩解等劣化现象。

4.1.4 岩体劣化机理

该类劣化后现状特征主要表现为消落区岩体碎裂呈颗粒状。劣化区岩层多为薄层泥岩、泥质粉砂岩，呈颗粒状，表部裂纹密布呈张开状，该劣化特征类型库岸坡度多为缓坡—陡坡。

碎屑岩体受构造影响较破碎，在水库作用的影响下，岸坡消落区首先植被、覆盖层灭失，强度较低、抗风化能力弱的泥岩、泥质粉砂岩岩体除结构面劣化外，在夏季调洪期间岩石亦出现快速崩解碎裂，强度逐层下降，崩解岩体开始逐层冲刷剥落、垮塌及沿临空面滑移等劣化变形，最终形成了碎屑型劣化特征(图 4-17)。

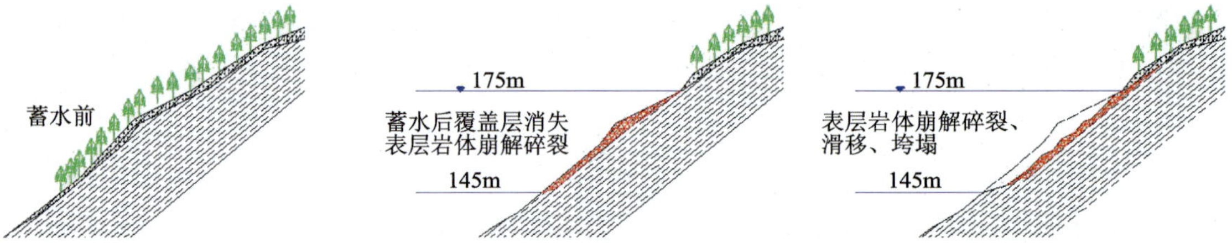

图 4-17 碎屑岩薄层侵蚀型岩体劣化过程示意图

4.2 软硬互层冲蚀型岩体劣化机理分析

4.2.1 青干河大桥北桥头岸坡概况

青干河大桥北桥头岸坡段位于长江支流青干河左岸，在千将坪滑坡东侧青干河大桥北侧桥头下游附近。该岸坡较平顺，平面形态呈“一”字形分布(图 4-18)，并且该岸坡段长约 585m，所处斜坡坡向约为 150°，坡面较平直，坡度较陡，约为 42°。其中，高程在 175m 以上岸坡被天然林木所覆盖，且植被较茂密；高程在 145～175m 间的水位消落区岸坡局部表层被 1～2m 厚的第四系松散堆积物所覆盖，且覆盖层下部为粉砂质泥岩和石英砂岩互层的碎屑岩。

经过现场勘察发现，高程位于 145～175m 的消落带表层被 1～2m 厚的第四系松散堆积物所覆盖，且该岸坡段局部可见宽度为 2～4m、长度为 3～5m、厚度为 0.5～1.0m 的表层土质岸坡再造形成的小

图 4-18 青干河大桥北桥头典型岸坡

坍滑。同时，由于该岸坡岩性为含有大量黏土矿物的碎屑岩，且黏土矿物具有吸水膨胀崩解的特性。因此，该岸坡在经过库水长期作用后将会存在软化崩解的可能性；并且岸坡的外倾裂隙在经历库水掏蚀作用和逐年风化侵蚀作用后将进一步产生碎裂，尺寸将会进一步加宽，存在形成顺层滑坡的可能性；该段岸坡地层岩性及斜坡结构类型与千将坪滑坡类似，在极端条件下存在形成类似滑坡的可能性。因此，将该岸坡段定为劣化较强烈的亚段，对其进行现场钻孔取样并分析。

对该岸坡段进行现场钻孔取样，其钻孔岩心段多为黄褐色粉砂质泥岩及灰绿色长石石英砂岩的互层结构，多为中风化至强风化，钻孔岩心多呈长柱状，少部分呈短柱状、碎石状，节长 10～80cm 不等。选取青 ZK2 钻孔典型的 3 类岩样进行现状研究（图 4-19），其试样编号为 119-1、119-2-1 及 119-4-2。试样 119-1 取样深度为 0～0.3m，取样高程为 148.3m；试样 119-2-1 取样深度为 3.3～4.0m，取样高程为 145m；试样 119-4-2 取样深度为 18.0～19.0m，取样高程为 130.1m；所取试样位于高程为 145～175m 的消落区，以及长期位于 145m 以下的库水浸泡区。

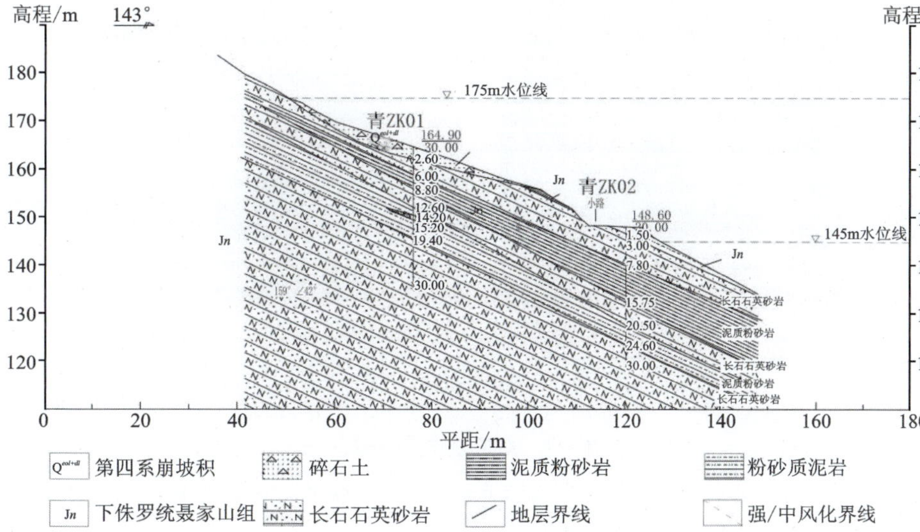

图 4-19 青 ZK2 剖面图

4.2.2 岩石物理力学性质测试

4.2.2.1 岩石基本物理性质

根据《水利水电工程岩石试验规程》(SL/T 264—2020)的要求,将钻孔岩心加工成 $D \times H = 50mm \times 100mm$($D$ 为岩样直径,H 为岩样高度)的标准圆柱体试样。其中,由于试样 119-1 为粉砂质泥岩,无法按照规范制作成标准的圆柱体,故所取试样的强度均采用室内点荷载试验获取。对所取岩样进行相应的物性指标以及矿物成分测试,获得其初始物性指标见表 4-6。

表 4-6 青干河大桥北桥头段碎屑岩基本物性指标

岩样编号	取样位置	钻孔编号	取样高程/m	野外定名	室内定名	天然含水率/%	饱和含水率/%	干密度/(g·cm^{-3})	饱和密度/(g·cm^{-3})	干质量/g	纵波波速/(m·s^{-1})	孔隙率/%
119-1	青干河石槽溪	QZK2	148.3	粉砂质泥岩	中粒岩屑石英杂砂岩	0.77	1.63	2.44	2.48	68.30	/	3.96
119-2-1	青干河石槽溪	QZK2	145	石英砂岩	中粒岩屑砂岩	0.13	0.31	2.53	2.53	530	3451	0.78
119-4-2	青干河石槽溪	QZK2	130.1	石英砂岩	泥质粉砂岩	0.59	0.59	2.70	2.72	529.5	3018	1.58

4.2.2.2 岩石强度特性

将 3 种不同取样高程位置的试样按照规范《工程岩体试验方法标准》(GB/T 50266—2013)进行点荷载试验,试验过程如图 4-20 所示。试验数据根据规范《工程岩体分级标准》(GB/T 50218—2014)计算平均点荷载强度 I_s 以及单轴抗压强度 R_c,试验结果见表 4-7。

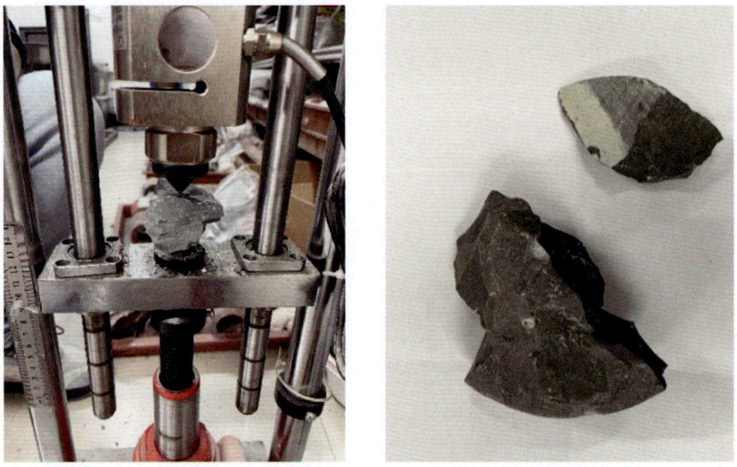

图 4-20 点荷载试验

表 4-7 点荷载试验数据

试样编号	钻孔编号	室内定名	取样高程/m	点荷载强度 I_s/MPa	单轴抗压强度 R_c/MPa
119-1	QZK2	中粒岩屑石英杂砂岩	148.3	0.79	14.46
119-2-1	QZK2	中粒岩屑砂岩	145	4.89	57.07
119-4-2	QZK2	泥质粉砂岩	130.1	1.50	23.95

由表 4-7 可知，同样是处于消落区，中粒岩屑石英杂砂岩(119-1)试样的点荷载强度及单轴抗压强度均小于中粒岩屑砂岩(119-2-1)试样。位于 145m 水位以下长期浸泡的含泥质粉砂岩(119-4-2)试样的点荷载强度及单轴抗压强度均小于消落区间的中粒岩屑砂岩(119-2-1)试样，但大于消落区间的中粒岩屑石英杂砂岩(119-1)试样。

4.2.2.3 岩石矿物特性

根据表 4-8 可知，试样 119-1 及 119-2-1 同为消落区间的试样，自三峡库区 2008 年高水位蓄水以来，两者均经历了近 13 次干湿循环，其矿物成分及含量也存在较大差别，其中，中粒岩屑石英杂砂岩(119-1)试样黏土矿物含量达到 25.57%，且以伊利石和伊蒙混层等易吸水膨胀的黏土矿物为主，占黏土矿物总含量的 90.3%。而中粒岩屑砂岩(119-2-1)试样黏土矿物含量达到22.77%，但多以绿泥石矿物为主，占比达到 69.57%，且石英含量达到 75.89%。因此，中粒岩屑石英杂砂岩(119-1)试样的抗压强度远低于中粒岩屑砂岩(119-2-1)试样。

表 4-8 碎屑岩矿物成分及百分含量

岩样编号	石英/%	钠长石/%	方解石/%	赤铁矿/%	伊利石/%	绿泥石/%	高岭石/%	伊蒙混层Ⅰ/%	伊蒙混层Ⅱ/%
119-1	66.66	—	3.62	4.16	10.23	0.51	2.05	3.05	9.72
119-2-1	75.89	—	1.34	—	2.05	15.71	4.10	—	0.91
119-4-2	51.18	5.94	—	—	17.15	8.15	2.58	6.43	8.57

注：伊蒙混层黏土矿物是伊利石和蒙脱石两个端源矿物之间的过渡矿物。其中，伊蒙混层Ⅰ为有序伊蒙混层，伊蒙混层Ⅱ为无序伊蒙混层。

试样 119-4-2 为含泥质粉砂岩，且长期处于 145m 水位以下，长期经历库水浸泡，而试样 119-2-1 则位于经历库水涨落的消落区。两者环境的不同导致了矿物含量的区别，长期浸泡下的含泥质粉砂岩(119-4-2)石英含量较消落区的石英砂岩(119-2-1)有明显下降，而黏土矿物含量却有大幅度升高，达到了 42.88%，因此其抗压强度大幅度减小。

4.2.2.4 细观结构特性

将 3 组试样分别利用扫描电镜观察其细观矿物形貌，将待测样品反复吹除表面碎小的扰动颗粒后采用离子溅射仪对其进行镀金处理，然后放入扫描电镜中获取细观矿物形貌信息。根据扫描电镜结果(图 4-21、图 4-22)，可以明显地观察到，同样位于消落区的试样，中粒岩屑石英杂砂岩(图 4-21)表面有大量的黏土矿物附着，较难观察到石英等骨架矿物，并且在矿物间很明显地观察到微裂隙的存在；而中粒岩屑砂岩(图 4-22)表面可以清晰观察到大量的片状矿物以及块状石英颗粒，同时也可观察到微孔洞的存在。通过细观矿物形貌信息也可从侧面说明中粒岩屑石英杂砂岩(119-1)的抗压强度低于中粒岩屑砂岩(119-2-1)的原因。

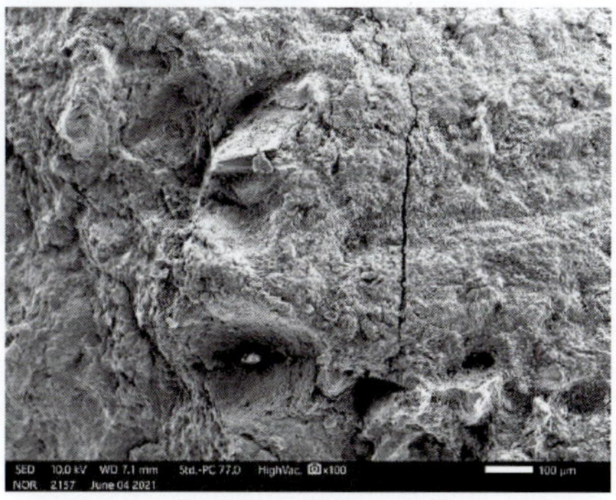

图 4-21 中粒岩屑石英杂砂岩(119-1)显微结构

将两种工况下试样的显微结构对比发现，位于消落区的中粒岩屑砂岩(119-2-1)表面可以清晰地观察到有黏土矿物附着在大块的石英骨架矿物间；而位于 145m 水位线以下，根据图 4-23，经历长期水岩浸泡作用的含泥质粉砂岩(119-4-2)表面石英骨架矿物略显破碎，且存在明显的溶蚀现象，矿物表面的棱角也变得圆润，同时有大量的黏土矿物附着在石英矿物间。通过细观矿物形貌信息再次证实 145m 水位线以下的含泥质粉砂岩的劣化较为严重。

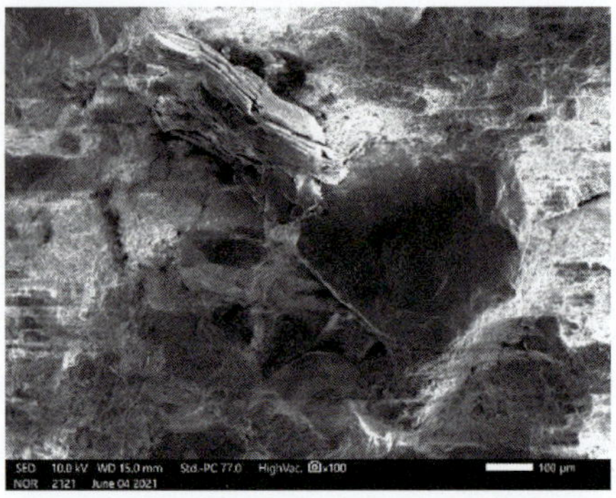

图 4-22　中粒岩屑砂岩(119-2-1)显微结构

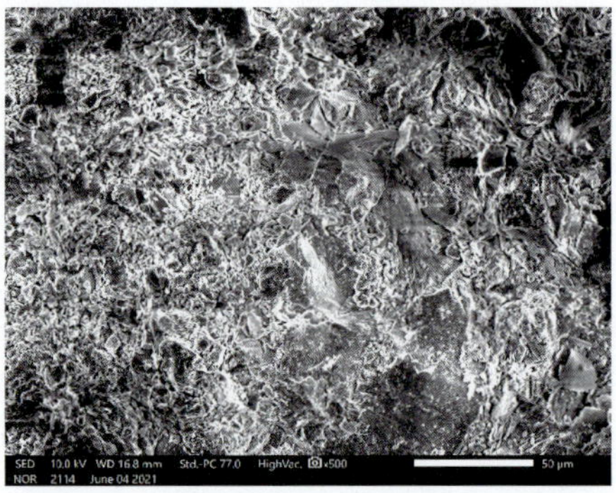

图 4-23　含泥质粉砂岩(119-4-2)显微结构

4.2.2.5　岩石薄片分析

试样 119-1 在偏光镜下薄片分析的显微图片如图 4-24 所示，可以观察到试样由石英、岩屑和填隙物组成，有极少量云母、长石。石英为他形粒状，磨圆度较好，以次圆状为主，边缘可见溶蚀，无色透明，具波状消光，粒径 0.06～1.00mm，以中粒级(0.06～0.50mm)为主。偶见长石，不规则粒状，磨圆度较好，次圆状，粒径 0.15～0.40mm。极少量云母，片状，平行消光，片径 0.05～0.40mm。白云母为无色，干涉色为二至三级。黑云母有绿泥石化蚀变。岩屑形状不规则，磨圆度好，次圆状—圆状，成分有中酸性喷出岩、凝灰岩、绢云凝灰质板岩、石英千枚岩、石英岩、碳酸盐岩等，粒径 0.10～3.00mm，以中粒级为主。填隙物有同成分机械碎细物、黏土矿物、碳酸盐矿物和不透明矿物，杂基含量大于 15%。胶结类型以基底式胶结为主。黏土矿物颗粒微细，土褐色，填隙状分布，含量为 25%～30%。碳酸盐矿物为粒状，干涉色为高级白，最大粒径 0.15mm，含量远小于 5%。不透明矿物为不规则状，不显光性，含量约为 10%。偶见锆石，柱状，无色，正极高突起，干涉色为三级，平行消光，粒径 0.02mm 左右。试样 119-1 中石英占 40%～45%，岩屑占 5%，填隙物占 50%。试样 119-1 为中粒岩屑石英杂砂岩。

a.试样119-1

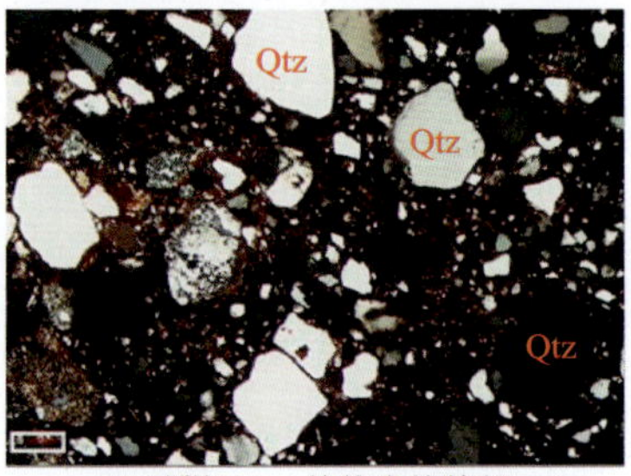

b.试样119-1单偏光镜特征

图 4-24　试样 119-1 偏光显微特性

试样 119-2-1 在偏光镜下的薄片分析的显微图片如图 4-25 所示，可以观察到试样由石英、岩屑和填隙物组成。石英为他形粒状，磨圆度较差，以次棱角状为主，无色透明，具波状消光，部分可见微裂纹，粒径 0.06～0.70mm，以中粒级(0.25～0.50mm)为主，弱定向分布。极少量白云母，片状，无色，干涉色为二至三级，平行消光，片径 0.05～0.30mm。岩屑形状不规则，磨圆度较好，以次圆状为主，成分有中酸性喷出岩、凝灰岩、绢云凝灰质板岩、石英千枚岩、绢云千枚岩、燧石岩等，粒径 0.20～0.70mm，个别可达 4.50mm。填隙物有同成分机械碎细物、火山尘、碳酸盐矿物、黏土矿物和不透明矿物。胶结类型以接触式为主、孔隙式为辅。火山尘已脱玻化呈霏细质点，含量约为 5%。碳酸盐矿物为不规则状，无色，填隙状分布，含量不足 5%。黏土矿物颗粒微细，集中分布，含量接近 5%。不透明矿物为不规则状，不显光性，粒径 0.03～0.30mm，含量小于 5%。试样 119-2-1 中石英占 50%，岩屑占 25%～30%，填隙物占 25%。试样 119-2-1 为中粒岩屑砂岩。

a.试样119-2-1　　b.试样119-2-1单偏光镜特征

图 4-25　试样 119-2-1 偏光显微特性

试样 119-4-2 在偏光镜下的薄片分析的显微图片如图 4-26 所示，可以观察到试样由粉砂级碎屑、砂级碎屑、黏土矿物、碳酸盐矿物和不透明矿物组成。粉砂级碎屑成分有石英、云母，粒径 0.004～0.06mm。石英为他形粒状，磨圆度差，棱角—次棱角状，无色透明，具波状消光。白云母为片状，无色，干涉色为二至三级，平行消光。黑云母为片状，具绿—浅黄绿多色性，干涉色为三级，部分发生绿泥石化。砂级碎屑与粉砂级碎屑成分相当，磨圆度较差，以次棱角状为主，粒径 0.06～0.25mm。黏土矿物颗粒微细，土灰色，分布不均匀。碳酸盐矿物为不规则粒状，无色，闪突起明显，干涉色为高级白，粒径 0.02～0.10mm，散状分布。不透明矿物为不规则粒状，黑色、红褐色，粒径 0.01～0.15mm，散状分布。试样 119-4-2 中粉砂级碎屑占 80%，砂级碎屑含量小于 5%，黏土矿物占 10%～15%，碳酸盐矿物含量小于 5%，不透明矿物含量小于 5%。试样 119-4-2 为泥质粉砂岩。

a.试样119-4-2　　b.试样119-4-2单偏光镜特征

图 4-26　试样 119-4-2 偏光显微特性

由试样 119-1 单偏光镜特征（图 4-24）可知，它为中粒砂状结构，结合矿物成分，分析其石英含量虽然较高，但是以黏土矿物为主的填隙物含量也很高，导致显微结构未见石英颗粒，使得其单轴抗压强度较低；由试样 119-2-1 单偏光镜特征（图 4-25）可知，它亦为中粒砂状结构，结合矿物成分，分析其填隙物较少，黏土矿物含量也较低，显微结构可见大量块状石英颗粒，使得其单轴抗压强度较高；由试样 119-4-2 单偏光镜特征（图 4-26）可知，它为含泥质粉砂状结构，结合矿物成分分析，其石英含量较低，而黏土矿物含量较高，显微结构下未见较大颗粒矿物石英，其石英等骨架矿物粒径较小且被大量黏土矿物充填，使得其单轴抗压强度较低。

4.2.2.6　岩石水岩作用力学特性分析

通过对青干河大桥北桥头岸坡段消落区的岩样钻孔，开展干湿循环试验进行预测性研究（表 4-9）。根据《水利水电工程岩石试验规程》（SL/T 264—2020）的要求，将钻孔岩心加工成 $D\times H=50\text{mm}\times 100\text{mm}$（$D$ 为岩样直径，H 为岩样高度）的标准圆柱体试样。

表 4-9 青干河大桥北桥头碎屑岩基本物性指标

试样编号	岩性	钻孔编号	实际高程/m	自然含水率/%	饱和含水率/%	干密度 $(g \cdot cm^{-3})$	饱和密度 $(g \cdot cm^{-3})$	干质量/g	纵波波速 $(m \cdot s^{-1})$	孔隙度/%
118-1-1	钙质胶结粉砂岩	青 ZK1	152.9	0.30	0.60	2.70	2.71	565.9	2632	1.62
118-1-2	钙质胶结粉砂岩	青 ZK1	152.9	0.33	0.72	2.69	2.71	567.5	2863	1.95
119-2-1	硅质胶结细砂岩	青 ZK2	145	0.13	0.31	2.53	2.53	530	3451	0.78
119-2-4	硅质胶结细砂岩	青 ZK2	145	0.19	0.80	2.64	2.66	517.9	3019	2.10

1)试验方案

118-1-1,设定 pH=5,开展 3 次长期浸泡干湿循环。

118-1-2,设定 pH=5,开展 4 次长期浸泡干湿循环,单轴加载。

119-2-1,设定 pH=7,开展 1 次常规干湿循环,围压 5MPa 加载。

119-2-4,设定 pH=7,开展 4 次常规干湿循环,围压 10MPa 加载。

2)长期浸泡和干湿循环后试样的形貌特征变化

随着干湿循环次数的增加,试样的整体变化幅度较小,118-1-1 及 118-1-2 在酸性环境的长期浸泡干湿循环作用下变化幅度较大,由于试样本身初始的孔隙度较大,试样沿着已有的裂隙逐渐劣化,118-1-1 沿着已有的裂隙逐渐加深扩展并有脱落的趋势(图 4-27)。119-2-1 及 119-2-4 随着干湿循环次数的增加,试样的整体变化幅度较小,仅试样上下端部有颜色逐渐加深的现象,说明在干湿循环过程中水分的迁移过程对两端部表现强烈(图 4-28)。

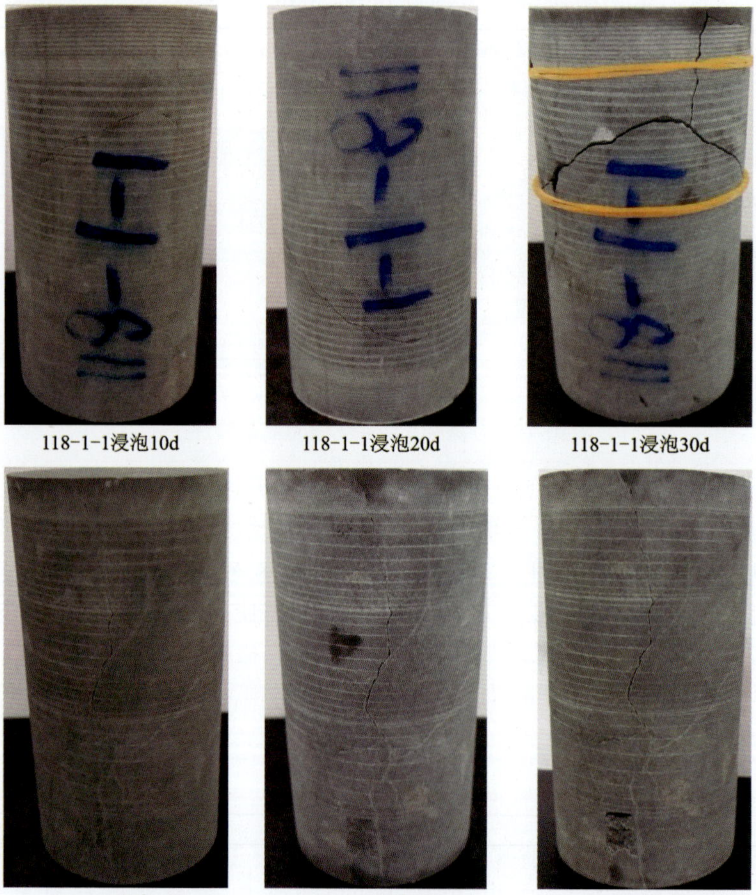

118-1-1浸泡10d　118-1-1浸泡20d　118-1-1浸泡30d

118-1-2浸泡10d　118-1-2浸泡30d　118-1-2浸泡40d

图 4-27 试样 118-1 长期浸泡过程中的损伤发展状态

图 4-28　试样形貌特征变化

4.2.2.7　岩石水岩作用细观孔隙核磁共振分析

通过 118-1-1 及 118-1-2 的 T_2 谱变化图可知试样 T_2 谱曲线有 3 个峰，将 3 个峰对应的孔隙从左到右分别称为微小孔隙、小尺寸孔隙和大尺寸孔隙。岩石内部孔隙分布中微小孔隙占主要部分，小尺寸孔隙则占比较低。在 118-1-1 中，在 2 次干湿循环之后微小孔隙及小尺寸孔隙均有增多，但是在第三次干湿循环之后微小孔隙及小尺寸孔隙数量减少，大尺寸孔隙明显增多(图 4-29)。这可能是微小孔隙及小尺寸孔隙逐渐连接贯通为大尺寸孔隙，导致试样表观劣化。而 118-1-2 在干湿循环之后微小孔隙及小尺寸孔隙逐渐增多，大尺寸孔隙没有明显变化，这与试样表观变化不大相符(图 4-30)。

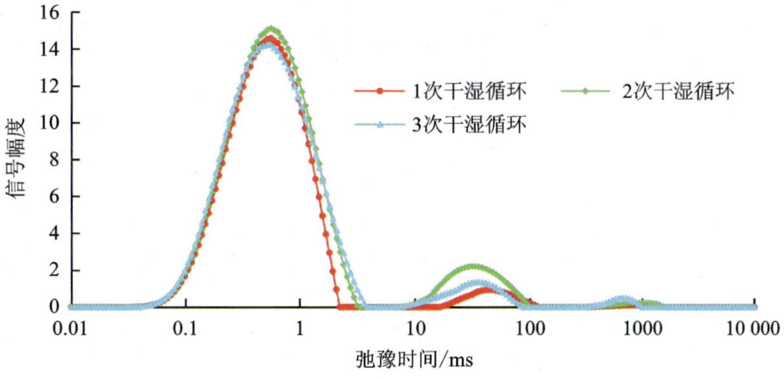

图 4-29　118-1-1 T_2 谱变化

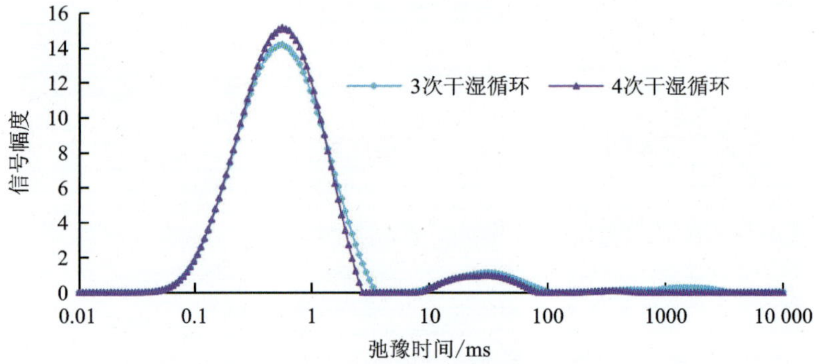

图 4-30 118-1-2 T_2 谱变化

4.2.2.8 岩石水岩作用波速分析

在前两次干湿循环之后 118-1-1 波速缓慢降低，总体降低了 7.29%，在第三次干湿循环之后试样波速大幅度降低，与初始波速相比降低了 40.84%，说明在第三次干湿循环之后试样的孔隙度大幅度提高，试样劣化程度较高。而 118-1-2 在 4 次干湿循环之中波速基本呈线性降低，且降低幅度没有 118-1-1 大，4 次干湿循环之后与初始波速相比降低了 29.03%，这与 118-1-2 在 4 次干湿循环之后试样表面没有较大的变化相符。在前三次干湿循环之后 119-2-4 波速较初始状态下降 11.26%，第四次干湿循环之后波速较初始状态下降 2.95%，试样波速整体呈降低的趋势，但是变化幅度较小(图 4-31)。

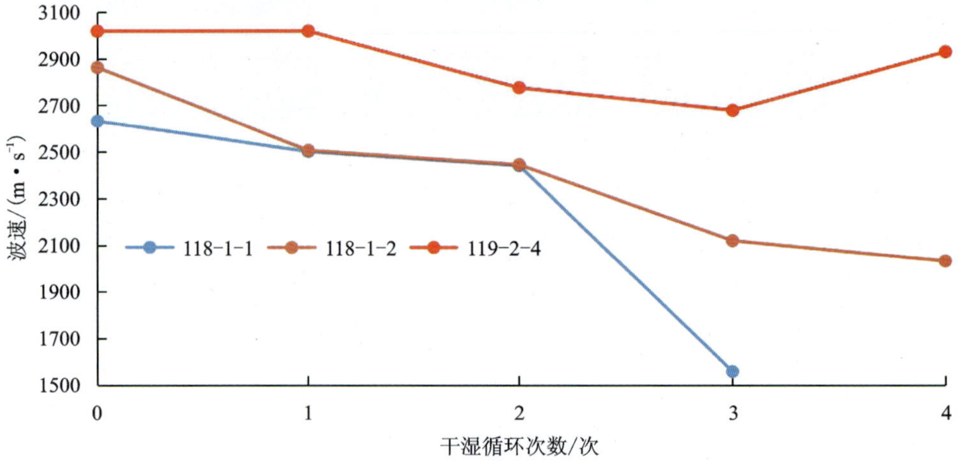

图 4-31 试样波速变化趋势

4.2.2.9 岩石水岩作用强度特性分析

对不同工况水岩作用的试样进行力学试验，试验结果见表 4-10。

表 4-10 试验结果对比分析

试样编号	118-1-2	119-2-1	119-2-4
抗压强度/MPa	69.05	180.67	162.89
工况	pH=5，4 次长期浸泡干湿循环(单轴试验)	pH=7，1 次常规干湿循环，围压 5MPa 加载	pH=7，4 次常规干湿循环，围压 10MPa 加载
初始孔隙度/%	1.95	0.78	2.10

续表 4-10

试样编号	118-1-2	119-2-1	119-2-4
破坏状态	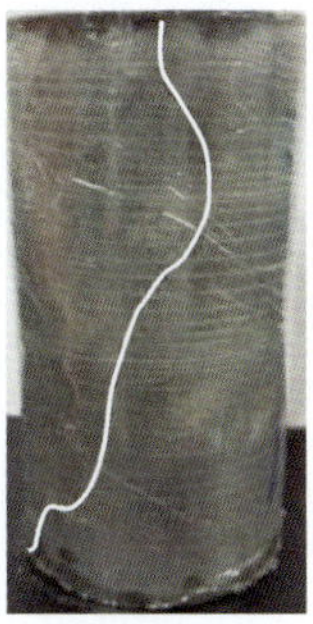	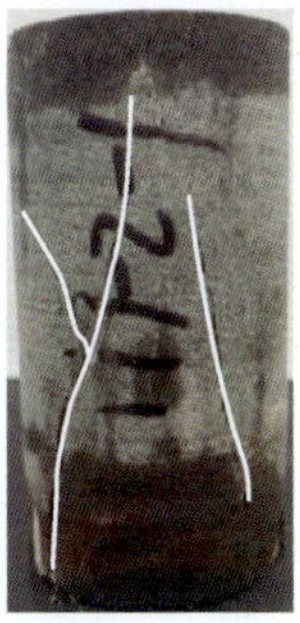	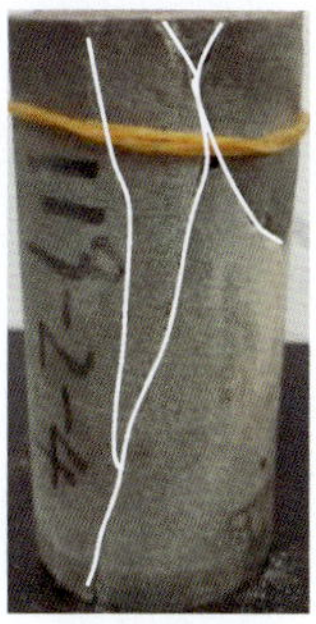

4.2.2.10 基于钻孔波速和成像的岩体劣化分析

从钻孔波速测试结果(图 4-32)可以看出,深部 6m 左右以上(高程大约 141m),为中粒岩屑砂岩,岩体波速在 2500m/s 以下,平均波速 2250m/s,岩石波速 3451m/s。对于长期处于饱水状态的岩石波速,从室内试验结果得到,位于高程 141m 以上的砂岩强度较高,对比钻孔波速测试结果,可以判断该区域岩体裂隙较为发育,岩体较为破碎,劣化较为严重。

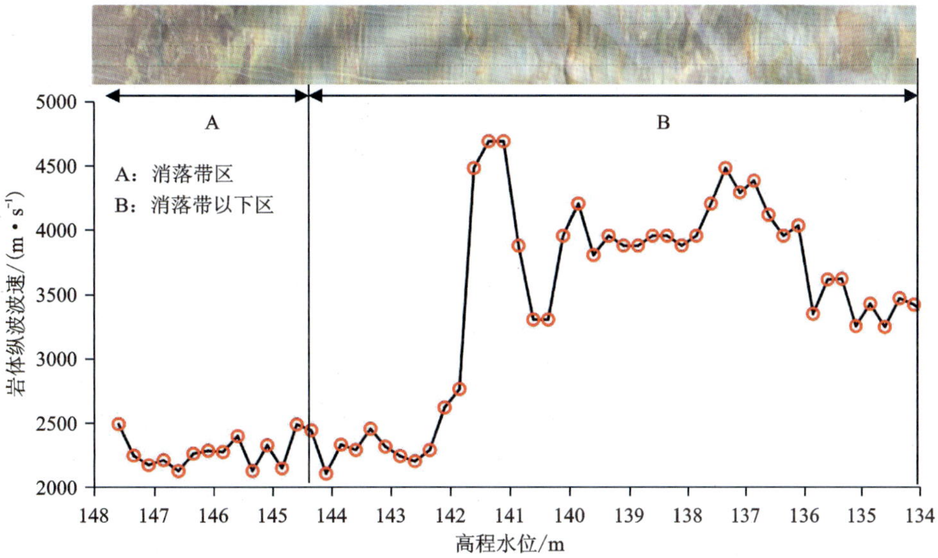

图 4-32 钻孔 ZK2 声波测试变化曲线

4.2.3 岩体劣化特征

通过对青干河大桥北桥头岸坡段进行现场调查以及选取 3 类典型样品进行室内试验(包括基本物理性质、点荷载试验、矿物成分测试、扫描电镜测试等),发现位于高程 145m 水位以下的石英砂岩长期处于饱水状态,岩石可溶性矿物如长石等发生水解反应生成黏土矿物并附着在石英等骨架矿物间,石英等骨架颗粒也存在发生部分溶蚀的可能性,进而导致试样的孔隙度增大、纵波波速降低,最终导致岩石的抗压强度降低。处于高程 145～175m 消落带的岩石,经历库水周期涨落的干湿循环作用,引起泥质粉砂岩的矿物成分及含量发生改变,伊利石和高岭石等亲水矿物生成,进而引起岩石的抗压强度下降。

4.2.4 岩体劣化机理

该类劣化后现状特征主要受软硬相间岩性差异的影响，因砂岩和泥岩在相同环境下劣化的速度和程度存在明显差异，表现为消落区差异性的劣化特征，出现软弱层凹陷剥蚀、硬质砂岩块裂崩落等凹槽，造成碎屑岩岸坡出现劣化变形，其中顺向岸坡劣化变形主要以侧向侵蚀及滑移变形为主，逆向岸坡劣化变形主要以崩落变形为主（图 4-33、图 4-34）。

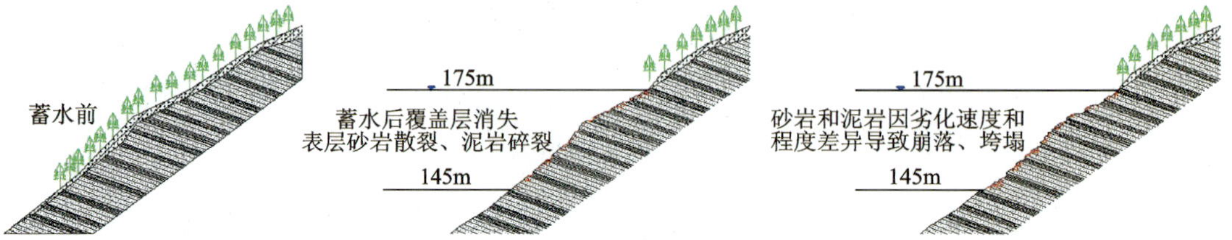

图 4-33　软硬互层冲蚀型——逆向坡劣化过程示意图

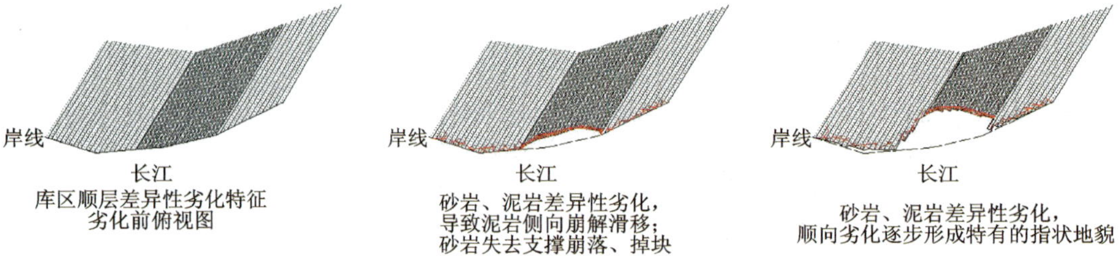

图 4-34　软硬互层冲蚀型——顺向坡劣化过程示意图

劣化区岩层多为薄层泥质含量较高的泥岩、泥质粉砂岩等与中厚层砂岩、石英砂岩等互层，砂岩、石英砂岩呈块状的结构面张开明显，泥岩、泥质粉砂岩等呈颗粒状，表部裂纹密布呈张开状，该劣化特征类型库岸坡度多为缓坡—陡坡。

劣化机理分析：岩体受构造影响较破碎，在水库作用影响下，岸坡消落区首先植被、覆盖层灭失，张开裂缝充填物消失，消落区基岩裸露，强度相对较高的砂岩岩体隐性裂隙由闭合到显现、由显现到张开、由张开到扩展贯通，随着结构面逐步增多，岩体强度逐步降低，强度较低、抗风化能力弱的泥质含量较高岩体除结构面劣化外，在夏季调洪期间岩石亦快速崩解碎裂，岩体完整程度降低，强度逐步下降。

4.3 中厚层剥蚀型岩体劣化机理分析

4.3.1 牛口—王坝溪岸坡概况

牛口—王坝溪岸坡段位于长江左岸，岸坡总体形态平面呈现凹形，剖面呈近折线型，如图 4-35所示，坡度 25°～45°，位于鄂西褶皱山地中低山区，斜坡位于长江左岸，坡向 181°，为逆向坡。该岸坡段为碎屑岩逆向坡，位于秭归向斜西翼，层理面产状 30°∠33°，节理裂隙面：①170°∠73°，裂面较平直，微张，可见延伸长 3m，8～10 条/m；②265°∠65°，裂面较平直，微张，无充填，延伸长 3m，5 条/m；③140°∠70°，裂面较平直，微张，无充填，延伸长 3m，4 条/m。消落带岩体受裂隙切割，多呈块状。

该岸坡段岸坡岩性主要由下侏罗统桐竹园组（J_2t）粉砂岩、砂岩夹碳质页岩、煤层组成。其中，覆盖层岩性多为坡残积碎石土，结构松散，碎石成分为砂岩、页岩，土石约比 2∶8，碎石含量由滑坡中部向两侧渐增，粒径一般为 20～60cm，前缘粒径一般为 0.4～1m，充填物为粉质黏土，可塑。下伏基岩为滑坡区前缘临江段为 T_2b^2 砂岩、泥岩，中部至后缘为 J_1、J_2 砂岩夹页岩，灰绿色，强风化，中厚层状，产状 345°∠35°。

图 4-35 碎屑岩中厚层剥蚀型岸坡

岸坡脚为长江水系，为区域侵蚀基准面。岸坡段东侧地表水系为泄滩河，地表水补给以大气降水为主。该段上覆堆积体厚度不大，小部分降水以上段滞水赋存于上部土体，下部灰黄色砂岩段以裂隙水向下部渗透，遇下部紫红色泥质含量较高泥质粉砂岩相对隔水层后，沿该层顶部的层理面就近向长江排泄。受库水以及地表降雨的影响，该岸坡段内不良地质现象以滑坡为主。局部基岩裸露处，在水库作用下，岩体散裂碎裂呈块状，结构面张开 0.5～5cm，平均散裂块径 5～50cm。由于该岸坡段多以中厚层基座为主，经过现场勘查并结合岩性分布认为，该岸坡边坡劣化类型属于碎屑岩中厚层剥蚀型。

4.3.2 岩石物理力学性质测试

4.3.2.1 岩石基本物理力学性质

对原位取样的试样进行测试分析，其初始物性指标见表 4-11。

表 4-11 碎屑岩基本物性指标

岩样编号	取样位置	取样高程/m	野外定名	室内定名	天然含水率/%	饱和含水率/%	干密度/($g \cdot cm^{-3}$)	饱和密度/($g \cdot cm^{-3}$)	干质量/g	纵波波速/($m \cdot s^{-1}$)	孔隙率/%
146-1-2	长江干流牛口ZK13	154.3	碳质页岩	粉砂质泥岩	0.82	2.01	2.59	2.64	539.18	2026	5.22
146-3-1	长江干流牛口ZK13	139.1	碳质页岩	砂质粉砂岩	0.80	2.95	2.50	2.58	522.29	1943	7.40
147-3-1	长江干流牛口ZK14	147.8	泥质粉砂岩	钙质胶结细粒岩屑砂岩	0.28	1.02	2.70	2.73	535.6	2569	2.76
147-4	长江干流牛口ZK14	138.3	泥质粉砂岩	泥质粉砂岩	0.40	1.92	2.62	2.67	530	1893	5.05

4.3.2.2 岩石强度特性分析

将 4 组不同取样高程位置的试样按照规范《工程岩体试验方法标准》(GB/T 50266—2013)进行点

荷载试验，试验过程如图 4-36 所示。试验数据根据规范《工程岩体分级标准》GB/T 50218—2014）计算平均点荷载强度 I_s 以及单轴抗压强度 R_c，试验结果见表 4-12。

图 4-36　碎屑岩点荷载试验

表 4-12　碎屑岩点荷载试验数据

试样编号	取样位置	取样高程/m	室内定名	点荷载强度 I_s/MPa	抗压强度 R_c/MPa
146-1-2	长江干流牛口 ZK13	154.3	粉砂质泥岩	1.54	24.77
146-3-1	长江干流牛口 ZK13	139.1	砂质粉砂岩	1.07	18.67
147-3-1	长江干流牛口 ZK14	147.8	钙质胶结细粒岩屑砂岩	2.78	35.72
147-4	长江干流牛口 ZK14	138.3	泥质粉砂岩	1.10	19.34

通过该岸坡段碎屑岩点荷载试验数据可以发现，由于岩性的不同，无论是在 145m 高程下的砂质粉砂岩（146-3-1）、泥质粉砂岩（147-4），还是在 145～165m 高程中的粉砂质泥岩（146-1-2），强度都较低。在 145～165m 高程中的钙质胶结细粒岩屑砂岩（147-3-1）强度较高。

4.3.2.3　微结构 SEM 分析

从扫描电镜 SEM 镜下观察可以发现粉砂质泥岩（146-1-2）及砂质粉砂岩（146-3-1）表面有大量的黏土矿物，还有较多贯通的微裂隙。颗粒矿物间的黏结都不紧密，胶结程度弱（图 4-37、图 4-38）。

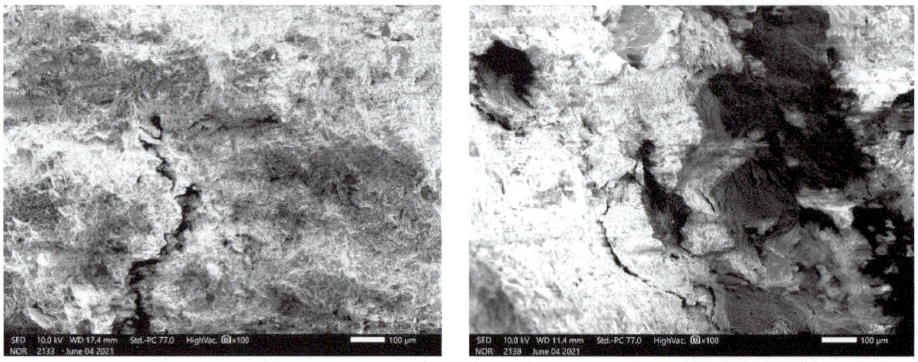

a.粉砂质泥岩（146-1-2）　　b.砂质粉砂岩（146-3-1）

图 4-37　粉砂质泥岩与砂质粉砂岩低倍观测（放大 500 倍）

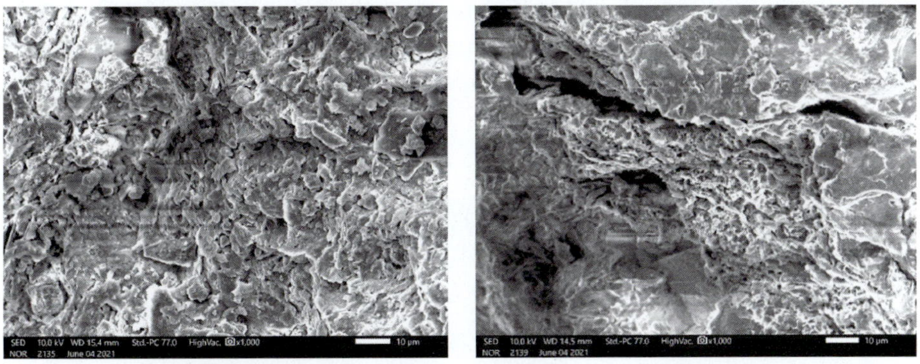

a.粉砂质泥岩(146-1-2)　　b.砂质粉砂岩(146-3-1)

图 4-38　粉砂质泥岩与砂质粉砂岩高倍观测

从扫描电镜 SEM 镜下观察可以发现钙质胶结细粒岩屑砂岩(147-3-1)及泥质粉砂岩(147-4)表面可见大片的石英等颗粒矿物，相比较而言，钙质胶结细粒岩屑砂岩(147-3-1)的颗粒矿物之间黏结比较紧密，呈片状出现。而泥质粉砂岩(147-4)颗粒矿物之间的黏结较弱，呈现出散乱排布，有部分颗粒矿物呈“孤岛式”出现(图 4-39、图 4-40)。

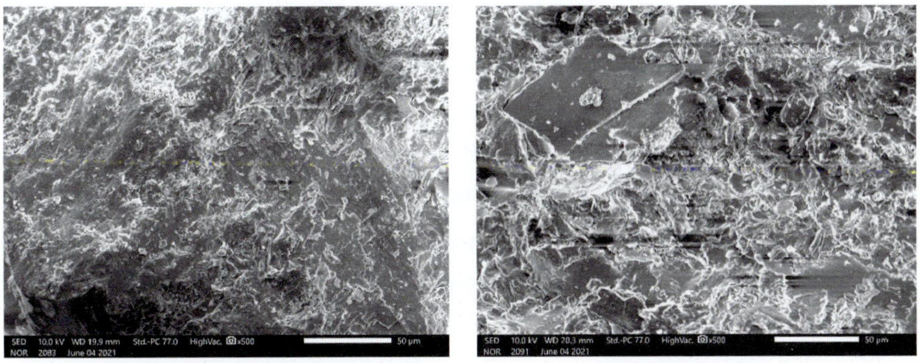

a.钙质胶结细粒岩屑砂岩(147-3-1)　　b.泥质粉砂岩(147-4)

图 4-39　钙质胶结细粒岩屑砂岩与泥质粉砂岩低倍观测(放大 500 倍)

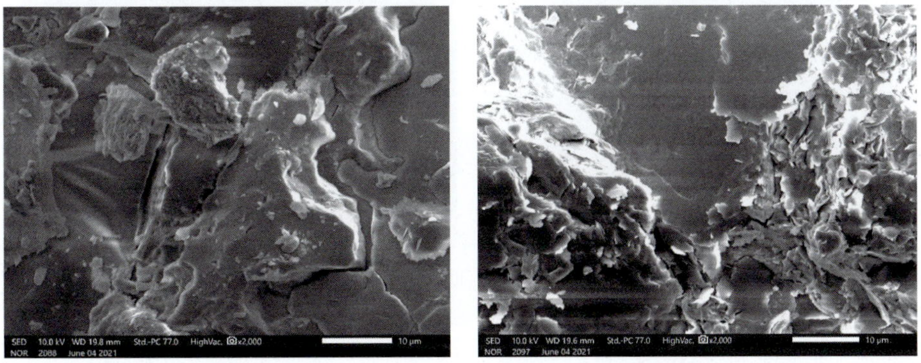

a.钙质胶结细粒岩屑砂岩(147-3-1)　　b.泥质粉砂岩(147-4)

图 4-40　钙质胶结细粒岩屑砂岩与泥质粉砂岩高倍观测(放大 2000 倍)

4.3.2.4　薄片分析

试样 146-1-2 在偏光镜下的薄片分析的显微图片如图 4-41 所示，可以观察到试样由粉砂级碎屑、黏土矿物和不透明矿物组成。粉砂级碎屑成分有石英、云母，粒径 0.004～0.06mm。石英为他形粒状，磨圆度差，棱角—次棱角状，无色透明，具波状消光。白云母为片状，无色，干涉色为二至三级，平行消光，分布有定向性。黑云母为片状，具红褐—褐黄多色性，干涉色受自身颜色影响。黏土矿物颗粒微细，土褐色。粉砂级碎屑、黏土矿物分别相对集中分布，显层理构造。不透明矿物为不规则状，呈条带状分布。可见裂缝，充填铁质。试样 146-1-2 中粉砂级碎屑占 25%，黏土矿物占 70%，不透明矿物含量小于 5%。试样 146-1-2 为粉砂质泥岩。

a.试样146-1-2　　b.试样146-1-2单偏光镜特征

图 4-41　试样 146-1-2 偏光显微特性

试样 146-3-1 在偏光镜下的薄片分析的显微图片如图 4-42 所示，可以观察到试样由粉砂级碎屑、砂级碎屑、黏土矿物和不透明矿物组成。粉砂级碎屑成分有石英、云母和岩屑，粒径 0.004～0.06mm。石英为他形粒状，磨圆度差，棱角—次棱角状，无色透明，具波状消光。白云母为片状，无色，干涉色为二至三级，平行消光，分布有定向性。黑云母为片状，具褐—浅褐黄多色性，干涉色为三级，个别有绿泥石化蚀变。岩屑形状不规则，成分有中酸性喷出岩、凝灰岩、石英千枚岩、绢云千枚岩、泥岩等。砂级碎屑与粉砂级碎屑成分相当，次棱角状，粒径0.06～0.30mm。黏土矿物颗粒微细，土褐色，呈不规则状集合体分布。不透明矿物为不规则状，呈条带状分布。试样 146-3-1 中粉砂级碎屑占 55%，砂级碎屑占 25%，黏土矿物占 5%，不透明矿物占 10%～15%。试样 146-3-1 为砂质粉砂岩。

a.试样146-3-1　　b.试样146-3-1单偏光镜特征

图 4-42　试样 146-3-1 偏光显微特性

试样 147-3-1 在偏光镜下的薄片分析的显微图片如图 4-43 所示，可以观察到试样由石英、云母、岩屑和填隙物组成。石英为他形粒状，磨圆度一般，次棱角状—次圆状，边缘可见溶蚀，无色透明，具波状消光，粒径 0.06～0.35mm，以细粒级(0.06～0.25mm)为主。偶见长石，不规则粒状，有绢云母化、土化蚀变，粒径 0.15mm 左右。云母为片状，平行消光，有弯曲扭折现象，片径 0.05～0.50mm。白云母为无色，干涉色为二至三级。黑云母有绿泥石化蚀变。岩屑形状不规则，磨圆度一般，次棱角状—次圆状，成分有中酸性喷出岩、凝灰岩、绢云凝灰质板岩、绢云石英千枚岩、绢云千枚岩、石英岩、泥岩等，粒径 0.10～0.30mm。填隙物有同成分机械碎细物、碳酸盐矿物、火山尘和不透明矿物，主要为钙质胶结。胶结类型以基底式胶结为主。碳酸盐矿物为不规则状，浑浊灰色，干涉色为高级白，最大粒径 0.30mm。火山尘已脱玻化呈霏细质点，呈不规则状集合体分布，含量不足 5%。不透明矿物为不规则状，不显光性，含量接近 5%。试样 147-3-1 中石英占 20%，云母含量小于 5%，岩屑占 15%～20%，填隙物占 60%。试样 147-3-1 为钙质胶结细粒岩屑砂岩。

a.试样147-3-1

b.试样147-3-1单偏光镜特征

图 4-43　试样 147-3-1 偏光显微特性

试样 147-4 在偏光镜下的薄片分析的显微图片如图 4-44 所示，可以观察到试样由粉砂级碎屑、砂级碎屑、黏土矿物和不透明矿物组成。粉砂级碎屑成分有石英、云母，粒径 0.004～0.06mm。石英为他形粒状，磨圆度差，棱角—次棱角状，无色透明，具波状消光。白云母为片状，无色，干涉色为二至三级，平行消光，分布有定向性。黑云母为片状，具红褐—浅褐黄多色性，干涉色受自身颜色影响，个别有绿泥石化蚀变。砂级碎屑与粉砂级碎屑成分相当，磨圆度一般，次棱角状—次圆状，粒径 0.06～0.10mm。黏土矿物颗粒微细，土灰色，集中呈条带状分布，显层理构造。不透明矿物为不规则粒状，粒径 0.01～0.15mm，散状分布。试样 147-4 中粉砂级碎屑占 60%，砂级碎屑含量小于 5%，黏土矿物占 30%，不透明矿物含量小于 5%。试样 147-4 为泥质粉砂岩。

a.试样147-4

b.试样147-4单偏光镜特征

图 4-44　试样 147-4 偏光显微特性

4.3.2.5　岩石矿物成分分析

对取自钻孔的粉砂质泥岩 146-1-2、砂质粉砂岩 146-3-1、钙质胶结细粒岩屑砂岩 147-3-1、泥质粉砂岩 147-4 分别进行岩石矿物成分测试，其测试结果见表 4-13。

从表 4-13 对比分析发现，同为 145～165m 高程的粉砂质泥岩(146-1-2)、钙质胶结细粒岩屑砂岩(147-3-1)，在经历了库水位周期性波动引起的干湿循环作用后，其石英含量基本都在 40%左右，而黏土矿物含量基本都达到了 50%，其中水敏性黏土矿物如蒙脱石、伊利石、伊蒙混层的含量达到黏土矿物含量的 80%以上，说明库水位周期性干湿循环作用对此段岸坡的影响较为严重。同一钻孔 145m 高程以下的 146-3-1 试样石英含量也高于 145～165m 高程的碳质页岩(146-1-2)，黏土矿物含量低于 145～165m 高程的碳质页岩(146-1-2)，说明对于此种碳质页岩，库水位周期性干湿循环的影响大于长期浸泡的影响；147-4 在 145m 高程以下长期处于饱水状态，其石英含量低于同一钻孔的 147-3-1，而黏土矿物的含量高于同一钻孔的147-3-1，说明长期处于水下饱水状态，对此类砂岩的影响大于库水位周期性干湿循环作用。

表 4-13 碎屑岩矿物成分及百分含量

岩样编号	石英/%	钠长石/%	方解石/%	白云石/%	伊利石/%	绿泥石/%	高岭石/%	伊蒙混层Ⅰ/%	伊蒙混层Ⅱ/%
146-1-2	34.45	5.20	—	—	44.06	2.41	2.41	3.62	7.85
146-3-1	55.41	—	—	—	27.20	4.46	1.34	3.57	8.02
147-3-1	50.31	—	1.40	17.64	23.60	0.92	0.62	1.53	3.98
147-4	37.92	4.88	—	—	30.32	4.86	1.77	1.77	18.48

注：伊蒙混层黏土矿物是伊利石和蒙脱石两个端源矿物之间的过渡矿物，伊蒙混层Ⅰ为有序伊蒙混层，伊蒙混层Ⅱ为无序伊蒙混层。

4.3.2.6 基于钻孔波速及成像的岩体劣化分析

ZK13钻孔开孔高程为167.70m，钻孔深度为30.20m。在高程155～165m区间内，岩体波速波动稳定，在2500m/s左右，岩性较均一，结构面发育较为均匀。在155.5m高程处，岩体波速达到最低值1966m/s，该处岩体较为破碎。在153m高程处，波速下降幅度大，约1000m/s，该处岩体较为破碎。其他区域岩体波速在3000m/s左右，岩体较均一（表4-14，图4-45）。

表 4-14 ZK13 岩体质量评价

岩性名称	岩性段深度/m	波速范围/(m·s^{-1})	平均波速/(m·s^{-1})	岩块波速/(m·s^{-1})	K_v 值	K_v 等级	K_v 等级描述
未测试	0～2.00						
泥质粉砂岩	2.00～7.25	2232～2731	2492	4300	0.34	Ⅱ	破碎
碳质页岩夹泥岩	7.25～17.75	1966～3584	2746	3800	0.52	Ⅲ	较破碎
碳质页岩夹泥岩	17.75～22.00	3034～4042	3428	3800	0.81	Ⅴ	完整

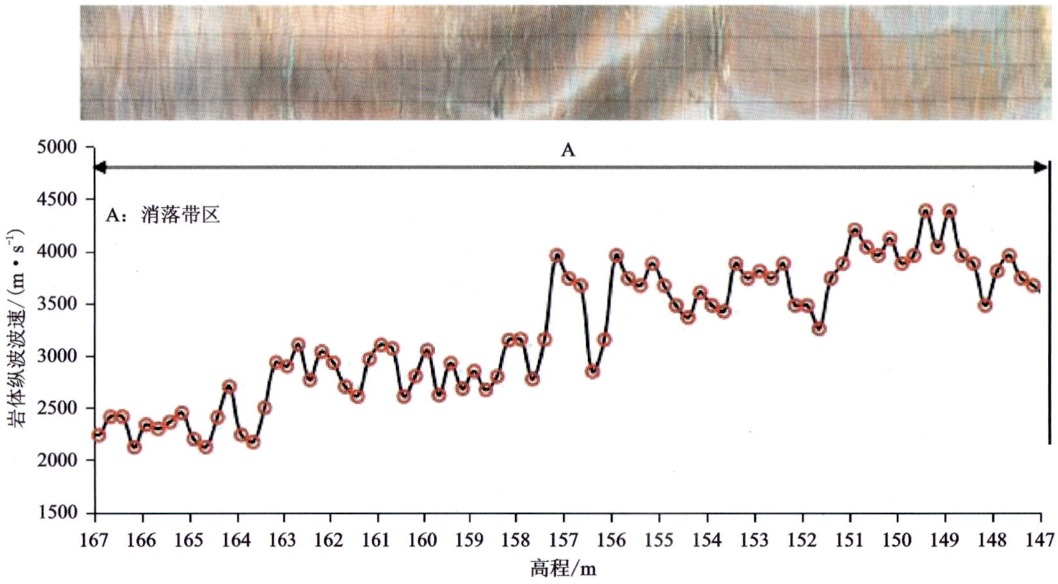

图 4-45 ZK13 波速分布

4.3.3 岩体劣化特征

牛口—王坝溪岸坡段为砂泥岩互层岸坡，通过钻孔波速测试、室内试验及测试分析发现：在153m高程以上，深度大约7m，岩体较为破碎，为严重劣化区，干湿循环对岩体劣化作用影响显著；消落带岩石矿物分析表明，黏土矿物含量普遍较高，其中，水敏性黏土矿物如蒙脱石、伊利石、伊蒙混层的含量达到黏土矿物含量的80%以上，说明库水位周期性干湿循环作用对此段岸坡的影响较为严重。

4.3.4 岩体劣化机理

该类劣化后现状特征主要表现为消落区岩体块裂呈碎块状。劣化区岩层多为中厚层砂岩、粉砂岩，呈块状的结构面张开明显，该劣化特征类型库岸坡度多为缓坡—陡坡。

劣化过程分析：碎屑岩体受构造影响较破碎，在水库作用影响下，岸坡消落区首先植被、覆盖层灭失，张开裂缝充填物消失，砂岩岩体隐性裂隙由闭合到显现、由显现到张开、由张开到扩展贯通，随着结构面逐步增多，岩体强度逐步降低，块裂岩体开始逐层剥落、掉块、垮塌及沿临空面滑移等劣化变形，最终形成了块裂型劣化特征(图4-46)。

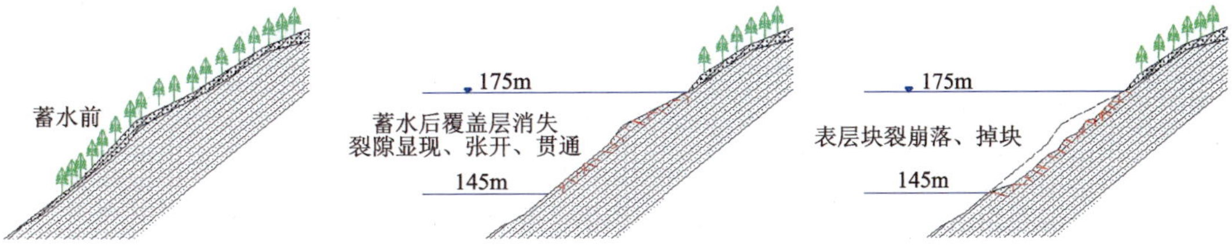

图4-46 碎屑岩中厚层剥蚀型劣化过程示意图

4.4 本章小结

碎屑岩岸坡消落区岩体劣化共划分为薄层侵蚀型、软硬互层冲蚀型、中厚层剥蚀型3种类型，本章分别以古桑溪—蔡家坡岸坡、青干河大桥北桥头岸坡、牛口—王坝溪岸坡为例，在大量的现场野外地质调查、原位测试、室内强度测试及矿物分析的基础上，对碎屑岩岸坡的地质地貌及地质结构特征、劣化特征、劣化机理开展系统的研究，取得了如下认识。

(1)薄层侵蚀型岸坡劣化以古桑溪—蔡家坡岸坡段为研究对象，该岸坡段为碎屑岩构成的逆向坡，该段岸坡边坡岩性组成以下侏罗统聂家山组(J_1n)褐红色泥质粉砂岩夹灰黄色细砂岩为主。其中，褐红色泥质粉砂岩多呈薄层状，岩性软弱；灰黄色细砂岩呈薄—中厚层状，岩性硬脆，节理裂隙发育。通过干湿循环及化学成分分析，该类劣化后现状特征主要表现为消落区岩体碎裂呈颗粒状。劣化区岩层多为薄层泥岩、泥质粉砂岩，呈颗粒状，表部裂纹密布，呈张开状，该劣化特征类型库岸坡度多为缓坡—陡坡。其劣化机理为：碎屑岩体受构造影响较破碎，在水库作用的影响下，岸坡消落区首先植被、覆盖层灭失，强度较低、抗风化能力弱的泥岩、泥质粉砂岩岩体除结构面劣化外，在夏季调洪期间岩石亦出现快速崩解碎裂，强度逐层下降，崩解岩体开始逐层冲刷剥落、垮塌及沿临空面滑移等劣化变形。

(2)软硬互层冲蚀型岸坡劣化以青干河大桥北桥头岸坡为例，该岸坡段坡度较陡，岩性组成为粉砂质泥岩和石英砂岩互层的碎屑岩，石英砂岩呈块状的结构面张开明显，粉砂岩泥岩呈颗粒状，表部裂纹密布，呈张开状。通过岩石物理力学性质测试、干湿循环及化学成分分析，该类劣化特征主要受软硬相间岩性差异的影响，因砂岩和泥岩在相同环境下劣化的速度和程度存在明显差异，表现为消落区差异性的劣化特征，出现软弱层凹陷剥蚀、硬质砂岩块裂崩落等凹槽，造成碎屑岩岸坡出现劣化变形，其中顺向岸坡劣化变形以侧向侵蚀及滑移变形为主，逆向岸坡劣化变形以崩落变形为主。其劣化机理为：岩体受构造影响较破碎，在水库作用影响下，岸坡消落区首先植被、覆盖层灭失，张开裂缝充填物消失，消落区基岩裸露，强度相对较高的砂岩岩体隐性裂隙由闭合到显现、由显现到张开、由张开到扩展贯通，随着结构面逐步增多，岩体强度逐步降低，强度较低抗风化能力弱的泥质含量较高岩体除结构面劣化外，在夏季调洪期间岩石亦出现快速崩解碎裂，岩体完整程度降低，强度逐步下降。

(3)中厚层剥蚀型岸坡劣化以牛口—王坝溪岸坡为例，该岸坡段为碎屑岩逆向坡，岩性以下侏罗统桐竹园组(J_2t)粉砂岩、砂岩夹碳质页岩、煤层为主。通过钻孔波速测试、室内试验及测试分析发现：在153m高程以上，深度大约7m，岩体较为破碎，为严重劣化区，干湿循环对岩体劣化作用影响显著；消落带岩石矿物分析表明，黏土矿物含量普遍较高，其中，水敏性黏土矿物如蒙脱石、伊利石、伊蒙混层的含量达到黏土矿物含量的80%以上，库水位周期性干湿循环作用对此段岸坡的影响较为严重。其劣化机理为：碎屑岩体受构造影响较破碎，在水库作用的影响下，岸坡消落区首先植被、覆盖层灭失，张开裂缝充填物消失，砂岩岩体隐性裂隙由闭合到显现、由显现到张开、由张开到扩展贯通，随着结构面逐步增多，岩体强度逐步降低，块裂岩体开始出现逐层剥落、掉块、垮塌及沿临空面滑移等劣化变形。

5 碳酸盐岩岸坡消落区岩体劣化机理研究

5.1 薄—中厚层侵蚀型劣化机理分析

5.1.1 巴东梨子坪—稻草坪岸坡概况

梨子坪岸坡位于长江左岸，岸坡总长约 930m，平面形态呈不规则形分布（图 5-1），下部 145～175m 高程范围坡度近直立，上部坡度相对较缓，坡体总体为斜逆向坡，坡度范围为60°～80°。

图 5-1　劣化类型分段

受区域构造作用的影响，岩体的节理裂隙发育，岩体总体较为破碎；岸坡段内岩体结构面结合程度差，层理或裂隙多为张开，张开度大于 3mm，结构面平直具溶蚀现象，裂隙多为泥质充填或无充填，在浪蚀、冲刷及潜蚀作用下，由于岩石抗冲刷能力差异，多出现掏蚀凹腔。

现场调查表明，岸坡具有上下二元结构，上部岩性为三叠系薄层灰岩夹页岩，但局部岩体受深大裂隙切割，脱离母岩形成危岩；下部为燧石条带灰岩夹煤层，岩体强风化，受层理和裂隙切割影响，岩体多成碎裂块体，岩层产状 5°～9°∠15°～25°。劣化类型如图 5-2 所示。

图 5-2　梨子坪岸坡全貌及局部劣化特征

5.1.2 岩石物理力学性质测试

5.1.2.1 岩石基本物理性质分析

对试样进行基本物理性质测试，测试结果见表5-1。化学成分测试结果见表5-2。测试结果表明，取自不同深度位置的试样的初始含水率接近，都在0.02%～0.04%之间，但是饱和含水率相差较大，其中取自竖直孔ZK5和水平孔ZK4的试样基本都处于155m高程的位置，饱和含水率均可达到0.5%以上，其自然状态下的纵波波速也在4000m/s以上。岩石的强度试验结果表明，水平孔靠近临空面的部分岩石强度较低，约75MPa，越往岸坡向里，岩石强度越高，在离临空面约12m的位置岩石的强度可高达104MPa；该类岸坡岩体具有明显的强度各向异性，相对高程155m的位置，垂直向强度只有约50MPa，而水平向强度可高达104MPa。

表5-1 试样初始物性指标

试样编号	钻孔/孔口高程/m	取样深度/m	初始含水率/%	饱水率/%	密度/($g\cdot cm^{-3}$)	取样高程/m	孔隙度/%	纵波波速/($m\cdot s^{-1}$)	单轴强度/MPa
1	LZPBT-ZK1/255.01	25.69～25.96	0.04	0.07	2.67	229	0.72	3984	88.23
2		73.58～73.96	0.02	0.21	2.68	181	1.31	4073	65.49
6		48.39～48.51	0.02	0.45	2.7	206	1.59	3743	87.79
3	LZPBT-ZK5/174.01	19.00～19.30	0.04	0.62	2.61	155.01	1.10	4012	50.79
4		11.56～12.00	0.02	0.09	2.70	162.45	1.11	3976	81.67
5	LZPBT-ZK4/155.02	12.00～12.25	0.04	0.53	2.78	155.02	1.72	4024	104.63
7		9.17～9.50	0.02	0.09	2.65	155	0.78	3811	75.59

表5-2 试样初始化学成分

试样编号	CaO/%	K_2O/%	SiO_2/%	Al_2O_3/%	MgO/%	Fe_2O_3/%
1	56.15	0.04	3.03	0.84	1.99	0.09
2	59.1	0.03	10.94	0.39	1.25	0.14
3	63.1	0.21	4.71	1.15	1.94	0.58
4	63.3	0.02	0.99	0.25	1.55	0.07
5	40	0.43	13.99	3.7	12.46	0.79

5.1.2.2 岩石薄片分析

对取自钻孔的岩样进行薄片分析，结果如下。

试样1碳酸盐岩试样在偏光镜下的薄片分析的显微图片如图5-3所示，可以观察到方解石为不规则粒状，无色、浑浊灰色，闪突起明显，干涉色为高级白，粒径差别较大，最大为0.15mm，以微晶—粉晶级(0.004～0.06mm)为主；黏土矿物颗粒微细，土褐色，散状分布；不透明矿物为不规则状，黑色不透明，散状分布；生物碎屑疑似有棘屑、叶状藻、腕足碎屑、介形虫、有孔虫等，成分为方解石，个别被铁质交代，粒径0.15～0.80mm，个别长约3.30mm，含量为10%～15%；可见碳酸盐脉，宽约0.10mm，试样1中方解石占60%，黏土矿物占35%，不透明矿物含量小于5%。试样1为生物屑泥质微晶—粉晶灰岩。

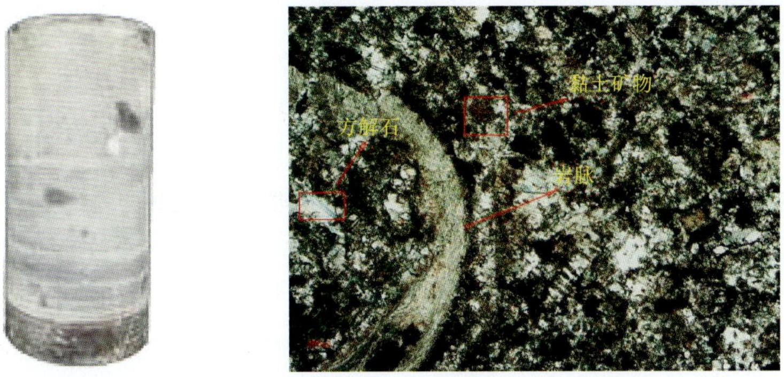

a.试样1　　b.ZK1试样1单偏光镜特征

图 5-3　ZK1 试样 1 及其偏光显微特性

试样 2 在偏光镜下薄片分析的显微图片如图 5-4 所示，可以观察到岩屑形状不规则，磨圆度一般，次棱角状—次圆状，岩性有泥质微晶灰岩、含泥质硅质岩，粒径 0.40～4.50mm；填隙物有方解石和极少量不透明矿物。方解石为不规则粒状，具一组完全解理、两组菱形解理，部分双晶纹有弯曲现象，浑浊灰色，干涉色为高级白，粒径 0.03～4.00mm，主要为 0.30～3.00mm。不透明矿物为不规则状，黑色不透明，不均匀分布，含量小于 5%，试样 2 中方解石岩屑占 30%，填隙物占 70%。试样 2 为泥质泥晶灰岩。

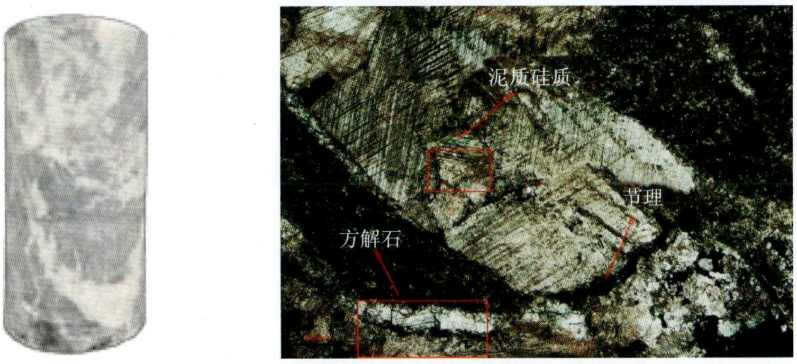

a.试样2　　b.ZK1试样2单偏光镜特征

图 5-4　ZK1 试样 2 及其偏光显微特性

试样 3 在偏光镜下薄片分析的显微图片如图 5-5 所示，可以观察到方解石为不规则粒状，无色、浑浊灰色，闪突起明显，干涉色为高级白，粒径主要为泥晶级(＜0.004mm)，个别粒径可达 0.10mm；黏土矿物颗粒微细，土褐色，不均匀分布；不透明矿物为不规则粒状，黑色不透明，粒径 0.01～0.10mm，散状分布；生物碎屑疑似有有孔虫、介形虫、棘屑、海绵碎片、苔藓碎屑等，成分为方解石，个别被铁质交代，粒径 0.15～1.50mm，含量为 5%～10%；多条碳酸盐细脉，宽 0.01～0.20mm，试样 3 中方解石占 70%，黏土矿物 25%，不透明矿物 5%。试样 3 为泥质泥晶灰岩。

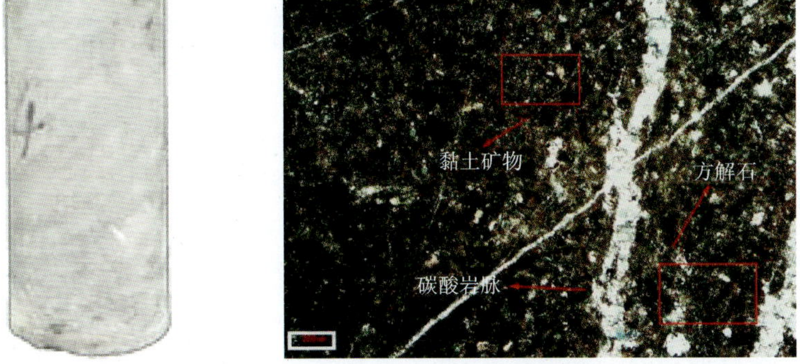

a.试样3　　b.ZK5试样3单偏光镜特征

图 5-5　ZK5 试样 3 及其偏光显微特性

试样 4 在偏光镜下薄片分析的显微图片如图 5-6 所示，可以观察到生物碎屑有介形虫、有孔虫、藻类、海绵碎片等，成分为方解石，粒径 0.10～1.30mm。介形虫保存多不完整，呈弧形，具玻纤结构、波状消光。有孔虫具玻纤结构、波状消光。藻类可见粗枝藻、叶状藻；填隙物有方解石、黏土矿物和不透明矿物；方解石为不规则粒状，无色、浑浊灰色，闪突起明显，干涉色为高级白，粒径差别较大，最大粒径为 0.70mm，以泥晶—微晶级为主，含量约为 60%；黏土矿物颗粒微细，呈不规则状集合体不均匀分布，含量约为 10%；不透明矿物为不规则粒状，黑色不透明，粒径 0.01～0.15mm，含量远小于 5%；可见碳酸盐细脉，宽约 0.01～0.10mm，生物碎屑占 25%，填隙物占 75%。试样 4 为生物屑泥晶—微晶灰岩。

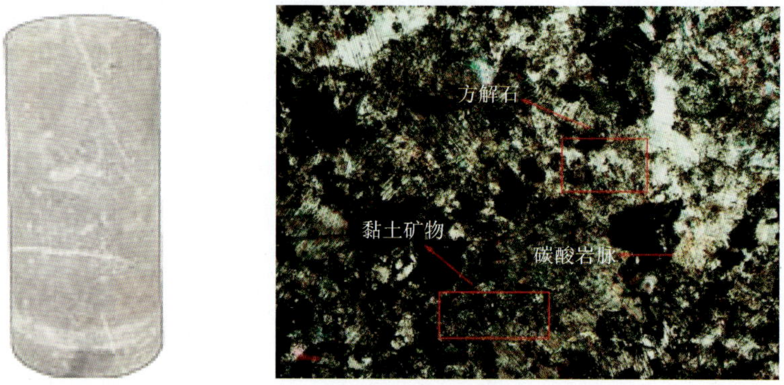

a.试样4　　b.ZK5试样4单偏光镜特征

图 5-6　ZK5 试样 4 及其偏光显微特性

试样 5 在偏光镜下薄片分析的显微图片如图 5-7 所示，可以观察到鲕粒主要为多晶鲕，由一个球形的外壳和多个方解石组成，粒径 0.05～0.25mm，散状分布；填隙物有方解石、白云石、黏土矿物和不透明矿物。方解石为不规则粒状，浑浊灰色，干涉色为高级白，属于泥晶—微晶级，含量约为 60%，滴茜素红 S 染色剂有染色现象。白云石为不规则粒状，干涉色为高级白，主要为微晶级，含量为 10%～15%，滴茜素红 S 染色剂无染色现象。黏土矿物颗粒微细，散状分布，含量约为 15%。不透明矿物为不规则状，黑色不透明，散状分布，含量不足 5%；多条相互穿插的碳酸盐细脉，宽 0.02～0.90mm。试样 5 中鲕粒占 10%，填隙物占 90%。试样 5 为含泥晶—微晶白云质灰岩。

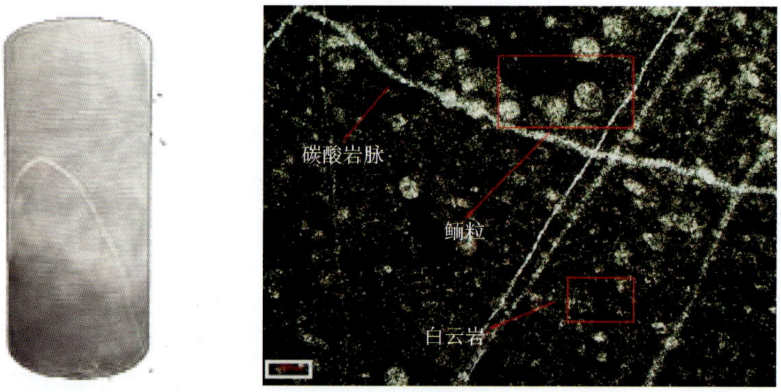

a.试样5　　b.ZK4试样5单偏光镜特征

图 5-7　ZK4 试样 5 及其偏光显微特性

5.1.2.3　岩石微结构 SEM 分析

利用扫描电镜(SEM)对试样进行扫描电镜观测，观察岩样微结构特性。

试样 1 为生物屑泥质微晶—粉晶灰岩，其微结构如图 5-8 所示，主要矿物为方解石和黏土矿物，内部微裂隙较为发育，方解石晶体为不规则粒状，黏土矿物充填于方解石颗粒之间。这种岩石的强度相对较高，由于微裂隙发育，在宏观表现上，受密集宏观裂隙切割，岩体较为破碎。

试样 2 为泥质泥晶灰岩，其微结构如图 5-9 所示，主要矿物为方解石和泥质硅质矿物，方解石分布于硅质矿物之间，泥质硅质矿物呈片状分布，整体结构较为致密。从试样外观上看，有方解石条带分布，这种岩石的强度相对较低，方解石分布控制岩石强度和破坏形貌特征。

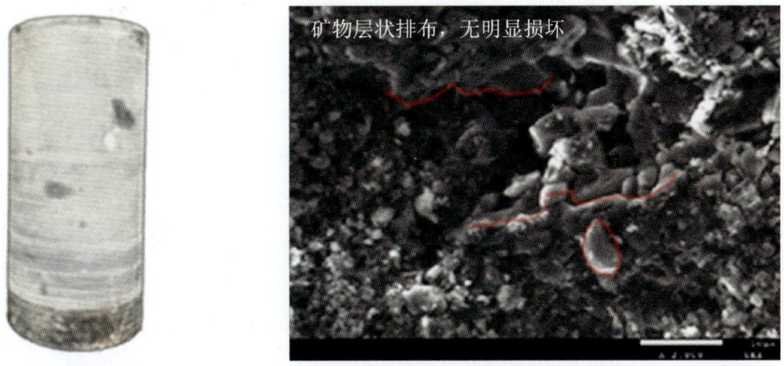

a.试样1　　b.试样1 SEM分析

图 5-8　ZK1 试样 1 微结构

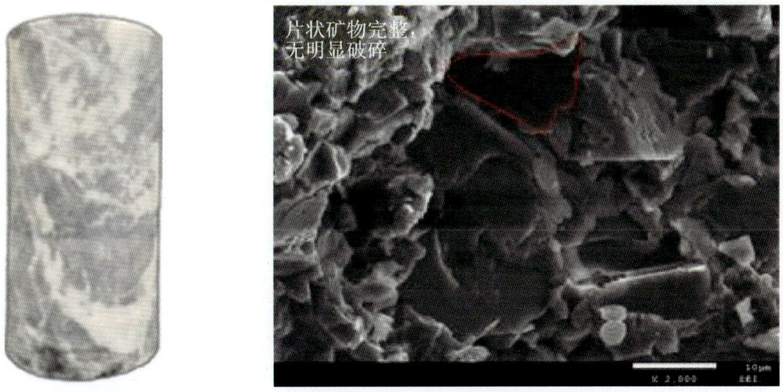

a.试样2　　b.试样2 SEM分析

图 5-9　ZK1 试样 2 微结构

试样 6 为泥质灰岩，其微结构如图 5-10 所示，主要矿物为方解石和黏土矿物，黏土矿物充填于方解石矿物颗粒之间，整体结构较为致密。这种岩石的强度相对较高。

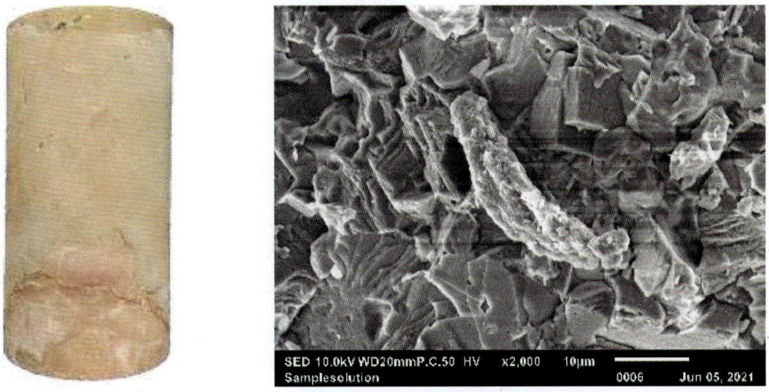

a.试样6　　b.试样6 SEM分析

图 5-10　ZK1 试样 6 微结构

试样 3 为泥质泥晶灰岩，其微结构如图 5-11 所示，主要矿物为方解石和黏土矿物，黏土矿物充填于方解石矿物颗粒之间，整体结构较为松散。含有方解石岩脉(图 5-11a)，这种岩石的强度相对较低。

试样 4 为泥晶微晶灰岩，其微结构如图 5-12 所示，主要矿物为方解石和黏土矿物，方解石为不规则粒状，黏土矿物充填于方解石矿物颗粒之间，整体结构较为致密，含有方解石岩脉，这种岩石的强度相对较高。

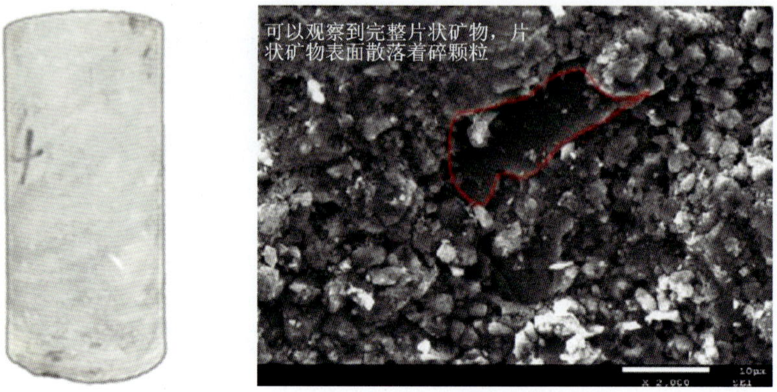

a.试样3　　b.试样3 SEM分析

图 5-11　ZK5 试样 3 微结构

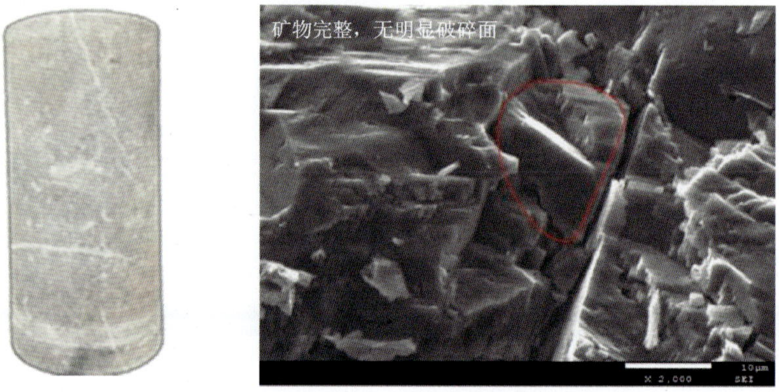

a.试样4　　b.试样4 SEM分析

图 5-12　ZK5 试样 4 微结构

试样 5 为含泥晶—微晶白云质灰岩，其微结构如图 5-13 所示，主要矿物为方解石、白云石、黏土矿物，方解石为不规则粒状，黏土矿物颗粒微细，散状分布，整体结构较致密，含有方解石岩脉。

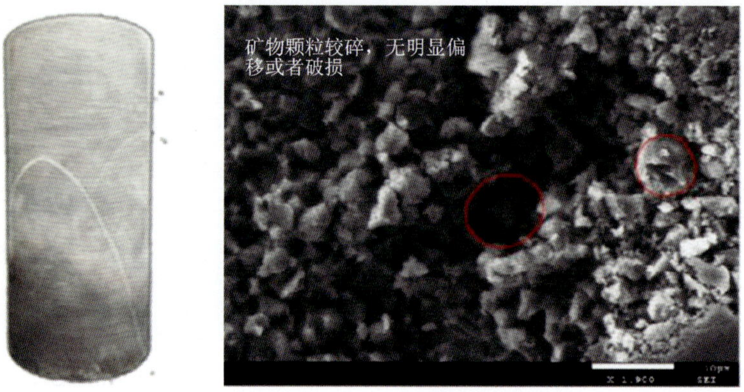

a.试样5　　b.试样5 SEM分析

图 5-13　ZK4 试样 5 微结构

5.1.2.4 岩石细观孔隙结构特性分析

利用核磁共振测试方法，分别对采集的试样进行细观孔隙结构分析。试样的弛豫时间 T_2 谱的分布反映岩石内部孔隙信息，弛豫时间越大说明孔隙尺寸越大，波谱的面积越大说明孔隙数量越多。根据孔隙的尺寸分布，将不同弛豫时间分布的孔隙采用的特征描述进行分类，弛豫时间小于 1ms 为微孔隙，弛豫时间大于 1ms 小于 10ms 为小孔隙，大于 10ms 小于 100ms 为中孔隙，大于 100ms 为大孔隙。

试样 1 测试结果如图 5-14 所示，有 3 个波峰，其中第一波峰与第二波峰的面积占比较多，第三波峰占比较少，说明该试样内部以小中孔隙为主，且小孔隙数量多于中孔隙数量，仅存在少量大孔隙。

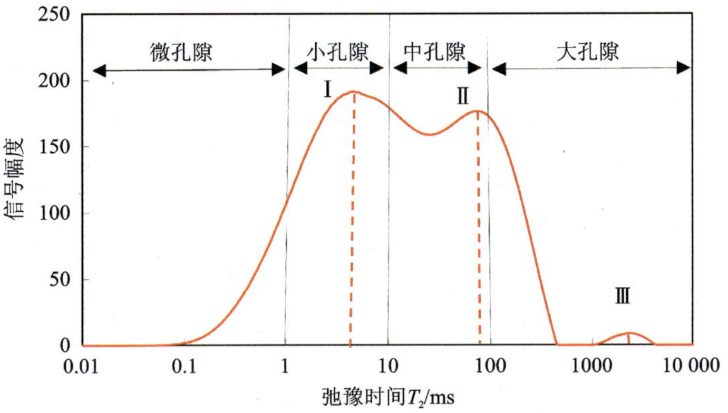

图 5-14 ZK1 试样 1 T_2 谱

试样 2 测试结果如图 5-15 所示，存在两个波峰，第一波峰的信号幅度低于第二波峰的信号幅度，说明该试样内部孔隙以中小孔隙为主，且中孔隙数量多于小孔隙数量。

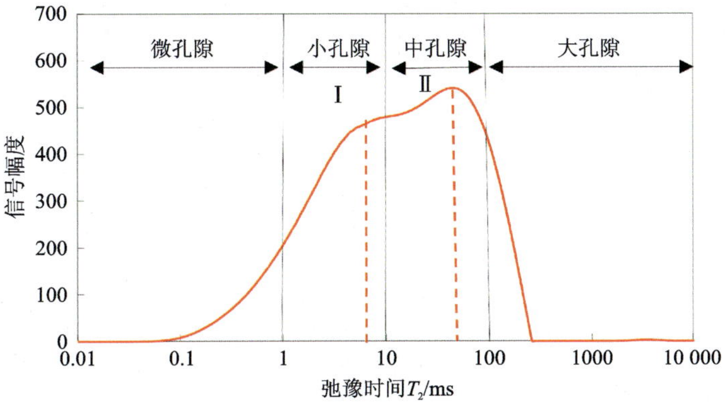

图 5-15 ZK1 试样 2 T_2 谱

试样 3 测试结果如图 5-16 所示，有两个波峰，第一波峰的信号幅度远大于第二波峰的信号幅度，大孔隙数量远远小于中孔隙数量，说明该试样内部孔隙以中孔隙为主。

试样 4 测试结果如图 5-17 所示，有两个波峰，中孔隙数量远多于大孔隙数量，该试样内部孔隙以中孔隙为主，但大孔隙的孔隙直径要比Ⅲ类典型试样大得多。

试样 5 测试结果如图 5-18 所示，有 4 个波峰，该试样内部微孔隙数量远远多于其他孔隙数量，且该试样内部孔隙以微孔隙为主。

测试结果表明，该典型岸坡段主要分布泥质灰岩、白云质灰岩，其中泥质灰岩孔隙度最低，孔隙结构以中、小孔隙为主，泥质白云岩与白云质灰岩的孔隙度相对较高，但孔隙结构以微、小孔隙为主。

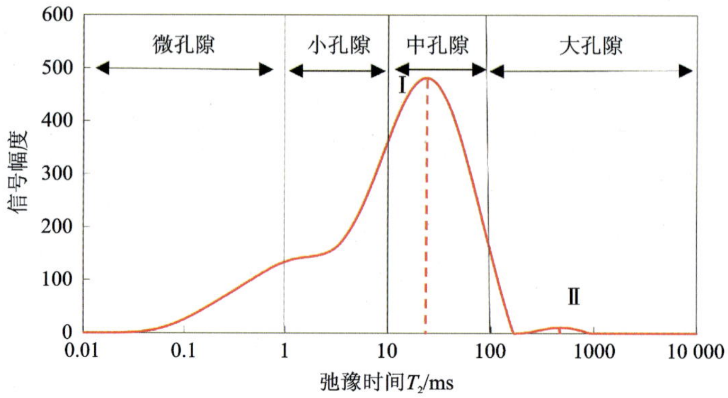

图 5-16　试样 3 T_2 谱

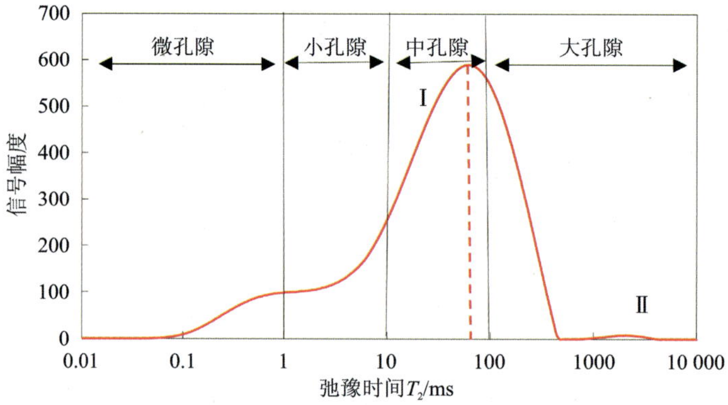

图 5-17　试样 4 T_2 谱

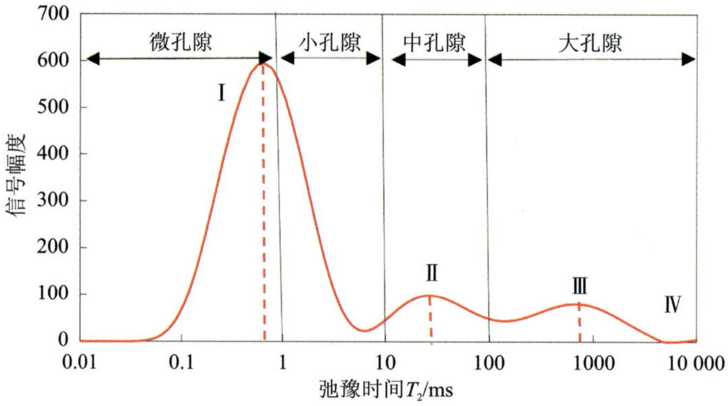

图 5-18　试样 5 T_2 谱

5.1.2.5　碳酸盐岩的水岩作用试验

考虑库水对岩石的浸泡作用以及库水运行期间水位的变化对岸坡岩石的影响，需要设置不同液体环境对岩石进行试验。对该段岸坡库水进行测试可知，库水中溶解性总固体含量偏高，主要成分包括Mg、Si、Ca等，多为可溶性岩石溶解形成（表5-3、表5-4）。岸坡发生岩溶作用是由于水中含有二氧化碳，如果二氧化碳与岩石反应达到平衡状态，反应将会停止，但是当库水中存在侵蚀性二氧化碳时，库水不仅可以继续溶解碳酸钙，还会产生一定程度的腐蚀。通过测试梨子坪岸坡段在库水位涨落前后的水质发现，不同水位（164m和145m）及不同类型水环境（裂隙水与坡脚江水）时，水样中侵蚀性二氧化碳含量和溶解性总固体含量各不相同。

表 5-3 梨子坪岸坡水样检测结果

水样编号	测试内容	单位	含量	备注
LZP-3	侵蚀性二氧化碳	mg/L	8.1	斜坡裂隙水
	溶解性总固体	mg/L	203	
	pH	/	7.0	
LZP-4	侵蚀性二氧化碳	mg/L	8.9	
	溶解性总固体	mg/L	219	
	pH	/	7.1	
LZP-5	侵蚀性二氧化碳	mg/L	8	164m 坡脚江水
	溶解性总固体	mg/L	104	
	pH	/	7.1	
LZP-6	侵蚀性二氧化碳	mg/L	6.9	145m 坡脚江水
	溶解性总固体	mg/L	117	
	pH	/	7.2	

表 5-4 梨子坪岸坡水样成分 单位：%

	Mg	Si	P	S	Cl	K	Ca	Fe
3	64.9	27.00	2.96	25.96	194	21.18	51.2	0.67
4	34.21	25.00	2.49	18.20	169	16.47	55.9	0
5	52.9	42.39	1.51	22.87	2.61	1.30	35.99	0
6	16.49	10.87	1.84	55.4	18.80	3.73	37.86	0

测试结果表明，不同水位条件下，库水中离子成分及含量复杂，为了研究岸坡岩石在水岩作用下的性质变化，设置以下 5 个工况对岩石样本进行室内试验测试。

(1)考虑溶液中原本离子含量对水岩作用过程的影响，设置采用去离子水对岩石进行长期浸泡的工况。

(2)考虑岸坡岩石的岩溶作用，分析水中二氧化碳含量对水岩作用过程的影响，设置初期饱和二氧化碳溶液对岩石进行长期浸泡的工况。

(3)考虑气候对水溶解二氧化碳的极端条件，设置采用持续通入二氧化碳的去离子水溶液对岩石进行长期浸泡的工况。

(4)考虑库水位的变动对岩石水岩作用过程的影响，设置采用去离子水对岩石进行干湿循环试验的工况。

(5)考虑库水位的变动和溶液性质对岩石水岩作用过程的影响，设置采用持续通入二氧化碳的去离子水溶液对岩石进行干湿循环实验的工况。

1)去离子水对岩石长期浸泡试验

泥质灰岩、白云质灰岩的典型试样在去离子水中浸泡，其溶液电导率的变化与 pH 值的变化趋势一致。电导率在前 10d 上升速率较快，浸泡 10d 后，溶液电导率上升速率缓慢。溶液 pH 在浸泡前 10d 有轻微波动，随后保持稳定。说明浸泡 10d 之后，溶液中离子交换作用减弱(图 5-19)。

试样在去离子水中浸泡后溶液中阳离子均以 Ca^{2+} 浓度上升为主，离子浓度上升阶段主要集中在试

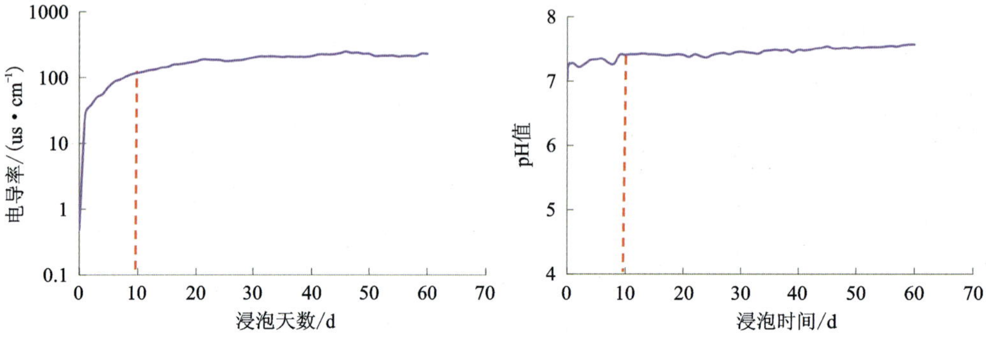

图 5-19 溶液电导率与 pH 值、浸泡时间的关系

验的前 10d，浸泡 10d 后溶液中 Ca^{2+} 浓度基本趋于稳定。其中，泥质灰岩试样的溶液中 Ca^{2+} 浓度较高(44.4mg/L)，白云质灰岩试样的溶液中 Ca^{2+} 浓度较低(19.08mg/L)，说明去离子水对泥质灰岩的溶解作用更明显(图 5-20)。

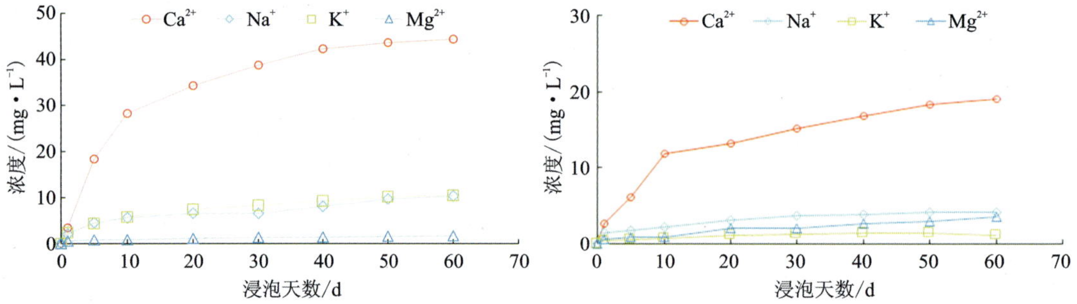

a.泥质灰岩　b.白云质灰岩

图 5-20 泥质灰岩、白云质灰岩试样阳离子浓度

泥质灰岩、白云质灰岩典型试样在去离子水中浸泡，泥质灰岩在去离子水中浸泡第 1d，其质量增加速率较快，浸泡 1d 后质量有一定幅度的增加，但幅度明显减缓。泥质灰岩黏土矿物较多，虽然持续浸泡，但内部孔隙被逐渐填满，后续浸泡中部分黏土矿物溶解给水分子创造滞留空间，但溶解量并不明显，总进水量约 1.5g。白云质灰岩试样内部黏土矿物含量少，浸泡 2d 后水分子占据颗粒孔隙，质量基本保持稳定。

图 5-21 所示为试样的纵波波速随浸泡时间的变化。波速变化可以分为 3 个阶段：第一个阶段是水进入试样中使试样的纵波波速上升；第二个阶段是浸泡过程中矿物溶解导致波速下降；第三个阶段为反应平稳后波速也趋于稳定。其中泥质灰岩经过浸泡后波速与 A 点相比整体下降了 7.8%，白云质灰岩的平稳波速与 A 点相比下降了 8.1%。

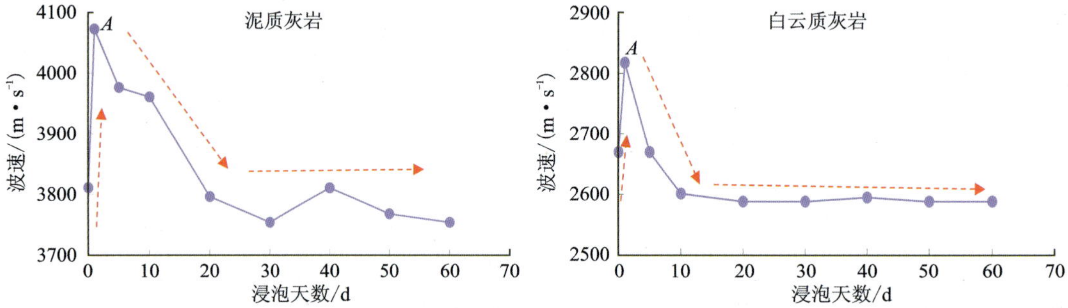

图 5-21 泥质灰岩、白云质灰岩试样浸泡期波速

图 5-22 所示为去离子水浸泡不同时间（1d、5d、10d、30d、40d、50d、60d）试样的核磁共振弛豫时间 T_2 谱分布，其反映的是岩石在浸泡过程中内部孔隙结构的变化，弛豫时间越长说明孔隙直径越大，谱面积越大说明孔隙数量越多。

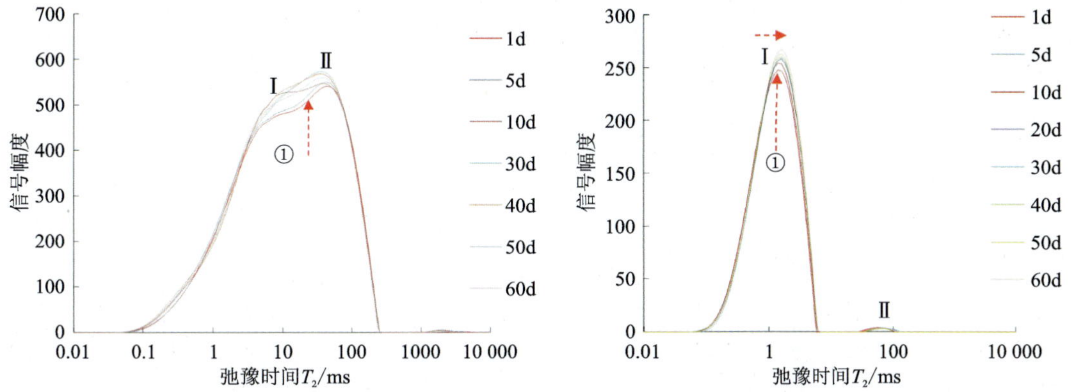

图 5-22　不同浸泡时间试样弛豫时间 T_2 谱分布

通过核磁共振测试的弛豫时间 T_2谱分布可以获得试样的峰面积以及孔隙度变化见表 5-5，泥质灰岩谱面积整体随浸泡时间的增加而增大，小孔隙数量增多，且小孔隙增加的数量大于中孔隙增加的数量。而白云质灰岩试样谱面积增大过程缓慢，且随浸泡时间的增加，该类试样内部小孔隙数量逐渐增多，大孔隙变化不大。

表 5-5　试样弛豫时间 T_2 谱特征值变化

岩性	浸泡时间/d	总峰面积	第一峰占比/%	第二峰占比/%	孔隙率/%	劣化幅度/%
泥质灰岩	1	35 080.37	99.94	0.06	1.350 2	—
	5	35 806.23	99.89	0.11	1.363 8	1.01
	10	36 070.83	99.95	0.05	1.378 7	1.09
	30	36 479.91	99.94	0.06	1.390 7	0.87
	40	36 927.20	99.88	0.12	1.399 5	0.63
	50	36 364.85	99.94	0.06	1.375 5	−1.71
	60	36 546.31	99.95	0.05	1.389 8	1.04
白云质灰岩	1	7 577.22	99.50	0.5	5.675 2	—
	5	7 736.94	99.54	0.46	5.826 3	2.66
	10	7 844.59	99.43	0.57	5.878 6	0.90
	20	7 831.74	99.57	0.43	5.919 3	0.69
	30	7 794.44	99.50	0.50	5.929 9	0.18
	40	7 896.40	99.63	0.37	5.973 2	0.73
	50	8 071.94	99.54	0.46	6.080 2	1.79
	60	8 076.35	99.51	0.49	6.116 8	0.60

对比试样在去离子水中浸泡前后表面和内部微结构变化，分析去离子水对其微细观结构的影响，SEM 测试分析表明，泥质灰岩试样浸泡前可以观察到明显的片状结构，呈层叠状分布，矿物整体完整；浸泡后试样表面矿物边缘均可以看到软化，说明去离子水对泥质灰岩的浸泡导致黏土矿物溶解后释放出方解石颗粒，在原本闭合的区域内出现小孔隙。

图 5-23 和图 5-24 所示为泥质灰岩试样去离子浸泡 60d 表面扫描电镜的测试结果，可以观察到方解石的沉积排列，并未发现明显溶孔，而只有部分片状矿物边缘出现较小破碎。而浸泡 60d 后试样内部矿物的完整性较高，无明显破损，说明去离子水对泥质灰岩试样孔隙结构的影响主要发生在浅表层。

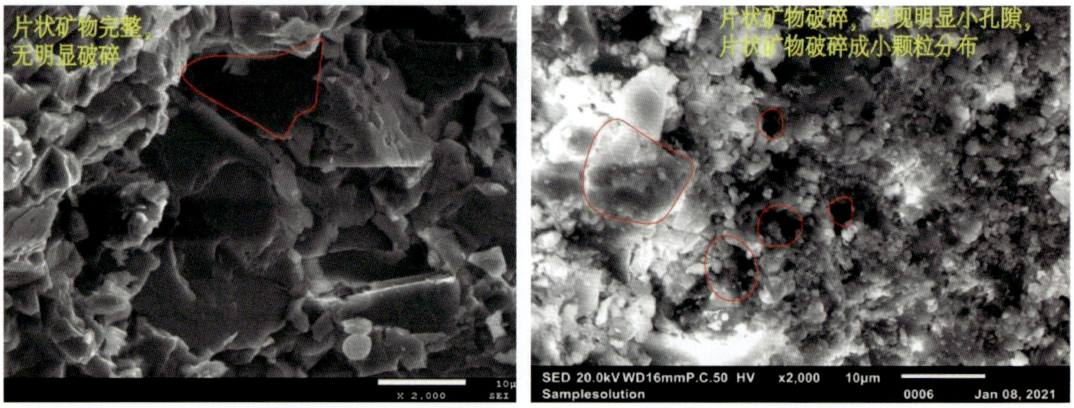

图 5-23　泥质灰岩试样浸泡前与浸泡后细观形貌

图 5-24　泥质灰岩试样表面浸泡与内部浸泡后细观形貌

对白云质灰岩进行 SEM 测试分析，白云质灰岩试样浸泡前初始状态疏松多孔，有较多小的孔隙，片状矿物疏松排布分布不均，说明这些矿物的排布导致试样内部出现较多小孔隙，反映白云质灰岩试样本身的孔隙率也明显较高。浸泡 60d 后白云质灰岩试样表面有明显裂缝，片状矿物变成颗粒状，发生明显的颗粒偏移，说明白云质灰岩试样在去离子水中经过水岩作用后，片状矿物溶解，由于水的作用转移了，矿物最终形成了微裂隙（图 5-25）。

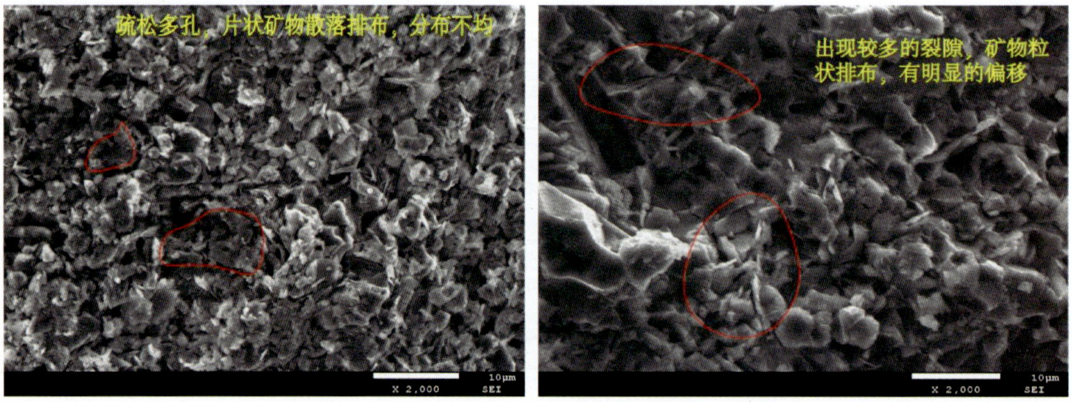

图 5-25　白云质灰岩试样浸泡前与浸泡后的形貌

白云质灰岩试样表面和内部经过水岩作用后，其破坏损伤形式相似。白云质灰岩试样本身孔隙率较高，水能够进入试样内部，对白云质灰岩试样的可溶性矿物发生溶解，最终使得小孔隙数量增加且孔隙尺寸增大（图 5-26）。

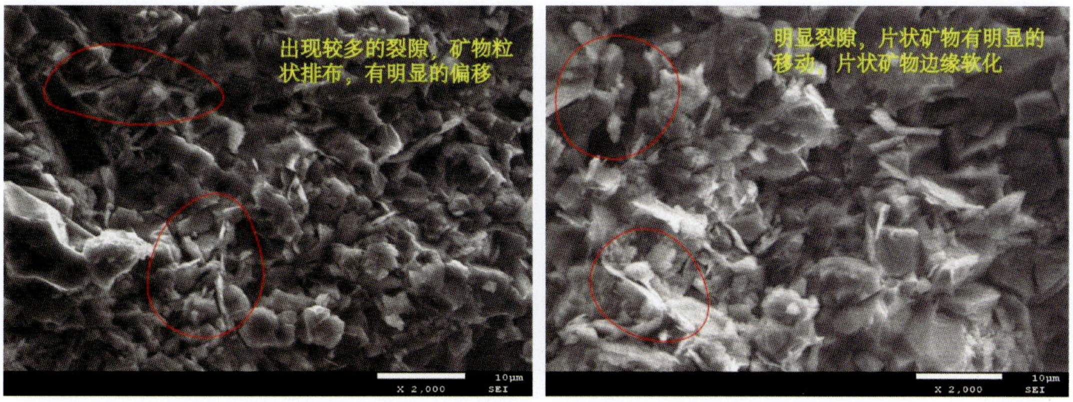

图 5-26　白云质灰岩试样浸泡后表面和内部的细观形貌

2）初期饱和二氧化碳溶液对岩石长期浸泡试验

试样浸泡在初期饱和二氧化碳溶液中，溶液的电导率和 pH 值随浸泡时间的变化如图 5-27 所示。溶液在前 10d 的电导率上升幅度较大，浸泡 10d 后溶液电导率趋于稳定，说明碳酸盐岩在饱和二氧化碳溶液中反应，在前 10d 离子交换的速率最大。溶液 pH 值在前 10d 从 4 上升至 7.5，浸泡 10d 后，溶液 pH 值趋于稳定，pH 值稳定在 7.5～8 之间，说明碳酸盐岩在饱和二氧化碳溶液中，前 10d 水岩作用主要是消耗溶液中的 H^+，使得溶液的 pH 值上升。

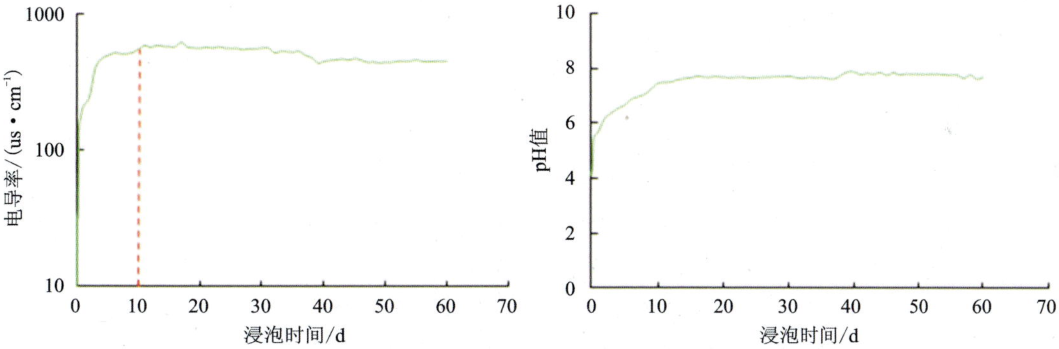

图 5-27　二氧化碳溶液的电导率及 pH 值变化

试样在饱和二氧化碳溶液中浸泡时，分别在不同的浸泡时间取出溶液，进行离子色谱仪测试，测试出溶液中阳离子含量变化，如图 5-28 所示。测试结果表明，Ca^{2+} 浓度增加分为 3 个阶段，在浸泡前 10d，Ca^{2+} 浓度上升速率较快，浸泡 10d 后到浸泡 50d 时，Ca^{2+} 浓度上升速率明显减缓，最后 10d，Ca^{2+} 浓度上升趋于平缓。但 Ca^{2+} 浓度同样高于其他阳离子浓度，其中 Na^+ 浓度最低，Na^+ 浓度和 Mg^{2+} 浓度变化趋势与 Ca^{2+} 浓度变化趋势一致，K^+ 浓度在浸泡前 10d 缓慢增加。在浸泡 10d 后，其离子浓度增加迅速，且最终在浸泡第 50d 时趋于稳定。

泥质灰岩试样的质量随浸泡时间的延长先增加后降低，最终质量趋于稳定，变化幅度不大。在浸泡前 8h 质量增加了 0.1g，说明水进入试样内部的质量大于反应消耗试样的质量；浸泡 2d 后，下降趋势开始减慢，质量总共下降了 0.3g，说明水进入试样的质量小于反应消耗试样的质量；浸泡第 10d 后质量开始慢慢上升，但幅度不大，说明在水岩作用速率减小时，试样内部的孔隙基本被水填满。

在饱和二氧化碳溶液中浸泡，试样的纵波波速随浸泡时间的变化如图 5-29 所示，波速变化可以分为 3 个阶段，第一个阶段试样在浸泡 1d 时，水分进入试样内部孔隙，使得试样的波速上升；第二个阶段

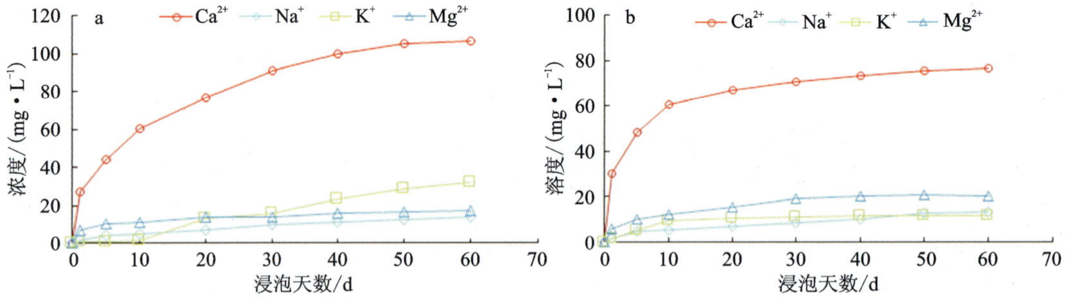

图 5-28　泥质灰岩(a)和白云质灰岩(b)试样阳离子浓度变化

在浸泡 5d 时，试样的纵波波速减小，且下降迅速；第三个阶段是浸泡 5d 后波速下降速率减缓，说明试样的水岩作用在前 5d 反应较为强烈，5d 过后水岩作用反应速率减小，经过 60d 的浸泡后典型试样的波速与最大下降量约为 11.3%。

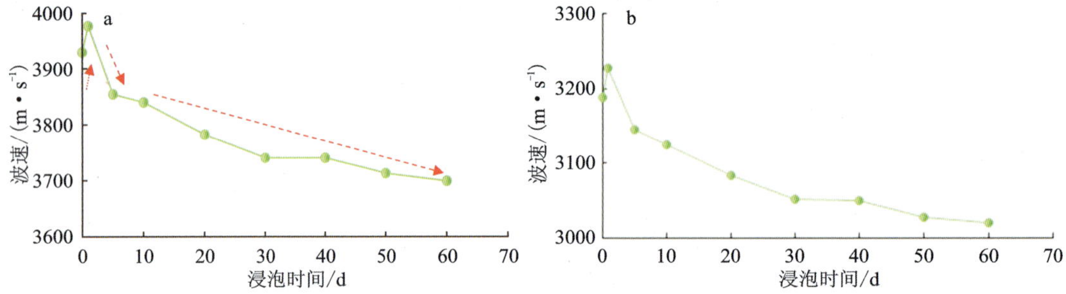

图 5-29　泥质灰岩(a)和白云质灰岩(b)试样波速随浸泡时间的变化

通过 SEM 测试分析，在饱和二氧化碳溶液中浸泡前，泥质灰岩试样可以观察到试样内部矿物均较完整，经过 60d 的饱和二氧化碳浸泡后的泥质灰岩试样表面片状矿物边缘溶蚀严重，呈细小颗粒状排布，如图 5-30 所示。

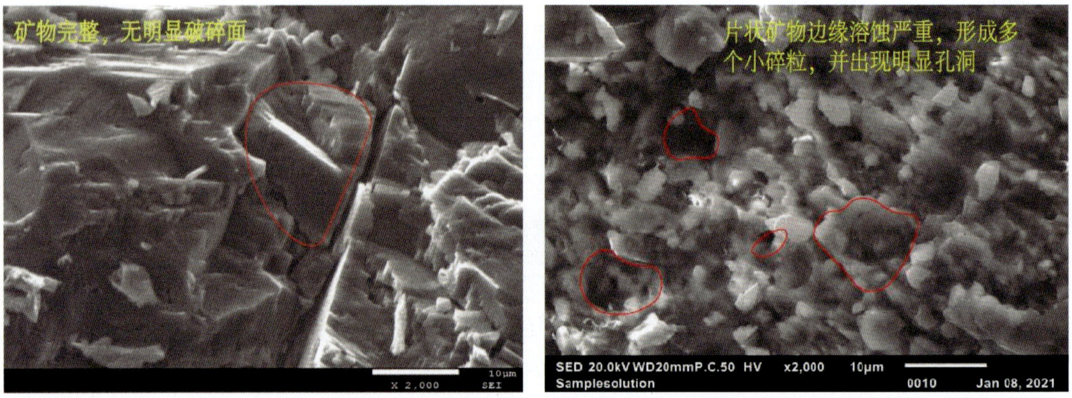

图 5-30　泥质灰岩试样浸泡前后的细观形貌

图 5-31 为浸泡 60d 后泥质灰岩试样表面与浸泡后内部扫描电镜图片，可以观察到浸泡后试样内部矿物形貌完整，但矿物表面局部出现较小溶孔，说明饱和二氧化碳水溶液有小部分渗透进入试样内部与碳酸盐岩反应，故出现较小溶孔。泥质灰岩试样表面的测试结果说明矿物边缘溶蚀严重，且形成了明显的孔洞。相比于去离子水溶液，液体环境中的二氧化碳对两种岩石都有一定的劣化作用。

3)持续饱和二氧化碳溶液对岩石长期浸泡试验

在去离子水中持续通入二氧化碳，测试溶液 pH 值直至稳定，在反应容器中放入试样，持续在反应容器中通入二氧化碳气体，保持二氧化碳通入量稳定不变，连续浸泡 60d。溶液电导率和 pH 值变化如

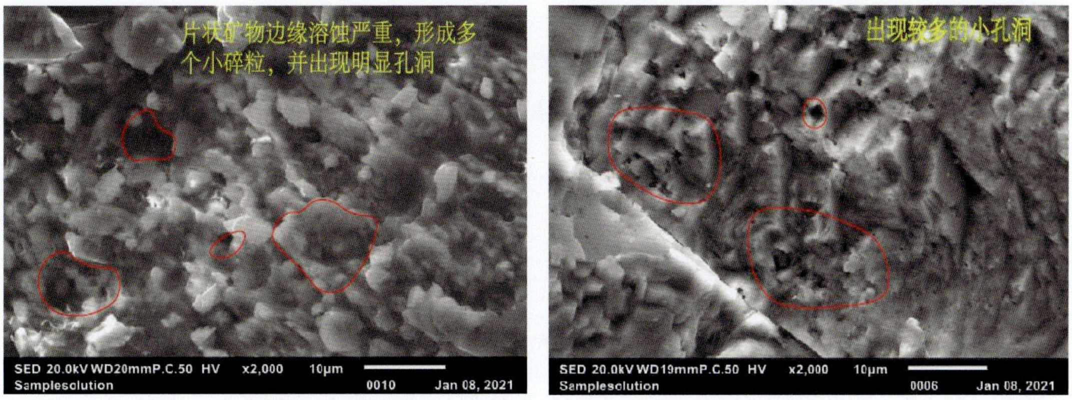

图 5-31 浸泡后泥质灰岩试样表面及内部细观形貌变化

图 5-32 所示。溶液的电导率在浸泡前 3d 上升速率较大，浸泡 3～10d，溶液的电导率仍增大，但增加幅度明显低于前 3d，浸泡 10d 后溶液电导率增加更为缓慢，说明试样在去离子水中持续通入二氧化碳的溶液中浸泡前 3d 的交换程度较为剧烈，浸泡 3～10d，溶液的离子交换程度降低，10d 过后离子交换趋于稳定，所以电导率上升幅度不大。溶液的 pH 值在浸泡第 3d 时上升至 5.5 左右，随后随着浸泡时间的延长，溶液的 pH 值在 5.5 左右波动。

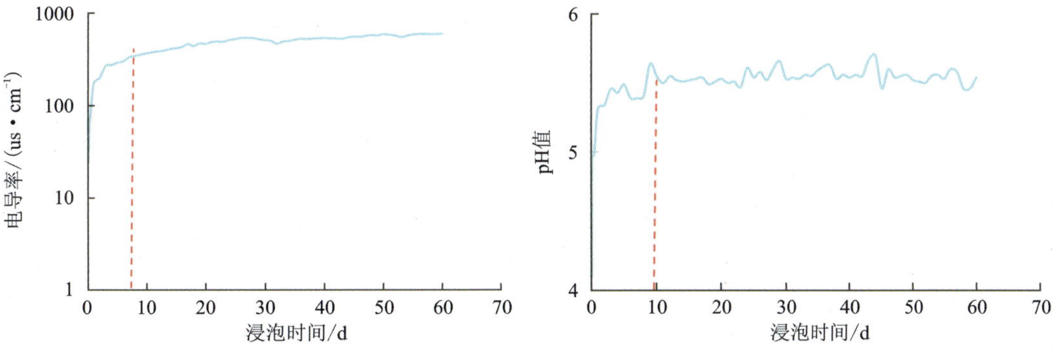

图 5-32 去离子水持续通入二氧化碳浸泡试样后溶液的电导率和 pH 值变化

测试浸泡试样溶液中阳离子浓度变化如图 5-33 所示。溶液中阳离子变化主要以 Ca^{2+} 浓度随时间浸泡而增加为主，Ca^{2+} 浓度变化也可以分为 3 个阶段：第一个阶段是试样在去离子水中持续通入二氧化碳浸泡前 20d，反应液中的 Ca^{2+} 浓度增加明显，增长速度较快；第二个阶段是浸泡 20d 到浸泡 50d，Ca^{2+} 浓度增加的速度减缓，但还是持续上升；最后一个阶段是浸泡 50d 以后，Ca^{2+} 浓度平缓趋于稳定，上升幅度不明显。

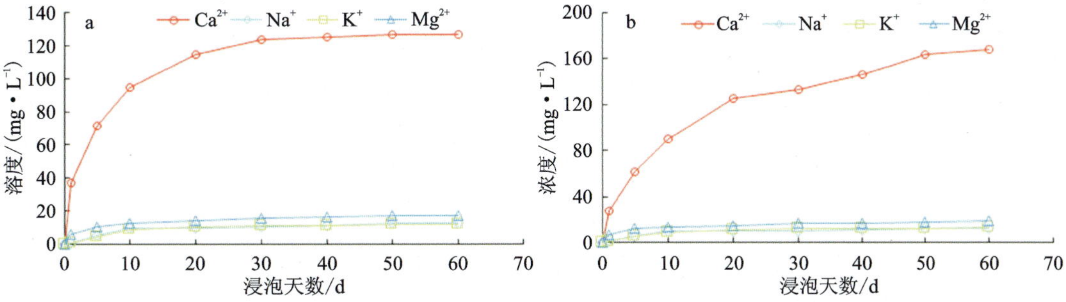

图 5-33 泥质灰岩(a)和白云质灰岩(b)试样浸泡后溶液的阳离子浓度

试样质量测试的结果表明，试样的质量在浸泡前 8h 上升，主要是水进入试样内部，增加了试样的质量。8h 后质量开始下降，可能是试样内部的颗粒以及孔隙之间的黏土矿物在溶液中溶解或者发生反应，导致质量下降。最终，试样的质量在浸泡 15d 左右时趋于稳定，说明水已经完全填满试样的孔隙，并且溶解过程接近稳定，典型的泥质灰岩试样的质量减小最多，约为 1g。

在去离子水溶液中持续通入二氧化碳，试样的纵波波速随浸泡时间的变化如图 5-34 所示。波速变化可以分为 3 个阶段：第一个阶段为试样在初始浸泡 1d 时，试样的纵波波速上升；第二个阶段为浸泡时间为第 5d 到第 10d 时，白云质灰岩试样的纵波波速下降速率最大；第三个阶段为浸泡 50d 以后，试样的纵波波速有一定的降低，但降低的速率变得平缓。经过 60d 浸泡后白云质灰岩试样的纵波波速下降了 11.98%。

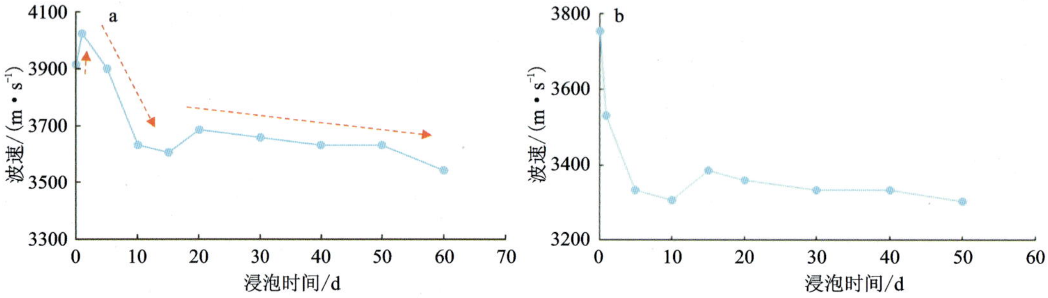

图 5-34　泥质灰岩(a)与白云质灰岩(b)试样纵波波速随浸泡时间的变化

白云质灰岩在去离子水中持续通入二氧化碳浸泡不同时间(1d、5d、10d、20d、30d、40d、50d、60d)的弛豫时间 T_2 谱分布如图 5-35 所示。结果表明，在去离子水中持续通入二氧化碳浸泡，随浸泡时间的增加，主要是增加了试样的微孔隙数量，对试样孔隙直径的改变较小(表 5-6)。

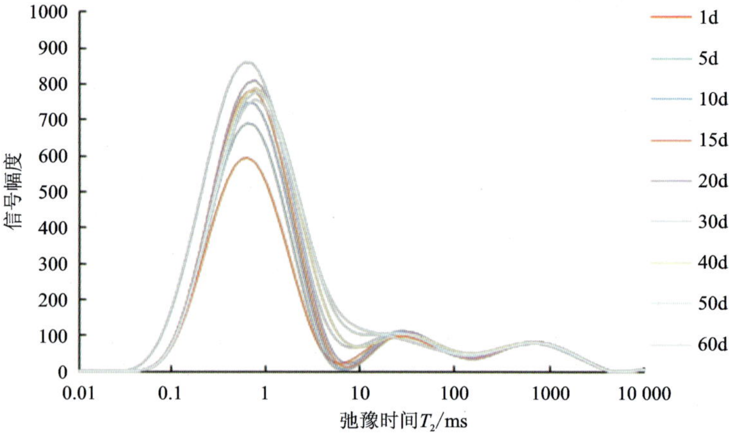

图 5-35　白云质灰岩试样弛豫时间 T_2 谱

表 5-6　白云质灰岩试样弛豫时间 T_2 峰值面积

浸泡时间/d	总峰面积	第一峰占比/%	第二峰占比/%	第三峰占比/%	第四峰占比/%	孔隙率/%	劣化幅度/%
1	25 336.80	77.25	12.08	10.61	0.07	1.019 2	
5	28 171.14	79.67	10.81	9.45	0.07	1.075 5	5.52
10	30 194.20	81.49	10	8.44	0.08	1.132 6	5.31
15	31 576.79	82.58	9.26	8.10	0.07	1.153 6	1.85
20	33 172.75	82.59	9.37	7.98	0.07	1.200 1	4.03
30	38 209.84	84.52	8.53	6.83	0.11	1.203 5	0.28
40	34 413.59	82.68	9.37	7.9	0.05	1.267 3	5.03
50	35 153.50	83.74	8.72	7.49	0.05	1.274 2	0.54
60	34 548.01	92	7.96	0.04	0	1.276 2	0.16
总劣化幅度							25.22

相比于泥质灰岩，在二氧化碳的作用下，白云质灰岩的细观结构变化更明显。电镜扫描的结果也表明，浸泡前白云质灰岩试样矿物颗粒较小，但无明显偏移或者破损。浸泡 60d 后试样表面颗粒细碎，并且出现大小不一的溶孔，细颗粒矿物无序地分布在试样表面。浸泡 60d 后内部可以观察到矿物边缘破损，呈破碎絮状，有较明显的溶蚀，但是试样内部的溶蚀程度远不如试样表面，这个结论与初期饱和二氧化碳溶液浸泡后试样的变化是一致的。

碳酸盐岩在不同水环境中浸泡，溶液中浓度变化最大的是 Ca^{2+}，以 Ca^{2+} 生成速率作为水岩作用程度的表征量。Ca^{2+} 的生成速率如下式所示。

$$v=\frac{\Delta c}{\Delta N} \tag{5-1}$$

式中：v 为 Ca^{2+} 生成的速率；c 为 Ca^{2+} 浓度；N 为水岩作用时间。表 5-7 为不同碳酸盐岩在浸泡不同时间的 Ca^{2+} 生成速率。

无论碳酸盐岩在哪种水环境中浸泡，可以发现水岩反应速率随浸泡时间的增加而减小，在浸泡第 1d 时水岩反应速率最大，水岩反应主要集中在浸泡前 10d，浸泡 10d 后，水岩反应速率明显减小；不同浸泡环境的试验说明，游离的 H^+ 数量越多，碳酸盐岩的水岩作用越强烈。通过对比不同碳酸盐岩试验的结果可知，去离子水对两类岩石的影响以黏土矿物的溶解为主，含二氧化碳的液体环境对泥质灰岩和白云质灰岩的水岩作用效率各不一样，初始孔隙度越高，水岩作用反应越快。

表 5-7　浸泡不同时间的 Ca^{2+} 生成速率

浸泡时间/d	去离子水/[mol/(L·d)]		二氧化碳饱和溶液/[mol/(L·d)]		持续溶解二氧化碳/[mol/(L·d)]	
	泥质灰岩	白云质灰岩	泥质灰岩	白云质灰岩	泥质灰岩	白云质灰岩
1	3.474	2.662	27.38	30.38	37.38	27.38
5	3.728	0.865	4.26	4.51	8.445	8.445
10	1.972	1.139	3.713	2.476	4.768	5.768
20	0.609	0.143	1.644	0.644	2.021	3.500
30	0.441	0.196	1.362	0.362	0.898	0.816
40	0.335	0.169	0.914	0.237 5	0.161	1.248
50	0.134	0.139	0.54	0.223 2	0.098	1.792
60	0.076	0.08	0.11	0.103 3	0.002	0.382

4）持续饱和二氧化碳溶液对岩石干湿循环试验

在去离子水中持续通入二氧化碳，对岩石进行干湿循环试验。溶液的电导率和 pH 值变化如图 5-36 所示。溶液的电导率在干湿循环前 2 次上升迅速，干湿循环 2 次后电导率上升速度明显减慢。溶液的 pH 值在经过 2 次干湿循环后从 4 上升到 6 左右，后期随干湿循环的进行，溶液的 pH 值始终在 6 左右变动，且在干湿循环 10 次以后出现少量的降低，并最终稳定在 5.7 左右，该种情况是库区岩石经历侵蚀性二氧化碳作用的极端环境。

图 5-37 为在去离子水中持续通入二氧化碳干湿循环不同次数（1 次、5 次、10 次、15 次、20 次、25 次、30 次）泥质灰岩试样的弛豫时间 T_2 谱分布，结果表明，随着干湿循环次数增加，泥质灰岩试样内部小孔隙和中孔隙尺寸均有一定幅度的增大。

波谱特征数据表明，随干湿循环次数的增加，弛豫时间 T_2 谱的波峰面积逐步增加，由此可以说明去离子水中持续通入二氧化碳的干湿循环主要增多试样小孔隙数量，且小孔隙增加的数量多于中孔隙和大孔隙增加的数量。

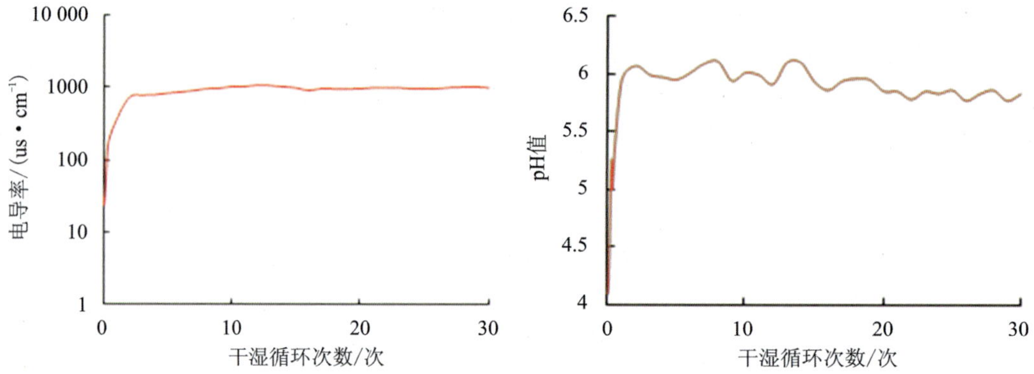

图 5-36　浸泡岩样后溶液的电导率和 pH 值

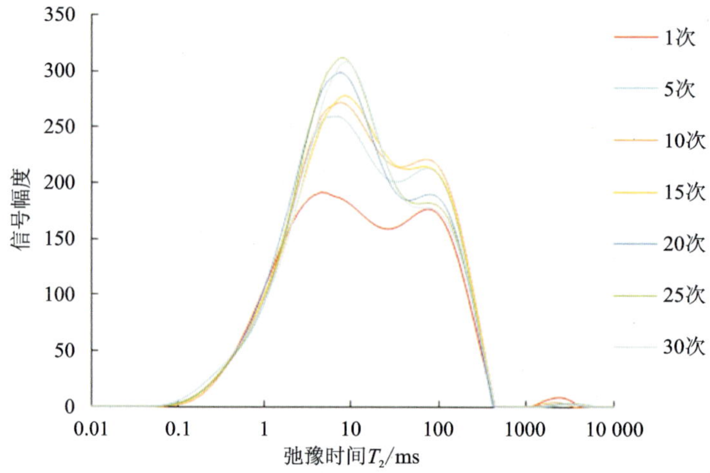

图 5-37　泥质灰岩试样 T_2 谱

前 5 次的干湿循环，试样的孔隙率增加了 8.83%，是增加的最大幅度，从第 5 次干湿循环到第 10 次干湿循环，孔隙率增加了 3.71%，增加幅度仅次于前 5 次干湿循环增加的幅度，但经过干湿循环 10 次以后试样的孔隙率较稳定，无明显变动。由此也可以说明前 10 次的干湿循环对试样 1 的孔隙影响最大，经过 30 次干湿循环，试样的孔隙率整体上升了 10.66%(表 5-8)。

表 5-8　试样 1 弛豫时间 T_2 峰值面积

干湿循环次数/次	总峰面积	第一峰占比/%	第二峰占比/%	第三峰占比/%	孔隙率/%	劣化幅度/%
1	14 594.75	63.17	36.12	10.61	0.716	—
5	17 666.78	66.85	10.81	9.45	0.779 2	8.83
10	18 437.05	68.92	30.84	0.24	0.808 1	3.71
15	18 192.44	71.61	28.18	0.22	0.807 7	−0.05
20	18 199.64	75.97	23.90	0.19	0.800 3	−0.92
25	18 281.09	79.37	20.43	0.21	0.806 7	0.80
30	17 889.86	81.44	18.39	0.18	0.792 3	−1.79
总劣化幅度						10.66

试样的纵波波速随干湿循环次数增加而变化可以分为3个阶段：第一个阶段，岩样在经过前5次干湿循环后，纵波波速下降的速率较大；第二个阶段，在经历5次干湿循环到10次干湿循环之间，试样1的纵波波速也有一定的下降，但下降幅度明显低于前5次干湿循环的下降幅度；第三个阶段，经历10次干湿循环到25次干湿循环，岩样的纵波波速略有上升，但是上升的波速不大，最后5次干湿循环波速下降，且幅度也不大，说明在经历10次干湿循环后，干湿循环对岩样的纵波波速影响较小，其波速最终下降了14.64%。

为探究碳酸盐岩在去离子水中持续通入二氧化碳干湿循环的水岩作用后细观结构变化特征，采用扫描电镜(SEM)技术获取干湿循环30次前后试样的细观孔隙结构。未经过干湿循环的试样内部矿物完整，无明显破损，呈片状层叠排布，仅有少数颗粒附着于其上。干湿循环30次后试样表面大面积的矿物被溶蚀，片状矿物被溶蚀成了破碎絮状颗粒，同时可以观察到较多数量的溶孔(图5-38)。

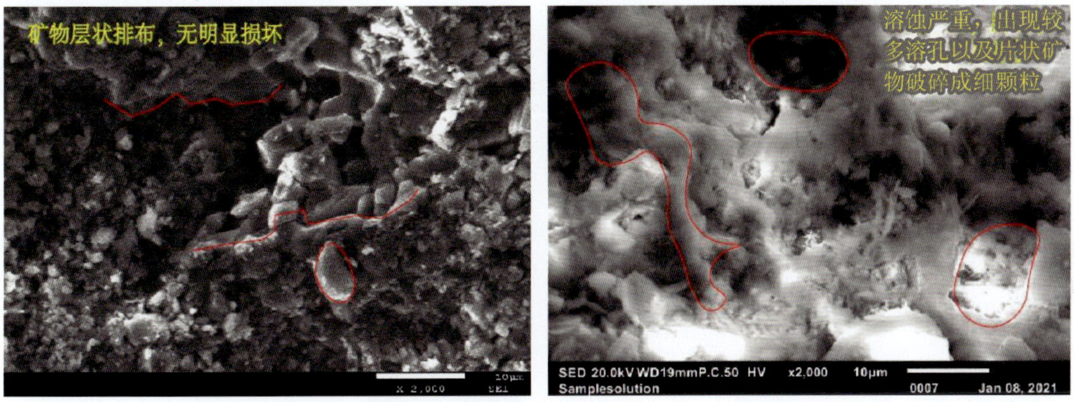

图5-38　干湿循环后泥质灰岩表面和内部的细观形貌

5)去离子水溶液对岩石干湿循环试验

将试样经过初步处理之后放入1L去离子水溶液中，试样每浸泡24h后称量岩石的质量，直到相邻两次称量的质量之差小于1%，即可以认为岩石完成饱和过程，然后将试样放置在恒温干燥箱中进行干燥，直至试件的质量不再发生变化即完成干燥过程，至此一次干湿循环过程结束，干湿循环试验一直持续到测试参数基本保持稳定即可停止。

不同类型试样在去离子水中干湿循环后，溶液中阳离子浓度随干湿循环次数增加的变化如图5-39所示。两种试样经过水岩作用后，溶液中阳离子浓度变化规律基本一致。溶液中 Ca^{2+} 浓度最大，其变化规律可分为4个阶段：第一个阶段为干湿循环第一次，Ca^{2+} 浓度迅速上升；第二个阶段干湿循环前5次，Ca^{2+} 浓度增加，但增加幅度不大；第三个阶段为干湿循环5次至10次，溶液中 Ca^{2+} 浓度上升幅度增大；第四个阶段为干湿循环10次以后，溶液中的 Ca^{2+} 浓度基本趋于稳定。

表5-9为不同干湿循环次数的 Ca^{2+} 生成速率，干湿循环前10次溶液中 Ca^{2+} 的生成速率较高，说明

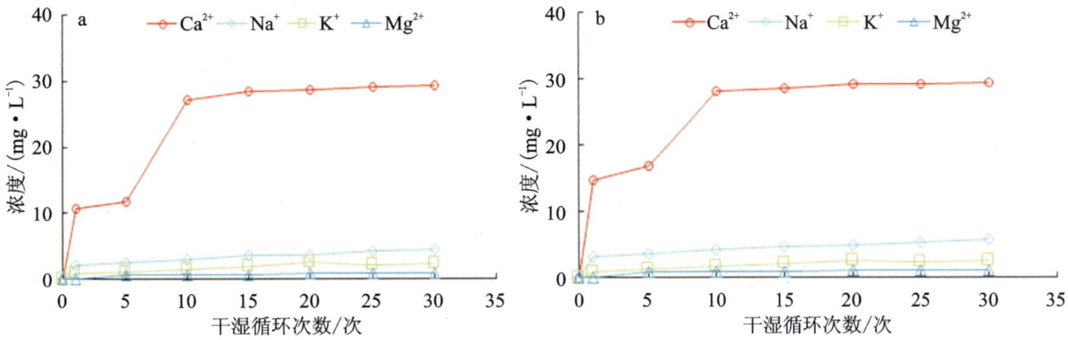

图5-39　泥质灰岩(a)和白云质灰岩(b)试样反应容器中阳离子浓度变化

干湿循环前 10 次水岩作用速率较大，干湿循环 10 次后，溶液中 Ca^{2+} 生成速率较低，说明干湿循环 10 次后水岩作用速率降低。

表 5-9 不同干湿循环次数的 Ca^{2+} 生成速率

Ca^{2+} 生成速率/[mg/(L·d)]	干湿循环次数/次						
	1	5	10	15	20	25	30
泥质灰岩	10.656	0.273 5	3.062	0.284	0.012	0.12	0.036 8
白云质灰岩	14.65 6	0.523 5	2.262	0.104	0.092	0.02	0.004 8

结合去离子水中长期浸泡的测试结果可知，不同种类的碳酸盐岩在去离子水中进行干湿循环试验，溶液中 Ca^{2+} 浓度较低，去离子水中进行干湿循环的水岩作用对碳酸盐岩试样劣化较低，对碳酸盐岩的劣化主要以物理溶解为主，可溶性矿物含量越多，岩石的劣化表现越明显。

5.1.2.6 水岩作用下碳酸盐岩的力学特性

碳酸盐岩试样在不同的水岩作用后，根据破坏类型可以分为 3 类。

第一类为类 V 型破坏，主要是碳酸盐岩内部本身含有方解石条带，经过不同工况的水岩作用，方解石发生局部溶蚀变成多孔状态，再加上条带与边缘黏土矿物或者白云石的联结在水岩作用下发生破坏，导致岩石在单轴作用下的破坏最终沿着条带附近延伸拓展，该种破坏形式中破裂面的形态基本由条带的形态决定(图 5-40)。

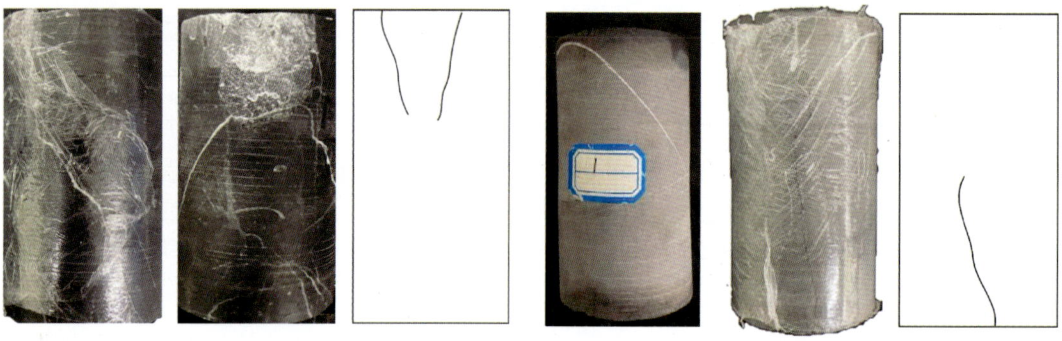

图 5-40 第一类破坏

第二类破坏形态中，岩石的破坏面几乎贯通整个试样。主要是因为该类岩石内部含有贯穿性夹层，经测试，夹层上的白色物质多为方解石，褐色物质主要为黏土矿物及少量不透明矿物，夹层物质在岩石内部不均匀分布，但在成样过程中夹层位置在岩样外围，在 10 倍镜下具有明显的微裂隙，该部位在水岩作用下成为水进入岩样内部的通道，水进入岩体溶蚀内部结构，逐渐改变了岩样内部的孔隙分布，此外，水在流动过程中带走软弱部分的黏土颗粒，形成了潜在的破裂面(图 5-41)。

前面两种破裂模式中，岩石自身的软弱面均占据了主要作用，所以即使不同水岩作用对岩石造成了不同程度的损伤，软弱部位的存在也不能说明水岩作用对岩石的损伤达到了影响其破坏形式的程度。但是在第三种破坏中出现了多条贯穿性破裂面(图 5-42)，除了部分岩样中确实在破裂面上呈现出了前述两类破坏中出现的夹层物质，大部分贯通破裂面上并没有夹层或者软弱结构面的存在。在单轴压缩试验中，由于端部受压力轴的约束，一般情况下岩石端部在轴向和径向约束时不容易出现裂隙，但是经历过水岩作用后的 3 类岩石均表现出明显的端部多裂隙破坏，且贯穿裂隙并不完全经过夹层分布位置。这说明即使没有软弱层或者条带分布，水岩作用对岩石的新生断口确实存在一定程度的劣化，但是这种类型的劣化多表现在岩石表面一定范围内，岩石内部是否受到水岩作用影响取决于外部水是否进入岩体内部以及内外部水渗流的通道是否畅通。

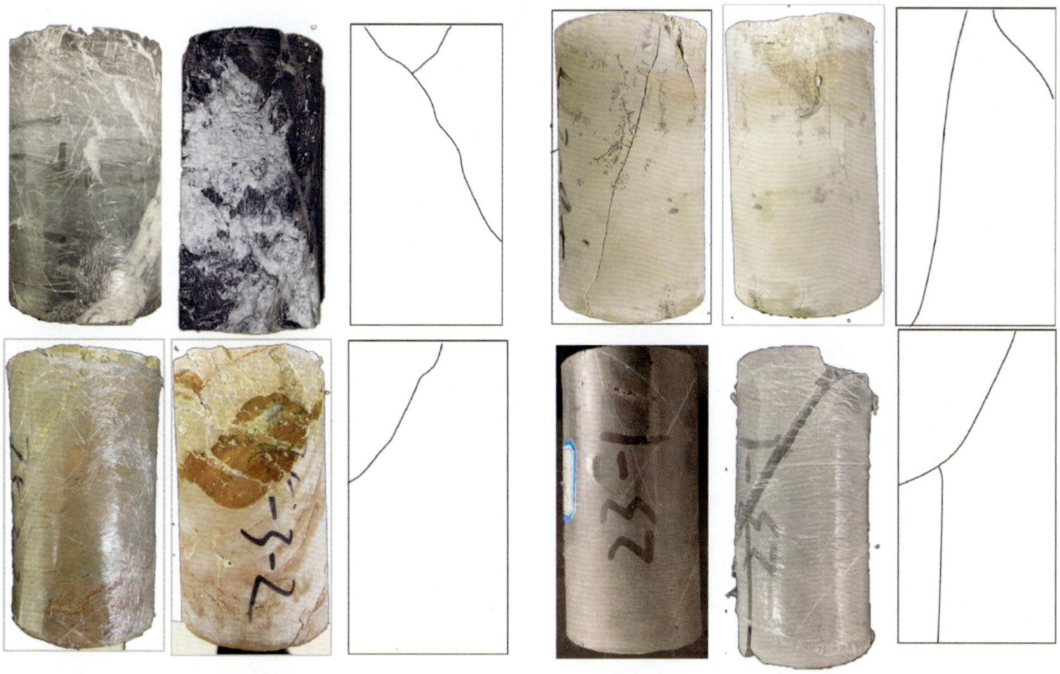

破裂形态　试样破裂面　破裂面形态　破裂形态　试样破裂面　破裂面形态

图 5-41　第二类破坏

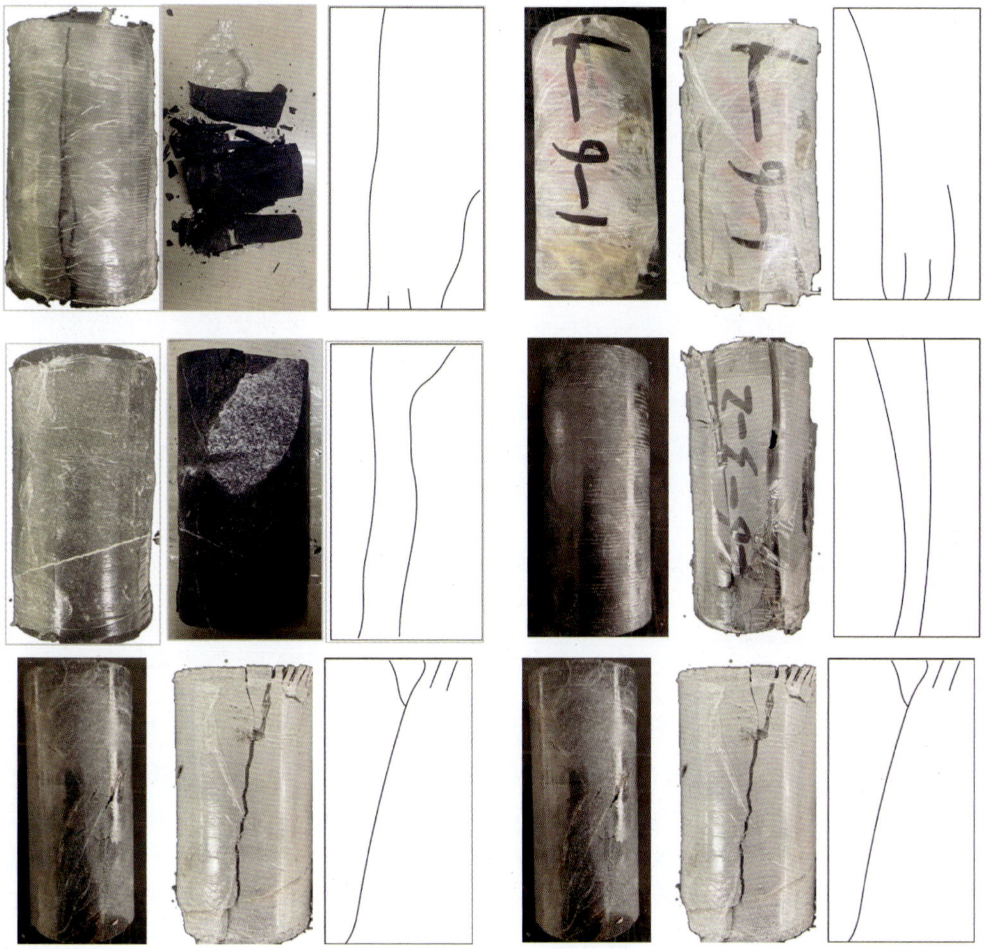

图 5-42　第三类破坏

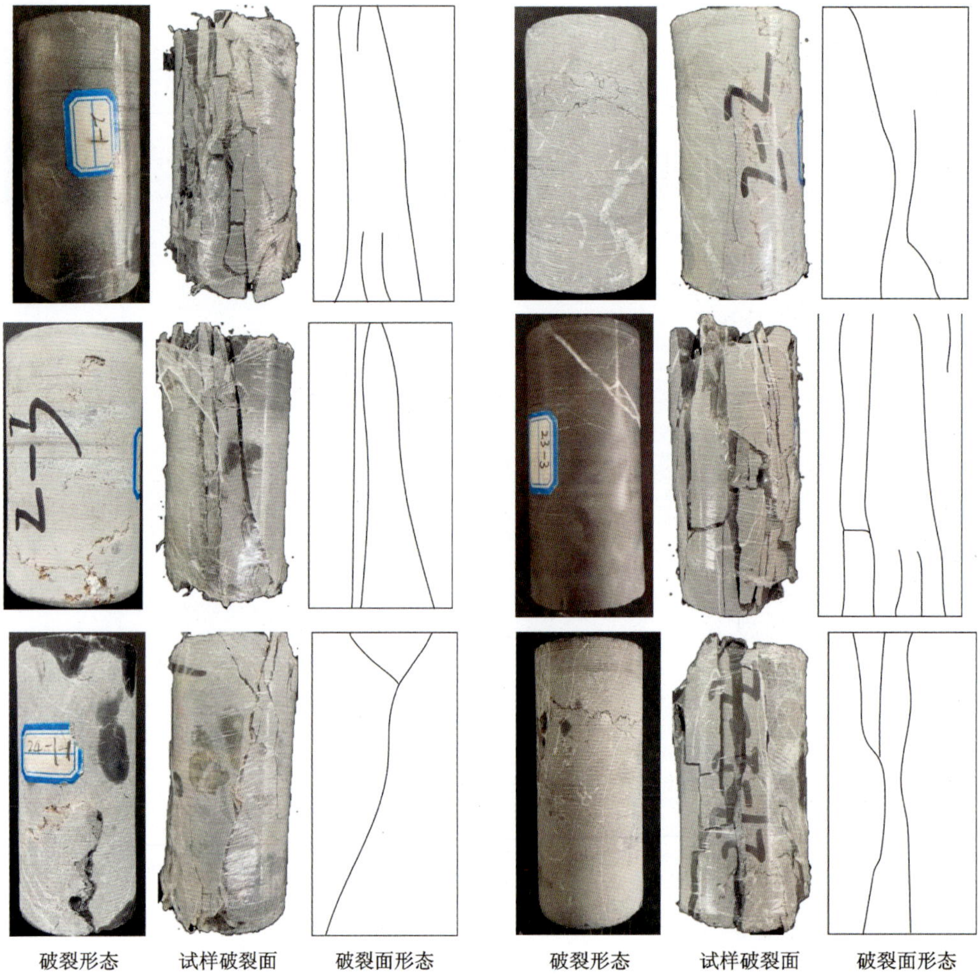

续图 5-42

由上述分析可知，经过不同工况的水岩作用，碳酸盐岩的破坏模式有 3 类。试样中方解石集中的岩脉或者黏土矿物聚集的位置为碳酸盐岩的软弱面，一般情况下单轴破坏会沿着软弱面破坏，这是岩石自身结构和水岩作用共同导致的结果，而对于没有软弱面存在的碳酸盐岩，在经历不同工况的水岩作用后会对岩石表面一定范围产生明显的劣化，但是能否深层次影响碳酸盐岩的物理力学性质取决于有没有水进入岩体内部的裂隙和水在岩体内部流动性的强弱。

5.1.3 岩体劣化特征

通过对梨子坪岸坡岩体物理力学特性及水岩作用的分析，发现该岸坡段岩体劣化主要是干湿循环作用对裂隙延伸及扩展的影响，岩石浅表层矿物溶解作用对岩石强度的影响较小。水流冲蚀作用引起层面钙质矿物溶解及溶蚀。岩体劣化宏观表现为块裂化、形成溶隙溶槽，碳质岩层软化、泥化形成的冲蚀凹腔等多种劣化特征。宏观劣化现象如图 5-43 所示。

结合图 5-43 所展现的劣化现象，该岸坡段的岩体劣化机理主要包括以下几个方面：①水岩作用下，水流沿着岸坡原生次生裂隙渗入岩体，对岩体内部裂隙造成了冲刷侵蚀和扩展，次生裂隙不断发育，大量裂隙相互连通，岸坡岩体孔隙增大，整体结构受到挤压，骨架颗粒分散，岩体内部团簇效应逐渐减弱，导致岩体自身结构失稳，发生块状或体状碎裂和破坏；②水流对岩体内外均产生了冲蚀溶解作用，在岩体表面，主要是冲蚀作用对岩体的影响，水流流动对表面凹凸不平处产生冲击，对岩体结构造成破坏，同时裹挟带走表面结构松散堆积物以及软弱结构部分，形成结构流失，造成骨架结构承载力减弱；在岩体内部，主要是水流的溶解作用对岩体的影响，由于渗水长期存在裂隙岩体，沿着裂隙孔隙不断侵蚀，裂隙

图 5-43 梨子坪岸坡宏观劣化现象

内矿物充分与水中离子接触，发生反应，溶解在水中，还有结构松散的颗粒同时也被水流冲刷能力带走，造成裂隙的显化与扩张；③水流的掏蚀作用明显作用在岩体的孔洞及表面裂隙处，在水流冲刷运移作用下，带走了岩体孔洞裂隙部位的填充堆积物，同时形成一定程度的滞水，多次作用下，滞水增多，同时对孔洞裂隙产生侵蚀，溶解了岩体矿物，形成了运移，造成了岩体结构损失，孔洞裂隙也被逐渐掏蚀，物质损失，体积扩张，形成凹腔（图 5-44）；④水岩作用导致岩体部分块体结构破坏，填充物流失，形成临空面，临空块体在自身重力效应下逐渐对岩体产生拉裂及挤压，对岩体的支撑结构造成了一定的负担，同时在水流的影响下，重力效应逐渐增大，连接结构逐步劣化损坏，造成岩体大面积块状碎裂和破坏。

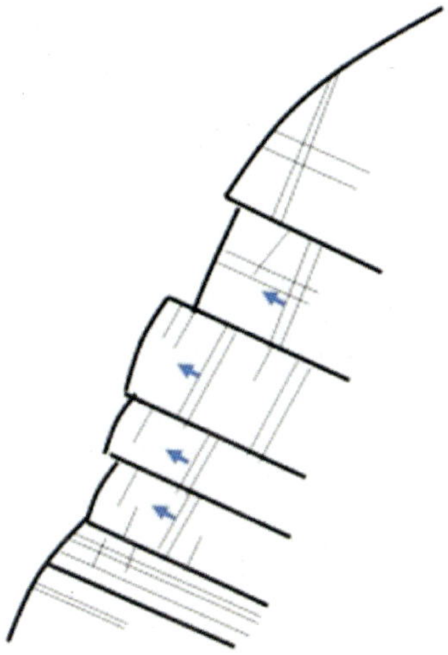

图 5-44 水流裂隙入渗改变岸坡岩体结构

5.1.4 岩体劣化机理

该类劣化后现状特征主要表现为消落区岩体劣化碎裂呈碎块状。劣化区岩层多为薄—中厚层，结构面张开明显，坡度多为陡坡—陡崖。

劣化机理分析：岩体受构造影响较破碎，在水库作用影响下，首先植被、覆盖层灭失，张开裂缝充填物消失，隐性裂隙由闭合到显现、由显现到张开、由张开到扩展贯通，随着结构面逐步增多，消落区岩体完整程度降低，强度逐步下降，碎裂岩体开始崩落、掉块及沿临空面滑移等劣化变形，最终形成了碎裂劣化特征（图 5-45）。

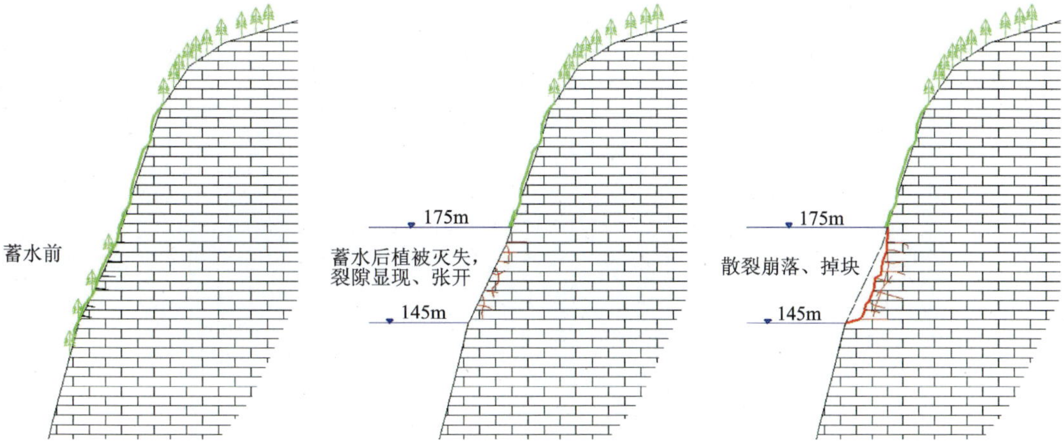

图 5-45 碳酸盐岩薄—中厚层侵蚀型劣化过程示意图

5.2 软弱夹层侵蚀型劣化机理分析

5.2.1 火焰石概况

火焰石危岩位于巴东县长江右岸焰石村3组临江斜坡左侧前部，坡体结构类型为岩质顺向坡。危岩主崩方向310°(NW50°)，西、北两面临空，危岩边界清晰，西侧为陡崖，北西侧为35°～60°的陡坡(局部发育陡坎)，北东侧受走向45°转2°的裂缝控制，崖顶高程225～260m，坡脚在水下高程100m左右(涉水深45～75m)。危岩剖面形态近似三角形，纵长170m，平均厚55m，横宽128m，平面面积约$1.33\times10^4m^2$，体积$59.84\times10^4m^3$(图5-46)。

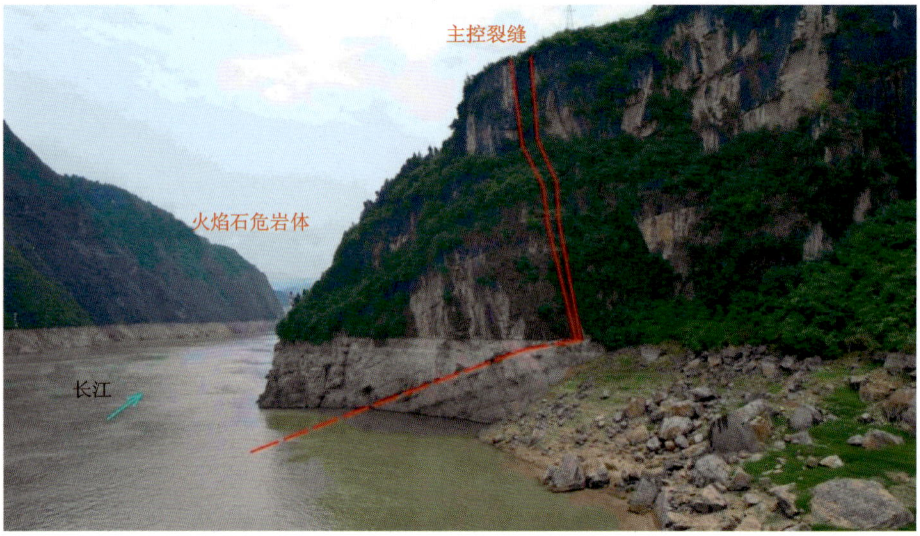

图5-46 火焰石危岩体

5.2.2 岩石物理力学性质测试

对火焰石危岩基座进行取样，对岩样基本性质和矿物成分进行测试分析。揭露的岩性为含燧石结核的灰岩。测试结果表明该处试样的孔隙结构相对致密，但是单轴强度较低(图5-47，表5-10)。

图5-47 火焰石基座

表 5-10 试样初始物性指标

试样编号	钻孔	取样深度/m	初始含水率/%	饱水率/%	密度/(g·cm^{-3})	取样高程/m	孔隙度/%	纵波波速/(m·s^{-1})	单轴强度/MPa
1	ZK2	6.33～6.58	0.02	0.03	2.67	150.03	0.085	3957	51.18

5.2.2.1 取样细观 SEM 及薄片分析

试样 1 在偏光镜下的薄片分析的显微图片如图 5-48 所示，可以观察到方解石为不规则粒状，浑浊灰色，干涉色为高级白，粒径以微晶级（0.004～0.03mm）为主。滴茜素红 S 染色剂有染红现象。白云石为自形—半自形晶，粒状，可见菱形切面，浑浊灰色，闪突起明显，干涉色为高级白，粒径 0.02～0.20mm，以粉晶级（0.004～0.03mm）为主。黏土矿物颗粒微细，填隙状分布。不透明矿物呈不规则粒状、条带状分布，不显光性。少量生物碎屑，疑似有棘屑、藻类、腕足碎屑、有孔虫等，成分为方解石，粒径 0.10～2.00mm，含量约为 10%，不均匀分布。可见碳酸盐细脉，宽 0.01～0.06mm。试样 1 中方解石占 35%，白云石占 40%，黏土矿物占 20%，不透明矿物占 5%。试样 1 为白云质泥灰岩。

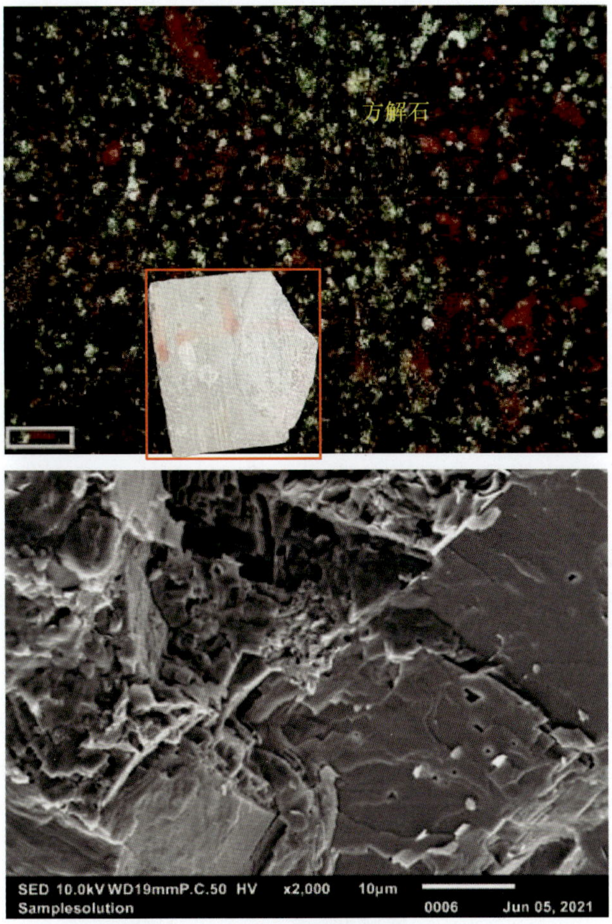

图 5-48 试样 1 偏光镜特征测试分析

对沿江临空面大长裂隙进行取样分析，取样位置如图 5-49 所示。

从图 5-49 可以看出，大长裂隙面的位置为厚层状含燧石结核灰岩与层理发育的薄层状灰岩的分界面，该过渡区为严重劣化的分界区。

对图 5-49 中的裂隙面取样，取样处分别为裂隙(H1)、裂隙上部(H2)、裂隙下部(H3)。化学成分测

图 5-49　火焰石裂隙面取样位置

试结果见表 5-11。结果表明，横向主裂隙面内灰白色物质主要成分为碳酸钙，只有在靠近裂隙面上盘的底部才有较多的二氧化硅。钙质矿物在裂隙处发生溶解，同时伴随着不溶性硅质矿物的流失。

表 5-11　火焰石裂隙面化学成分及矿物测试

位置编号	Na_2O/%	MgO/%	Al_2O_3/%	SiO_2/%	K_2O/%	CaO/%	Fe_2O_3/%	矿物
H1	0.34	0.46	1.88	14.73	0.13	50.9	0.28	以方解石为主，局部含燧石和长石
H2	0.58	1.35	1.49	20.73	0.12	51.8	0.23	
H3	0	3.87	0.63	4.33	0.080	60.9	0.18	

由于在厚层状含燧石结核灰岩与层理发育的薄层状灰岩的分界面处水岩作用强烈，易溶的钙质矿物与长石发生了溶解，而不溶性的硅质矿物则残留下来，在该处形成大长裂隙。形成了该处的大长裂隙。

对火焰石崩塌岩石进行了取样分析测试，测试结果见表 5-12。通过以上取样分析，该岸坡段崩塌岩石矿物组成主要是二氧化硅和碳酸钙，无黏土矿物，为含燧石结核灰岩。该岸坡段消落带岩体层理面发育。

表 5-12　崩塌岩石取样成分测试

岩石样本	深黑色燧石条带	含白色条带	层状浅灰色灰岩	浅灰色灰岩

MgO/%	1.90	0.90	1.54	0.81
Al_2O_3/%	0.64	0.83	4.19	1.70
SiO_2/%	86.4	57.1	15.41	6.20

续表 5-12

岩石样本	深黑色燧石条带	含白色条带	层状浅灰色灰岩	浅灰色灰岩
K_2O/%	0.088	0.13	0.72	0.14
CaO/%	12.57	20.76	61.1	61.6
Fe_2O_3/%	0.22	0.44	2.03	1.23

5.2.2.2 原位测试分析

对钻孔附近区域进行回弹测试，测点区域如图 5-50 所示，测试结果见表 5-13。通过回弹测试发现，回弹值较为离散。根据经验参数将现场回弹值换算成强度数据见表 5-14，测区的强度离散性明显，最低值只有 20MPa，最高值可达到 141MPa，说明测试区域局部岩体极为破碎。从火焰石水平孔 ZK1 岩心(图 5-51)判断，在接近孔口位置较破碎，岩心多被原生裂隙或者构造面轴向切割，远离孔口段岩心较完整，岩石性质均匀。同时，对水平钻孔 ZK1 进行钻孔声波和成像测试，如图 5-52 所示。该钻孔声波和钻孔摄像测试的结果表明，火焰石危岩体主要破碎区范围为 0～3.5m；裂隙发育多在 8～15mm 之间，最大裂隙宽度为 46.3mm，位于距孔口 2.5m 位置处，初步判断为断层构造；距离孔口 2.5～3.5m 范围内岩体损伤而未明显开裂，表现为声波波速下降明显(低于原岩波速 10%)，原岩声波波速为 3600～4900m/s，平均原岩声波波速 4179m/s(图 5-53)。

图 5-50 测试区域

表 5-13 典型劣化带回弹测试结果

地点	编号	回弹值																平均值
火焰石 ZK1	1	15	28	39	41	54	58	58	60	61	61	62	62	63	64	67	68	58
	2	52	52	56	59	59	60	61	62	64	65	65	65	66	67	68	70	62.6
	3	38	39	39	40	41	42	53	53	53	54	56	56	57	57	58	59	50.5
	4	48	50	53	57	57	60	61	62	62	62	62	62	63	64	64	66	60.8
	5	36	48	49	53	53	53	55	55	58	58	59	59	60	62	64	64	56.3
	6	15	17	18	19	25	26	26	27	27	28	31	34	35	99	99	99	27.8
	7	28	29	32	35	43	43	50	55	55	57	57	59	60	64	65	67	51.4
	8	15	19	23	25	31	31	32	32	34	38	41	51	54	55	57	58	36.9
	9	33	35	37	44	45	48	51	51	52	53	55	55	56	57	59	60	51

表 5-14　测试区岩体强度

岸坡段		测点	平均回弹值/mm	参数 a	参数 b	单轴抗压强度/MPa
火焰石	ZK1	1	58	2.855	0.063 2	111.57
		2	62.6			141.04
		3	50.5			69.34
		4	60.8			132.83
		5	56.3			99.39
		6	27.8			16.43
		7	51.4			73.63
		8	36.9			29.34
		9	51			71.46
		11	55.7			96.45
		13	49.7			65.96
		14	48.4			60.28
		15	35.9			27.63
		17	44.4			46.95
		18	31.4			20.68

图 5-51　火焰石水平钻孔 ZK1 测点 6、测点 8 近距离照片

图 5-52　火焰石岸坡钻孔 ZK1 声波和成像测试现场

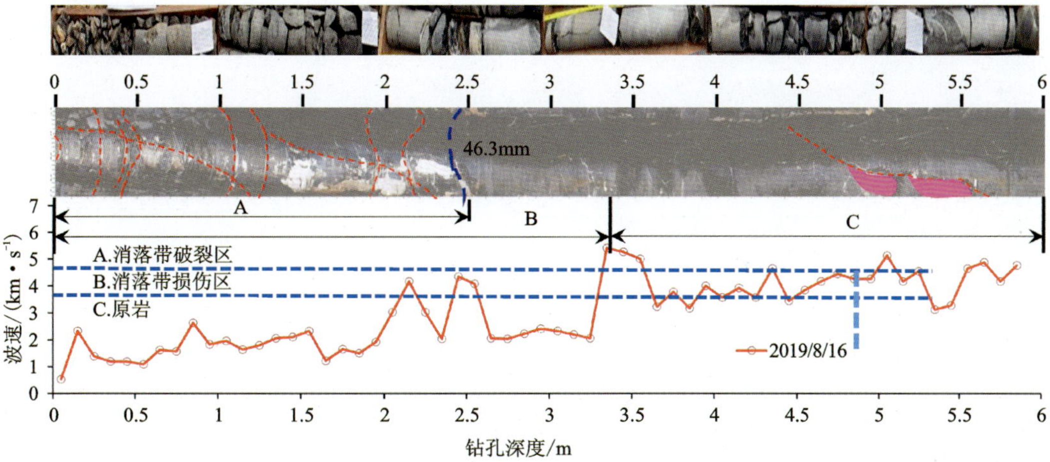

图 5-53 火焰石危岩体水平钻孔 ZK1 声波测试结果

火焰石岸坡钻孔测试的结果表明，岸坡岩体劣化在浅表层 0～3.5m 最为严重，主要为沿层面易溶矿物（钙质矿物）的溶解和裂隙对岩体的切割，岩体较为破碎。严重劣化深度为3.5m左右，劣化影响深度5.5m左右。

5.2.3 岩体劣化特征

通过对火焰石危岩体基座同一部位的水上和消落区裂隙面现状对比，水上部分岩体相对较完整，裂隙面多呈闭合状，少量张开平均宽 1～3cm，且多为钙质充填，密度 2 条/m，延伸长 1～2m，裂隙面贯通情况一般；消落区岩体较破碎，特别是危岩凸出部位破碎，裂隙面平均张开 5～10cm，无填充，密度 3～6 条/m，延伸长 1～5m，裂隙面贯通情况好，裂隙面互切密布，岩体多块裂呈块状，块径一般为 20～50cm。水库运行以来，在 175m 高程形成了明显的分界线，分界部位可见明显劣化凹痕，深度 10～30cm，岩体结构面劣化过程为结构面的显化→扩展重力卸荷贯通→劣化崩落，基座劣化变形迹象明显，可见多处岩体破碎张开，崩落形成的小型凹腔，在薄层灰岩夹岩质页岩相对软弱部位劣化碎裂后掏蚀形成小型凹槽，最深处约 1.2m（图 5-54、图 5-55）。

图 5-54 结构面劣化特征（镜像 70°）

图 5-55　夹层小型凹槽(镜像 160°)

针对火焰石消落区岩体 2019 年与 2022 年调查劣化变形情况对比,结构面劣化变形以崩落掉块为主,结构面扩展主要沿层面及隐性结构面逐步扩大贯通,2022 年后,前缘裂面明显增多,新增裂面张开宽度 1～5cm,在临空条件良好的悬空部位延伸发育卸荷裂隙形成崩落,目前已产生崩落块体的高度约 12m,宽 2m,厚约 3m,体积 $72m^3$(图 5-56、图 5-57)。

图 5-56　火焰石危岩消落区岩体劣化特征(2019 年,镜像 70°)

图 5-57 火焰石危岩消落区岩体劣化特征(2022 年,镜像 70°)

5.2.4 岩体劣化机理

火焰石消落区岩体劣化变形过程大致分为 3 个循环阶段,分述如下。

5.2.4.1 劣化初始阶段

水库蓄水后淹没植被,植被由于被库水淹没,从而导致植被大量死亡,加上水库浪蚀,植被覆盖层逐渐灭失,基岩裸露。同时三峡库区为了应对汛期洪峰,夏季腾库容低水位运行,导致岸坡岩体裸露,受到夏季高温、强降雨等恶劣气候影响,岩体表层冷热变化比内部迅速,热胀冷缩,造成岩体表层强度逐渐降低,块裂碎裂。

5.2.4.2 劣化发展阶段

在三峡库区运行过程中,库水位变动频繁,裸露的基岩被库水冲刷,岩体裂隙面填充物被掏蚀,钙质易溶矿物沿岩体内外层面溶解,导致已有裂隙面进一步加宽加深,隐性裂隙逐渐显现、张开、贯通,岩体结构受损,在裂隙加宽加深的过程中,库水与岩体接触面积增加,裂隙矿物与水中离子接触,发生反应,溶解于水中,进一步加快了劣化的速度,裂隙沿层理扩展延伸,次生裂隙不断发育,大量裂隙相互连通,形成细小裂缝,细小裂缝随扩展方向不断扩张连通,形成贯通裂缝。

5.2.4.3 劣化破坏阶段

由于库水冲刷,填充物流失,局部岩体临空,岸坡岩体孔隙增大,整体结构受到挤压,骨架颗粒分散,岩体内部团簇效应逐渐减弱,导致岩体自身结构失稳,在上覆岩体重力作用下,对岩体产生拉裂及挤压,对岩体的支撑结构造成了一定的负担,同时在水流的影响下,重力效应逐渐增大,连接结构逐步劣化损坏,加上形成了较大的裂缝,最终导致基座岩体破坏化,结构松散化,承重能力大幅度减弱,局部崩落掉块,裸露出新的表层岩体。

岩体基座在上述循环过程中逐渐劣化,裂隙逐渐显现、张开、贯通,裂隙逐渐加宽加深,崩落后坡度变陡,基座岩体两侧临空,从而导致基座局部岩体崩落掉块,地形线不断向内凹进,消落区岩体坡度逐渐变陡。岩体临空面逐渐增加，无依托的显著特征，上部完整岩体受自重效应影响，裂缝逐渐加深加宽，火焰石危岩区域西侧和南侧的边界呈现出陡崖临空、岩层总体向北倾斜，北侧前缘边界处出现挤压破碎，浪蚀形成凹腔地形，提供进一步滑移贯通的空间条件，一旦边界破碎化加重，形成贯通碎裂带，从而承重能力大幅度减弱，稳定性降低，危岩体整体下坐，最终可能形成危岩体整体式滑移(图 5-58)。

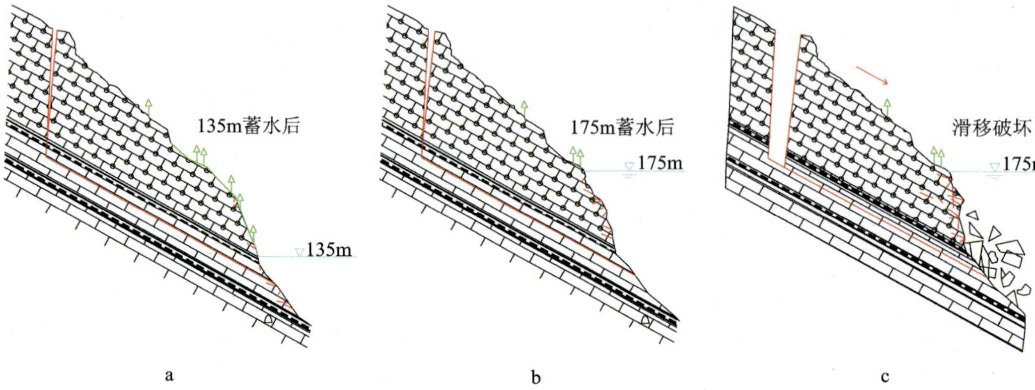

图 5-58　火焰石危劣化变形致灾机理

5.3　本章小结

本章分别以巴东梨子坪—稻草坪岸坡和火焰石危岩体为例，在大量的现场野外地质调查、原位测试、矿物分析的基础上，对岸坡和危岩的地质地貌及地质结构特征、劣化特征、劣化机理开展系统的研究，取得了如下认识。

(1)梨子坪—稻草坪岸坡总长约 930m，平面形态呈不规则形分布，下部 145～175m 高程范围坡度近直立，上部坡度相对较缓，坡体总体为斜逆向坡，坡度范围为 60°～80°，该典型岸坡段主要分布泥质灰岩、白云质灰岩，通过核磁共振试验，其中泥质灰岩孔隙度最低，孔隙结构以中、小孔隙为主，泥质白云岩与白云质灰岩的孔隙度相对较高，但孔隙结构以微、小孔隙为主，通过干湿循环及化学成分分析，为碳酸盐岩薄—中厚层侵蚀型典型岸坡段，其劣化机理为：岩体受构造影响较破碎，在水库作用的影响下，首先植被、覆盖层灭失，张开裂缝充填物消失，隐性裂隙由闭合到显现、由显现到张开、由张开到扩展贯通，随着结构面逐步增多，消落区岩体完整程度降低，强度逐步下降，碎裂岩体开始崩落、掉块及沿临空面滑移等劣化变形。

(2)火焰石危岩总长 170m，平均厚 55m，横宽 128m，平面面积约 $1.33\times10^4m^2$，体积$59.84\times10^4m^3$，对火焰石危岩基座进行取样，对岩样基本性质和矿物及成分进行测试分析。揭露的岩性为含燧石结核的灰岩。测试结果表明，该处试样的孔隙结构相对致密，但是单轴强度较低，通过水平钻孔进行声波测井，表明危岩基座劣化在浅表层 0～3.5m 最为严重，主要为沿层面易溶矿物(钙质矿物)的溶解和裂隙对岩体的切割，岩体较为破碎。严重劣化深度为 3.5m 左右，劣化影响深度 5.5m 左右，裸露的基岩被库水冲刷，岩体裂隙面填充物被掏蚀，钙质易溶矿物沿岩体内外层面溶解，导致已有裂隙面进一步加宽加深，隐性裂隙逐渐显现、张开、贯通，岩体结构受损，岩体基座在上述循环过程中逐渐劣化，裂隙逐渐显现、张开、贯通，裂隙逐渐加宽加深，崩落后坡度变陡，基座岩体两侧临空，从而导致基座局部岩体崩落掉块，地形线不断向内凹进，消落区岩体坡度逐渐变陡。

6 岸坡消落区岩体劣化评价方法研究

6.1 岩体劣化评价概述

岸坡消落区岩体的劣化评价需要说明历经库水运营作用的岩体与未经历库水运营作用的岩体的差异性，其实质是包含多个维度的评价，即同时期内消落带区域的岩体与非消落带区域的岩体的差异评价、岸坡浅表层岩体经历不同劣化作用后的形状评价、岸坡消落区浅表层岩体与不受水利环境影响的深部同地层岩体的性质评价，通过恰当地运用现行评价技术获得评价指标，再结合相应的评价方法可以实现对岸坡消落区岩体劣化的综合评价。

6.2 岩体劣化调查手段研究

6.2.1 三维激光扫描技术

6.2.1.1 原理

三维激光扫描技术又称为“实景复制技术”，是20世纪90年代中期开始出现的一项高新技术，由于三维激光扫描技术能够高精度、高密度、快速地获取扫描对象的空间信息，因此相对于传统的单点测量，该技术也被称为从单点测量跨越到面、体空间测量，是继GPS空间定位系统之后又一项测绘技术新突破。它利用激光测距的原理，通过高速激光扫描测量的方法，大面积、高分辨率地快速获取物体表面各个点的坐标(x,y,z)、反射率、颜色(R,G,B)等信息，由这些大量、密集的点信息可快速复建出1∶1的真彩色“实景复制”模型，为后续的内业处理、数据分析等工作提供准确依据。

目前激光扫描技术从测量原理上主要分为脉冲测距法、相位测距法、激光三角尺法3类。脉冲法测距是由激光发射和接收激光脉冲，求得时间差，然后计算出激光脉冲发射器与被测目标之间的距离。脉冲测距的激光发散角小、能量大，因此测程远。相位法测距是根据无线电波段频率特点，获取光在传播中所产生的相位差，相位差可以由幅度调制和光信号调制来测定。通过获取相位差，计算出无线电波在扫描仪与被测物之间的传播时间，从而得到两者之间的距离。三角法测距是根据激光发射器发射红外线，当红外线反射回来被CCD检测器检测到以后，会获得一个偏移值，激光发射中心和CCD相机之间的距离固定，发射到目标物的激光信号与反射到CCD相机的激光之间的夹角可计算得出，通过被测目标点和CCD相机之间存在的空间几何关系计算求得激光发射中心与被测目标之间的距离。

三维激光扫描技术的本质是激光测距，它能够在短时间内快速发射激光，获取海量的目标点云坐标数据。通过脉冲激光信号可获取被测物体表面三维坐标和反射光强度，一般三维激光扫描仪都会自带数码相机对被扫描物体进行影像信息的采集，以获得被扫描物体表面的反射率、彩色纹理、边缘位置等信息，这样大量的点云数据就可通过计算机软件快速复建出被扫描物体的三维模型及线、面、体等图件数据，这种测量方法实现了面测量，可以获得大量的点云数据，而且精度高、数据采集方便。

6.2.1.2 实例应用

1)变形监测

地面三维激光扫描技术应用于变形监测的基本思路是通过比较分析不同时期点云数据,来获取目标物的变化信息。对于获取的多期三维激光点云数据,分析变形主要包括基于标靶标志比较、基于点云直接比较和基于表面模型比较等方法。

三维激光扫描技术获得的点云可以选取多个点(最少3个点)作为两组数据对准基点,进行对比分析。在监测变形区域均匀布设多个固定的扫描标靶,运用三维激光扫描仪进行多期的扫描,获取监测区域的数据。数据内业处理过程中,通过提取扫描标靶数据,拟合出中心坐标(图6-1)。将不同时段提取的标靶中心坐标进行比较,可以得到多个标靶的三维空间位置随时间变化量,进而反映出监测区域的变形情况。标靶标志法和传统测量在监测区域布置监测点方法相似,但是这种方法无法充分利用大量点云数据的优势,且在野外测量时,标靶不容易固定布设、保存,精度远不如全站仪,具有一定的局限性。

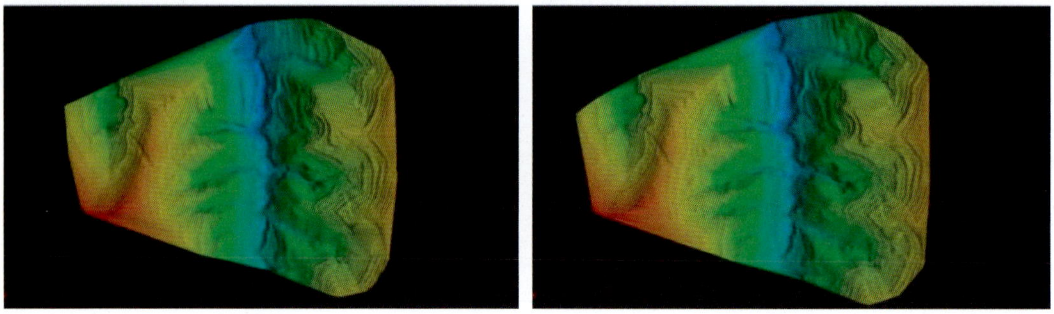

a.第一期　　b.第二期

图6-1　两期DEM模型

三维激光扫描技术获得的点云可以直接使用软件的最佳拟合对齐,整体点云进行计算对比。三维激光扫描仪通过扫描获得目标物体表面离散的点云,将两期点云通过坐标转换,在同一坐标系对点云数据直接进行求差来获取目标物的变形信息。一般有两种计算点云变形的方式:一种是将两期离散点云建立八叉树或者K-D树索引,运用Hausdorff距离法、平均距离法等比较两期点云变形;另一种是利用具有突出特征的地物,框选出地物的离散点,求出重心,将其看作监测点,进行两期监测点的比较。三维激光扫描技术获得的点云可以在有较明显规则位置设置特征对象,之后将多组点云的特征对象作为拟合依据,进行拟合比较。物体模型重建是通过适当计算和数据处理模型对客观世界存在的物体进行数字化表示。物体表面模型的比较方法在三维激光扫描变形监测中应用比较广泛,这种方法可以更好地利用目标物三维点云信息。将两期或者多期扫描的点云数据,经过点云数据处理,建立目标物的表面模型。将不同时段的模型在同一坐标系内显示,得到物体不同区域的变化信息。

图6-2　岸坡岩体整体及研究区域照片

2)结构面信息提取

以干流某岸坡岩体为例,采用OPTECH三维激光扫描仪对岸坡岩体进行扫描,获取三维激光扫描点云,通过点云数据预处理,获取研究区域点云(图6-2),通过对研究区域岩体结构面、浅部体积节理数等进行识别,运用董秀军(2006)的方法对结构面产状进行解译,并采用3Dreshaper软件对结构面进行拟合,如图6-3所示。

一方面,通过岩体浅部体积节理数,间接得出岩体完整

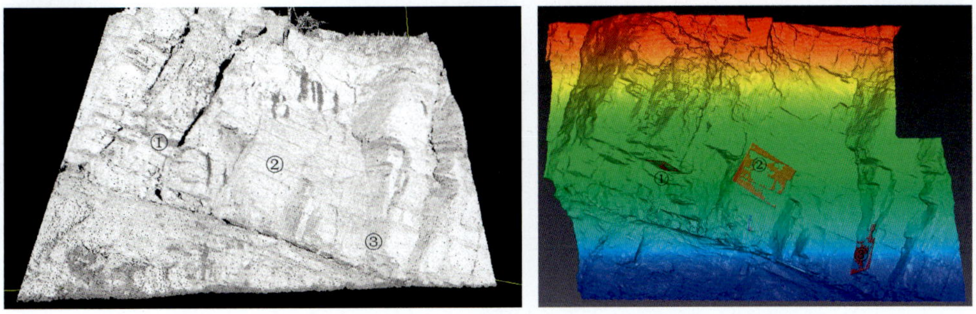

图 6-3 岸坡岩体研究区域三维激光扫描云图及结构面效果图

性系数。在通过统计岩体体积节理数来获取岩体完整性系数时，应该充分考虑岩体结构面的张开程度和充填情况，利用岩体体积节理数和岩体完整性系数的对应关系，在相应的数值范围内选取合适的岩体完整性系数。根据《工程岩体分级标准》(GB/T 50218—2014)，岩体体积节理数 J_v 与岩体完整性系数 K_v 的对应关系如表 6-1 所示。

表 6-1 岩体完整性系数与岩体体积节理数的对应关系

J_v	<3	3～10	10～20	20～35	≥35
K_v	>0.75	0.75～0.55	0.55～0.35	0.35～0.15	≤0.15
完整程度	完整	较完整	较破碎	破碎	极破碎

另一方面，对于测试得到的产状数据，可以获得结构面产状与岸坡产状之间的关系，作为现状稳定但未来可能会产生变化的岸坡，结合边坡工程岩体质量指标计算方法，对结构面的影响进行修正(表 6-2)。

表 6-2 结构面产状与岸坡产状的组合关系

结构面产状及其与岸坡产状的组合关系	结构面走向与岸坡走向的夹角小于 30°，结构面倾角 30°～75°	结构面走向与岸坡走向的夹角大于 60°，结构面倾角大于 75°	其他组合
K	0.4～0.6	0～0.2	0.2～0.4

以连续法计算结构面间距时，间距集中分布在 0～0.538m 之间，间距为 0.177m 的组数最多；以非连续法计算间距时，间距集中分布在 0～1.4m 之间，间距为 0.4m 的组数最多。以 J_1 产状的结构面为例，共有 1113 组面(图 6-4)。

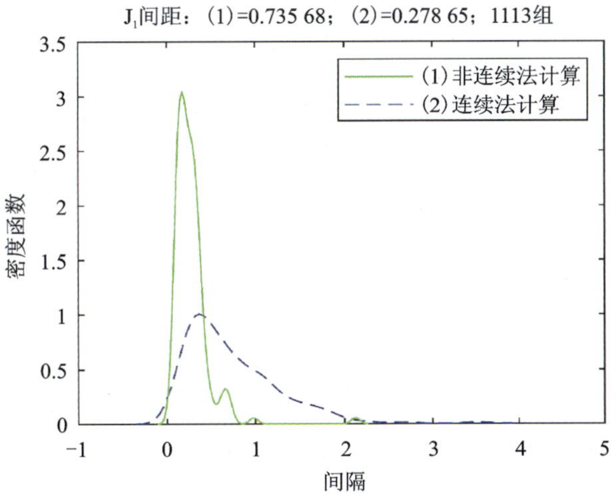

图 6-4 J_1 产状的结构面的非连续法计算间距和连续法计算间距

以 9 组结构面均为非连续性的情况来看，9 组结构面的间距分别为 0.735m，1.125m，1.024m，0.734m，0.916m，1.207m，1.113m，1.190m，0.997m。（图 6-5，表 6-3、表 6-4）。

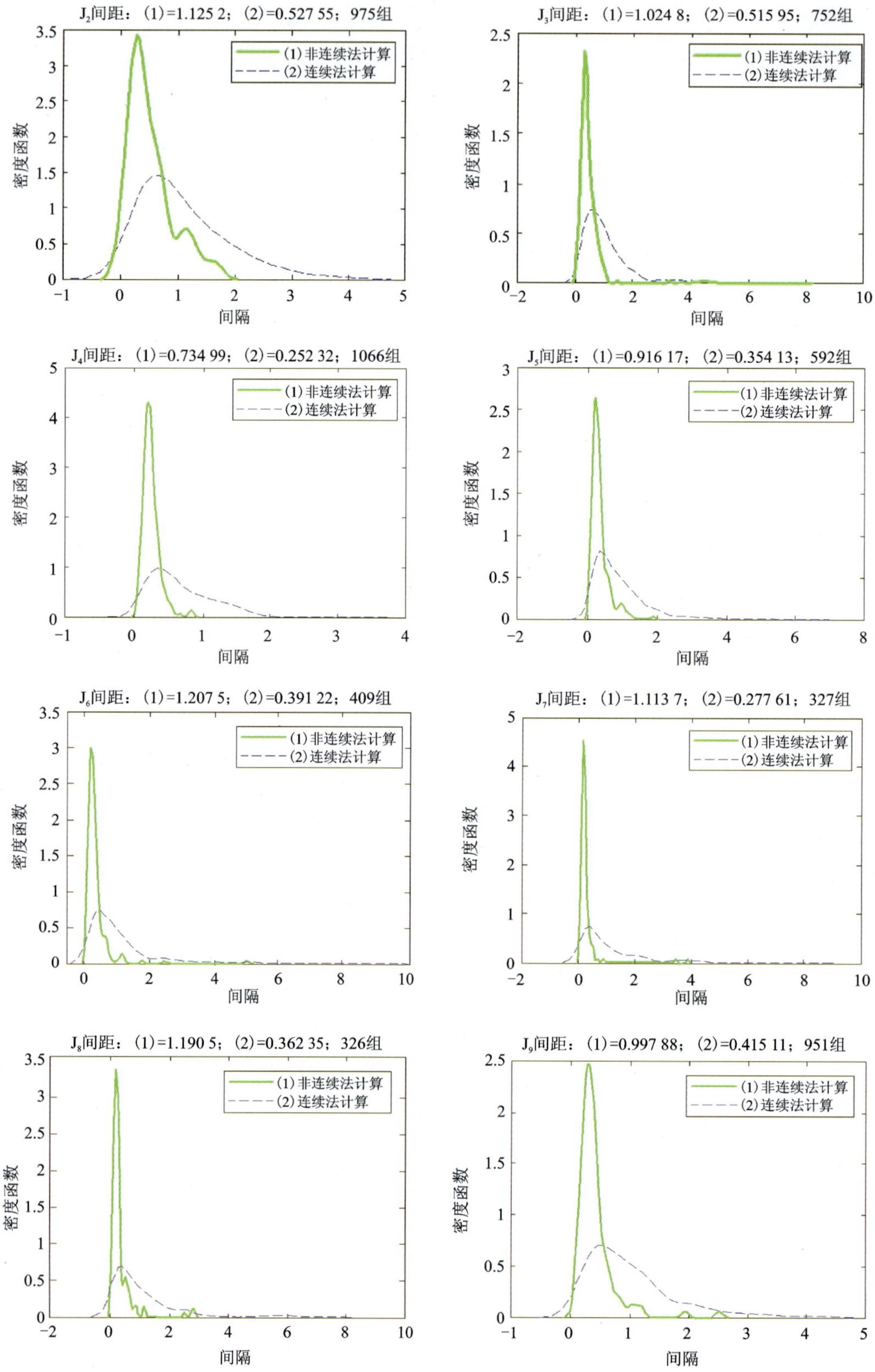

图 6-5　J_2～J_9产状的结构面的间距图

表 6-3 岸坡边坡各组结构面间距汇总

结构面编号	结构面数量/个	非连续情况结构面间距/m	完全连续情况结构面间距/m
J_1	1113	0.735	0.278
J_2	975	1.125	0.527
J_3	752	1.024	0.515
J_4	1066	0.734	0.252
J_5	592	0.916	0.354
J_6	409	1.207	0.391
J_7	327	1.113	0.277
J_8	326	1.190	0.362
J_9	951	0.997	0.415

表 6-4 节理组间距的岩体评分表(参照 RMR 评分)

节理间距/m	>2	0.6～2	0.2～0.6	0.06～0.2	<0.06
评分值	20	15	10	8	5

同样使用延展性计算工具对结构面的延展性进行计算，延展性计算结果以直方图的形式绘出。其中纵坐标代表概率密度函数，可以理解为分布频率，横坐标代表倾向方向与走向方向的延展长度。同样以结构面 J_1 为例(图 6-6)。

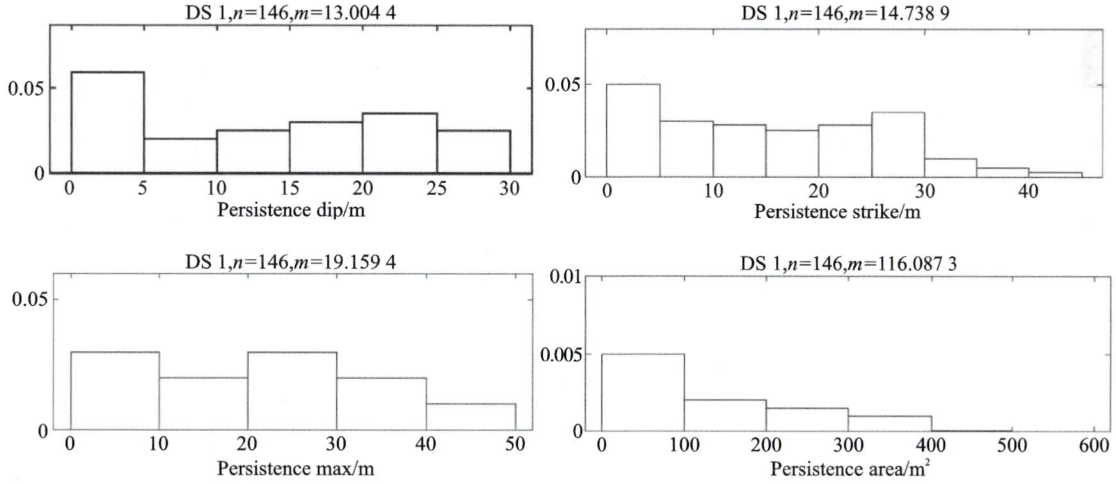

图 6-6 J_1 结构面延展性统计图

由图可知，J_1 倾向方向的延展长度集中于 0～30m 的范围，最大可达 30m，平均值为 13m；走向方向的延展长度集中于 0～30m 的范围，最长可达 45m，平均值为 14.7m；总长度最大可达 50m，面积以 0～200m^2 居多，最多可达 500m^2(图 6-7，表 6-5、表 6-6)。

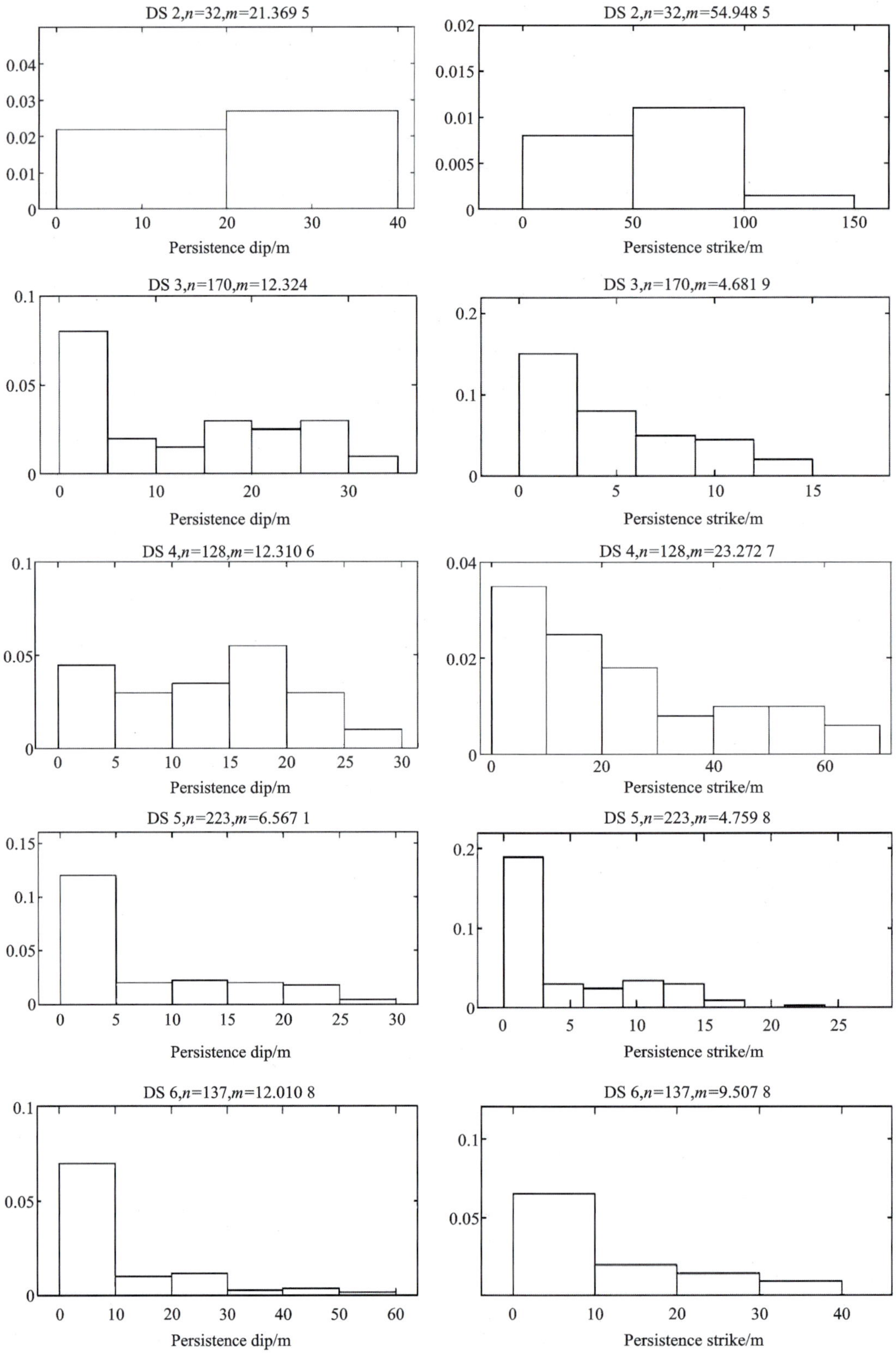
DS 2,n=32,m=21.369 5
Persistence dip/m
DS 2,n=32,m=54.948 5
Persistence strike/m
DS 3,n=170,m=12.324
Persistence dip/m
DS 3,n=170,m=4.681 9
Persistence strike/m
DS 4,n=128,m=12.310 6
Persistence dip/m
DS 4,n=128,m=23.272 7
Persistence strike/m
DS 5,n=223,m=6.567 1
Persistence dip/m
DS 5,n=223,m=4.759 8
Persistence strike/m
DS 6,n=137,m=12.010 8
Persistence dip/m
DS 6,n=137,m=9.507 8
Persistence strike/m

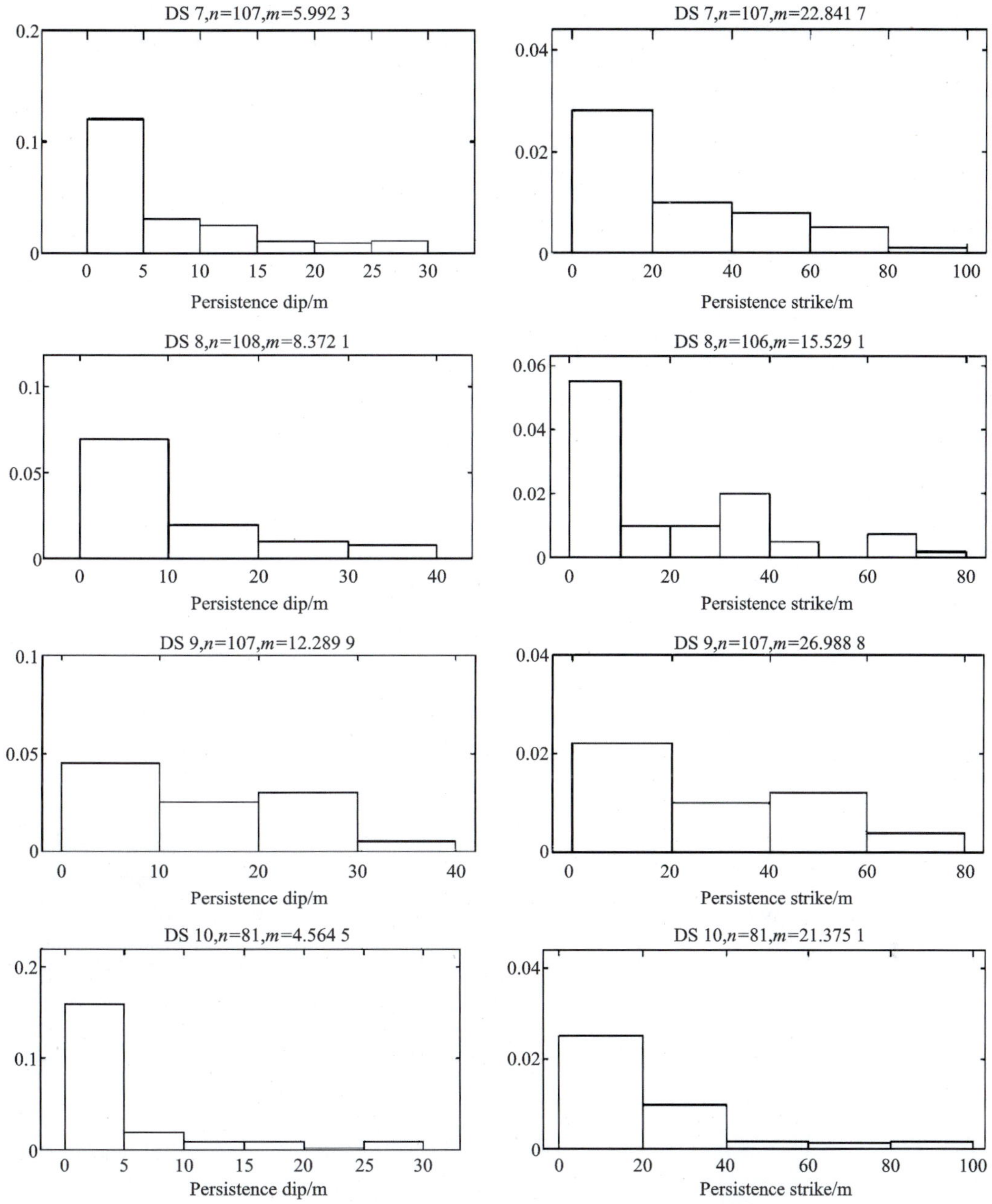

图 6-7 J_2～J_{10}结构面沿倾向方向及走向方向延续性统计图

表 6-5 结构面延展性描述

描述	延展长度/m	描述	延展长度/m
延展性很差的	＜1	延展性好的	10～30
延展性差的	1～3	延展性很好的	＞30
中等延展的	3～10		

表 6-6 节理状态的岩体评分值

节理状态	延展长度大于 30m	延展长度 10～30m	延展长度 3～10m	延展长度 1～3m	延展长度小于 1m
评分	25	20	15	10	5

除此之外，根据 Barton 提出的 JRC 标准剖面，按 10cm 作为一个基准，设置核半径为5.64cm，即 100cm²范围内取最佳拟合面，最后采用正态分布统计。根据结果可以计算测试区域内的起伏角 i（表 6-7）。

$$i = \arctan\left(\frac{2h}{L}\right) \tag{6-1}$$

表 6-7　平均起伏度评价

平均起伏差/cm	>1.9	0.89～1.9	0.44～0.89	0.09～0.44	0～0.09
起伏角 i/(°)	$20<i$	$10<i\leqslant 20$	$5<i\leqslant 10$	$1<i\leqslant 5$	$i\leqslant 1$
评分	25	20	15	10	5

6.2.1.3　基于三维激光扫描技术的岩体完整性评价方法

1）研究区环境概况

蟒蛇寨岸坡斜坡位于长江左岸巴东与秭归交界处泄滩乡附近，经纬度坐标为 E110°34′28″，N31°0′52″，该斜坡平面形态呈蛇头形，前缘面向长江，两侧被河沟切开，前缘标高约 145m，后缘标高约 202m，坡体最大总长约为 41m，最大宽度约为 18m，面积约为 740m²。该斜坡发育在三叠系九里岗组碎屑岩中，岩性为灰黄色砂质页岩，夹碳质页岩、煤层，中强风化，斜坡坡面产状约为 345°∠25°，岩层产状约为 324°∠31°，经现场观察该片区域主要存在两组范围的节理：①310°～360°∠60°～85°；②220°～260°∠60°～80°，斜坡地理位置如图 6-8 所示。

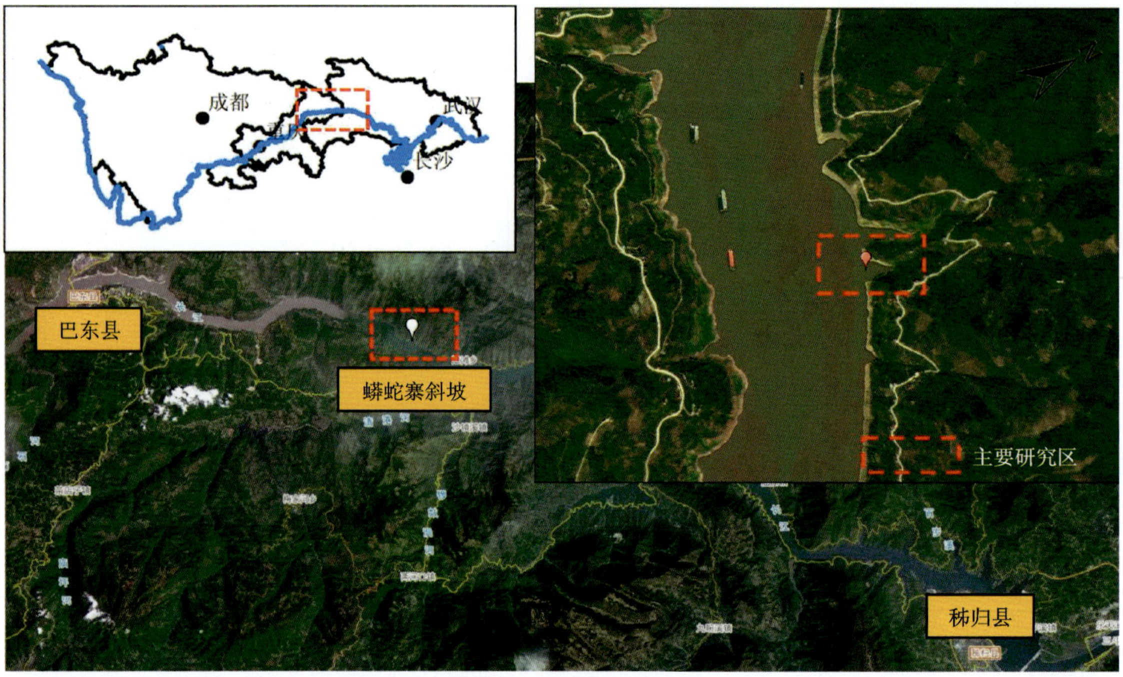

图 6-8　研究区位置图

观测部位为斜坡中下部消落带区域，主要识别区为黑色框线框选部位，该区域处于三峡库区消落带范围，长期经历库水周期性升降引起的“干湿循环”作用，岩体表面裂隙发育，存在多组相互垂直的结构面且均较陡，常发生小范围高坡掉块甚至岩体滑落，具体环境如图 6-9 所示。根据现场初步观察，该扫描区主要以层面、节理交错构成主要结构区域，节理裂隙分布在各个层面中但数量较少，是以层面结构为主导的岩体，扫描研究区局部如图 6-10 所示。

图 6-9　蟒蛇寨斜坡现场图

图 6-10　扫描研究区局部图

本书将通过三维激光扫描对斜坡出露的岩体进行分析，分割其结构面，计算其发育结构面的产状、平均间距、延展性以及面积，同时统计计算分布在扫描区的节理信息，对蟒蛇寨斜坡研究区进行岩体完整性和稳定性评价。

2)数据采集与预处理

本次采用的扫描仪是一个集高分辨率相机、倾斜仪、指南针、GPS 接收器于一体的高智能型三维激光扫描仪，主要有 3 种扫描模式，分别为高速 TLS-250、灵活 TLS-750 和远程 TLS-1600，在恶劣环境中同样能发挥较好的性能，其性能参数如表 6-8 所示。

表 6-8　三维激光扫描仪参数表

扫描仪参数	扫描仪指标
测距方式	脉冲式
扫描特点	最大垂直视场角度 120°(−45°～+75°)
	最大水平视场角度 360°
	最小角步大小(垂直)12μrad
	最小角步尺寸(水平)20μrad
角度分辨率	12μrad
添加的传感器	倾斜传感器、GPS、指南针、铅垂线

(1)点云数据采集。

为了全面准确获取蟒蛇寨斜坡岩体点云数据，完成现场勘探后，确定了以蟒蛇寨斜坡正对面的岸边作为站点，以单点扫描的方式即可满足获取斜坡数据的需要(图 6-11)，现场作业过程如下。

①在站点放置扫描仪，完成调平工作并开机。确定所处方位，记录正北方向，扫描仪内置的电子罗盘在内业处理下角度精度为±1°，可以满足现场应用。

②设置最大扫描距离。经估计站点与边坡间距小于 1000m，故选择 TLS-750 模式。

③粗扫描。设置垂向扫描角度为水平面上下 30°，水平扫描角度为 120°，设置采样间隔为 10mm，点云数约为数百万，并检查角度范围是否完整包含研究区。

④精扫描。检查数据过后扫描范围没有问题，延续粗扫描角度设置，设置采样间隔为 5mm，最终获得点云数约为数千万，得到需要的精细点云数据。

(2)点云数据预处理。

将扫描获得的原始数据首先进行初步删减，获取主要研究区点云数据，再利用 KD-tree 最邻近搜索的体素下采样完成处理，获得精简后的扫描研究区点云数据。未处理的点云如图 6-12所示，蟒蛇寨斜坡

图 6-11　现场布设扫描图

扫描研究区点云数据长(x)为 26.1m,高(z)为 15.34m,厚度(y)为 6.73m,点云数量为 26 200 950 个,采样间隔为 5mm,根据点云信息设定最邻近体素下采样参数 $i_{\min}=0.005$,得到蟒蛇寨研究区下采样点云如图 6-13 所示,点云数据量为 2 376 396 个。

图 6-12　蟒蛇寨未处理点云数据图

图 6-13　蟒蛇寨扫描研究区下采样点云数据图

(3)点云数据识别与分组。

根据前文采样完成后的点云数据，综合考虑识别质量及计算速度，使用本书提出的稳健随机Hough变换法向量差值区域生长以及特征参数区间着色的节理识别方法对下采样蟒蛇寨扫描研究区点云进行识别分割，最终采用表6-9的参数设置，不同类型结构面识别结果如图6-14和图6-15所示。

表6-9　下采样蟒蛇寨扫描研究区点云识别计算最终参数

计算参数设置	参数值
搜索邻域(点数)(K)	500
角度阈值(θ_{th})	2.5°
表面变化度阈值(SV_{th})	2
最大计算平面(T_{max})	700
储值容器角度范围(n_{Phi})	15
储值容器旋转次数(n_{Rot})	5
精确聚类角度阈值	90°
最小聚类点数(C_{min})	60

图6-14　蟒蛇寨研究区点云法向量示意图

图6-14为法向量示意图，可以看到研究区不同块体的分布状态；图6-15中不同的颜色区域代表不同的不连续面，白色连续线代表连续性较高、分割程度较强的节理裂隙。研究区识别总结构面数为125，尤其对存在复杂边界的不规则岩体具有较完整的识别结果，同时包含了少量实际面积很小的细微变化面，识别出了连续性较高且分割程度较深的节理裂隙，忽略了较多细微部分。

图 6-15　蟒蛇寨研究区点云结构面识别提取图

对图 6-15 中研究内识别的主要结构面进行分割提取统计，其中节理裂隙 71 条，不连续面 54 个。考虑斜坡状态与主要结构面数目，为了更好地表示研究区结构面分布状态，绘制结构面产状极点分布图，如图 6-16 所示。经统计，该斜坡研究区结构面主要产状范围大致为 330°～350°∠20°～40°，225°～255°∠60°～80°，320°～355°∠80°～85°，分为 2 组主要节理面 J_1、J_2 和1 组主要层面 C_1，其平均产状分别为：①346.1°∠82.97°；②246.3°∠68.66°；③342.4°∠31.4°；主要节理裂隙组存在 3 组（L_1～L_3），平均产状分别为：①250.51°∠82.07°；②341.3°∠30.6°；③247.89°∠67.7°。

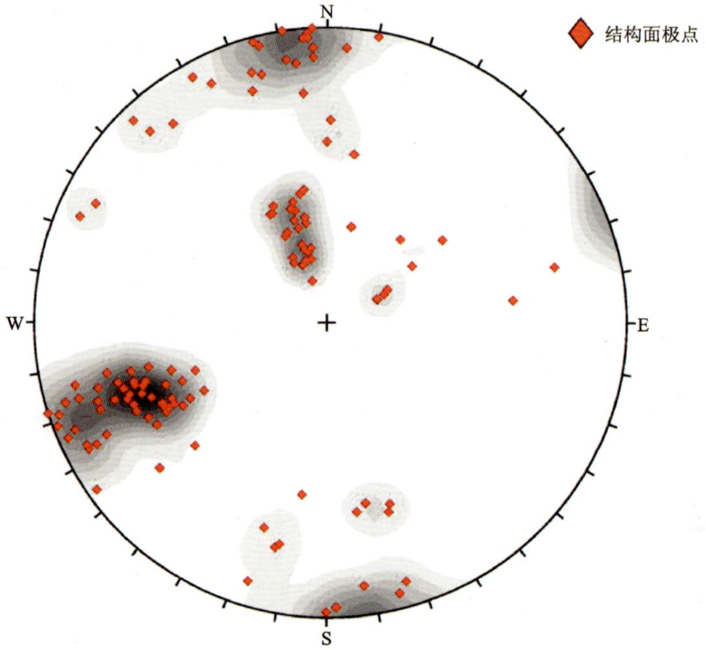

图 6-16　结构面产状极点分布图

3)基于结构面特征的岩体完整性分析

(1)结构面间距计算结果。

间距计算结果如图 6-17 所示,具体统计信息如表 6-10 所示。图 6-17 中,*Y* 轴坐标表示点云密度分布,*X* 横坐标表示间距。J_1、J_2 和 C_1 的间距分布如下:J_1 集中分布在 0.2～1m,最大间距为 7.3m,平均间距为 1.31m;J_2 集中分布在 1～2m,最大间距为 5.1m,平均间距为1.61m;C_1 集中分布在 0～1m,最大间距为 8.1m,平均间距为 1.16m。其中,J_1、J_2 中的结构面数量最多,平均间距更大,以大面积为主且分布范围较广,C_1 多为小面积结构面且分布较分散。

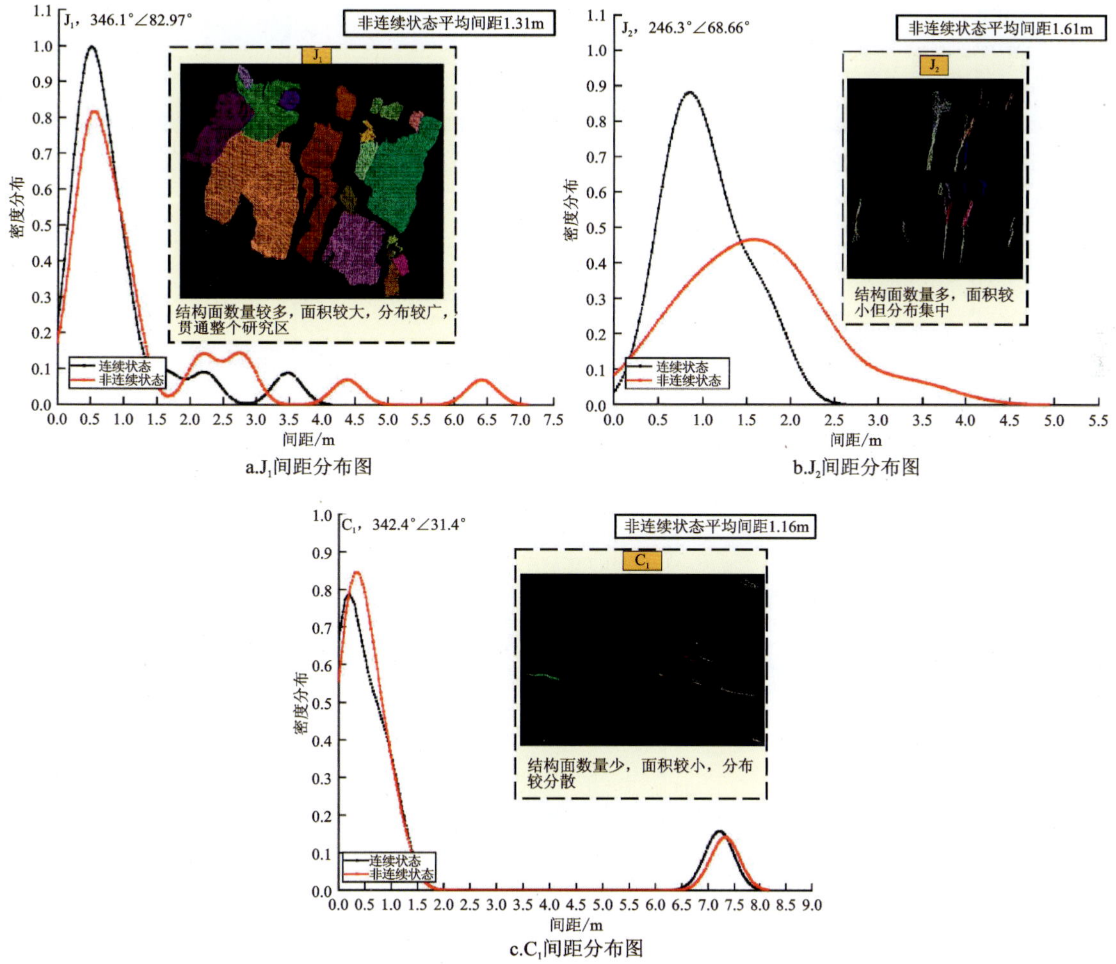

图 6-17　不同组结构面间距分布

表 6-10　各组结构面间距汇总

结构面编号	结构面数量	非连续情况间距/m	完全连续情况间距/m
J_1	21	1.31	0.93
J_2	22	1.61	0.87
C_1	6	1.16	1.14

(2)结构面延展度计算结果。

延展度结果如图 6-18 所示,其中横坐标表示延展度的长度区间,纵坐标表示不同延展度区间内的点云占比,具体统计表如表 6-11 所示。在 J_1、J_2 和 C_1 中,J_1 平均延展度为 7.04m,最大达 20m 左右,平均面积范围为 26.82m^2；J_2 平均延展度为 5.31m，最大达 20m 左右，平均面积范围为 12.76m^2；C_1 平均延展度为 1.31m，最大达 3m 左右，平均面积范围为 0.6m^2；其中 J_1、J_2 存在最大单一结构面，分别分布在 100～150m^2 与 30～40m^2 面积区间内，根据延展度判断要求，得出 J_1 和 J_2 拥有中等延展性，C_1 延展性较差。

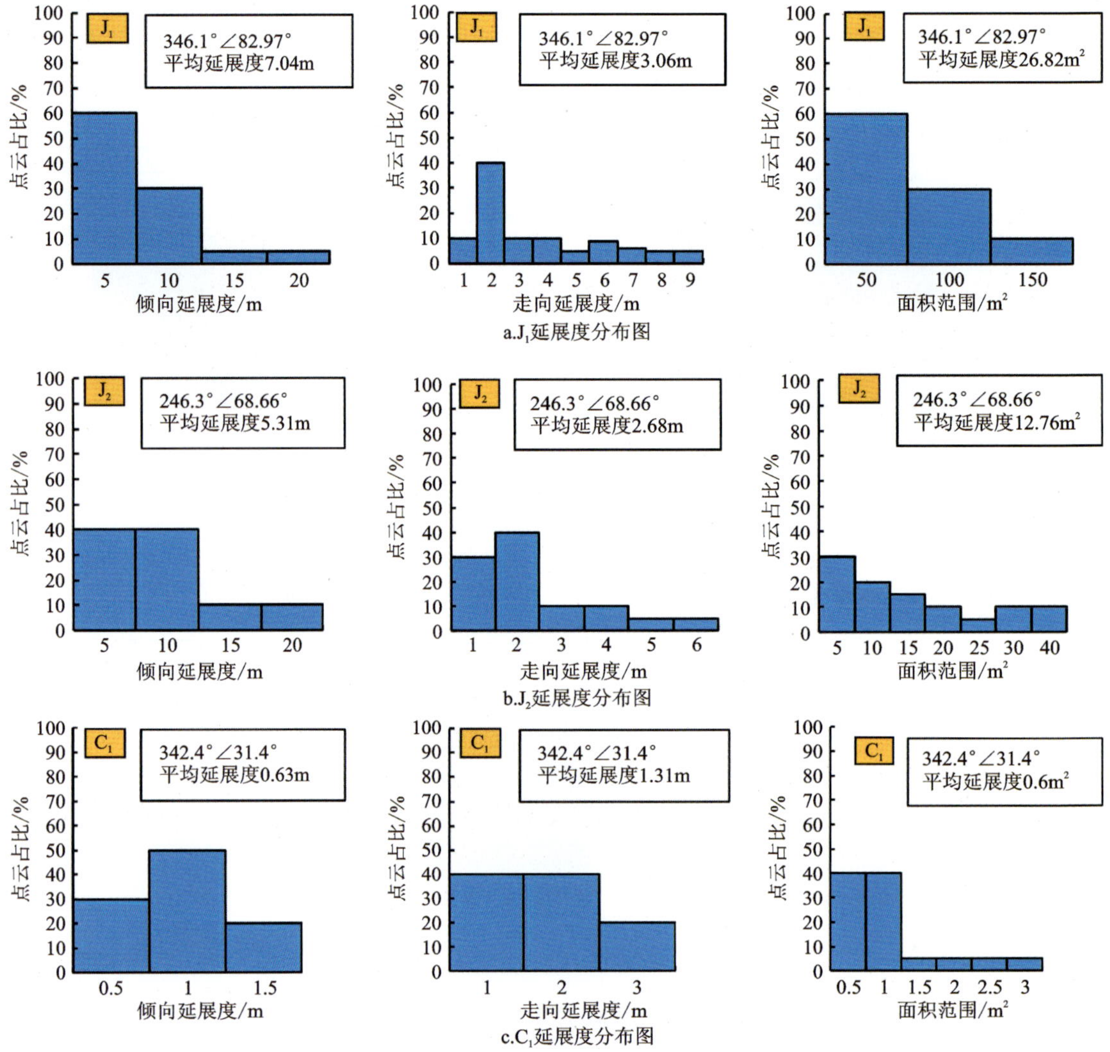

图 6-18　不同组结构面延展度分布

表 6-11　不同组结构面延展度汇总

结构面编号	结构面数量/个	倾向延展度/m	走向延展度/m	面积延展范围/m^2	延展性评价
J_1	21	7.04	3.06	26.82	中等延展性
J_2	22	5.31	2.68	12.76	中等延展性
C_1	6	0.63	1.31	0.6	延展性较差

(3)结构面面积计算结果。

根据提出的面积计算原理，提取该研究区域各个结构面的边界轮廓，如图 6-19 所示，同时统计该研究区域结构面面积数据如表 6-12 所示。

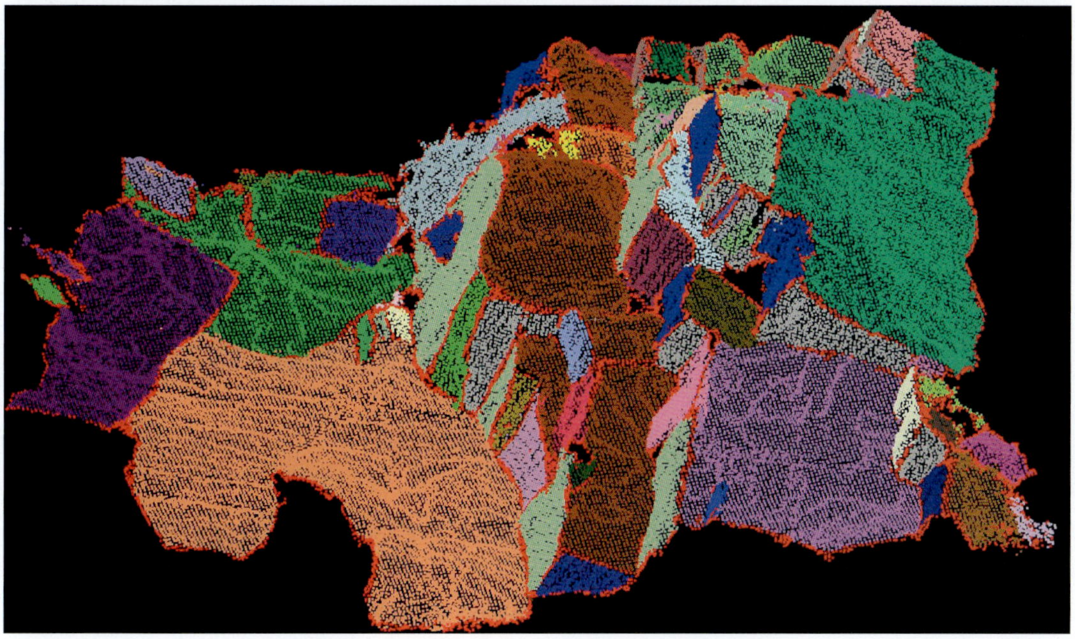

图 6-19　蟒蛇寨研究区域结构面轮廓边界图

表 6-12　不同组结构面面积信息汇总

结构面编号	结构面数量/个	最大面积/m^2	最小面积/m^2	结构面组总面积/m^2
J_1	21	128.48	1.37	361.53
J_2	22	38.73	0.42	120.08
C_1	6	2.89	0.37	10.88

可以看到 C_1 以小型面为主，结构面组总面积较小；J_1、J_2 均为大型面分布，其中 J_1 面积最大，为 361.53m^2，组内最大结构面面积达到 128.48m^2；J_2 则面积稍小且主要以中小型面为主，为 120.08m^2。

(4)节理裂隙参数计算结果。

采用上述节理裂隙参数计算方法对所识别节理裂隙进行计算统计。由于不同产状遍布整个区域，但其主要存在位置在所识别出的结构面组 J_1、J_2、C_1 附近，因此采用 3 组不连续面的总面积作为蟒蛇寨扫描研究区该空间范围内的节理裂隙区域面积，根据计算统计，节理裂隙组 L_1～L_3 参数结果分别如表 6-13所示。

表 6-13　节理裂隙参数统计表

节理	识别节理参数						
	节理个数	张开度/cm	间距/m	总长度/m	区域面积/m^2	节理裂隙长度密度/($m \cdot m^{-2}$)	节理裂隙个数密度/(个·m^{-2})
L_1	10	3～8	0.98	16.56	492.49	0.033 6	0.020 3
L_2	18	3～8	1.03	40.41		0.082 1	0.036 5
L_3	14	2～8	1.27	20.26		0.041 1	0.028 4
总计	42	2～8	1.093	77.23		0.156 8	0.085 2

可以看到 $L_1 \sim L_3$ 张开度在 2～8cm 的范围，整体以宽张节理裂隙为主，每组间距平均分布在 1.09m。该研究区域整体节理裂隙长度密度为 0.156 8m/m²，区域内节理裂隙较短，节理裂隙个数密度为 0.085 2 个/m²，分布较稀疏，数量较少，其中 L_2 中节理裂隙数最多，总长最长，区域密度最大，属于该区域的主要节理裂隙组。

4)蟒蛇寨斜坡岩体完整性评价

依据获得的结构面完整性信息和不同组结构面与斜坡在空间中的交割关系，对蟒蛇寨进行岩体完整性评价和斜坡稳定性评价。

根据现场调查，蟒蛇寨研究区斜坡整体较完整，以层面结构为主，多节理面交错分布，少量节理裂隙分布面中，主要岩性为三叠系九里岗组碎屑岩，包含灰黄色砂质页岩及夹碳质页岩等，表层属中强风化区同时伴随库水较强的岩溶作用，可以看到斜坡体层面分明且存在较多溶蚀裂缝，局部区块还存在碎屑堆积体。根据所提取的结构面信息，该研究区域共发育 2 组节理面 J_1、J_2，1 组层面 C_1 与 3 组节理裂隙 $L_1 \sim L_3$，其中 J_1、J_2 为陡倾节理面，且层面较大，数量较多，平均间距在 1.5m，走向、倾向延展性均较强，分布于整个空间，发育程度高，属于该区域的主要控制面；C_1 结构面短小，数量少，发育程度较低，与坡面产状基本一致，属于该区域层理面；L_1、L_2、L_3 节理裂隙迹线长，具有一定的分割作用，其中 L_2 数量最多，长度最长，密度最大，是区域内最为突出且起到主要分割作用的节理裂隙组。

经过对所提取结构面信息统计计算，得出粗糙度 $Sa_{3D}=0.02$，块体体积为 $V_{3D}=40.08\text{m}^3$ 及连通率 $PRB_{3D}=0.87$，最终得到该研究区域各项评价指标参数值与评分值如表 6-14 所示。

表 6-14　蟒蛇寨扫描研究区评价参数统计

指标参数	参数平均值	权值分布	区域参数	区域参数值	$DRMR_{3D}$
结构面组数(N_{3D})/组	6	17.5	R1	0	61.81
结构面延展度(L_{3D})/m	7.04	7.5	R2	0.475 7	
结构面间距(S_{3D})/m	0.93	12.5	R3	0.654 9	
粗糙度(Sa_{3D})	0.02	12.5	R4	0	
块体体积(V_{3D})/m³	40.08m³	37.5	R5	1	
连通率(PRB_{3D})	0.87	12.5	R6	1	

根据上述所计算数据，最终获得 $DRMR_{3D}=61.81$，评价结果位于第Ⅲ等级，结构面较破碎，研究区内局部稳定，完整性一般。根据结构面完整性信息以及斜坡产状绘制带有主要结构面分布的赤平投影图如图 6-20 所示。

考虑结构面与斜坡间交割关系，通过赤平投影图对斜坡稳定性进行初步判断。由图 6-20 可知，仅坡面与 J_2 交点、J_2 与 C_1 交点位于斜坡投影弧同侧，且交割线与斜坡坡面倾向相近，同时交割线倾角接近斜坡倾角，其余交割线倾向均与坡面倾向存在较大差异。综上所述，斜坡块体受多组结构面组合影响，坡面存在较不稳定块体，但主要控制面难以形成不稳定切割，因此该区域处于较稳定状态。

综上所述，该区域优势结构面为 J_1、J_2，斜坡岩体完整性一般，以层面结构为主体，不同结构面组合对岩体形成一定程度的切割，主要层面、节理面及节理裂隙两两之间构成了少量不利组合，可以为斜坡后续失稳提供条件，但目前优势结构面难以构成危险交割关系，未影响到整体的稳定性。

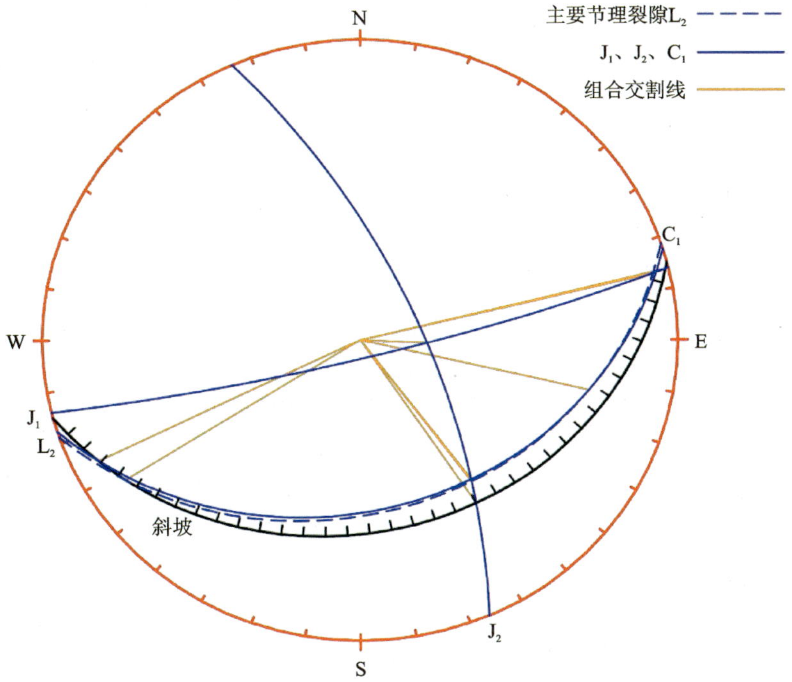

图 6-20 斜坡赤平投影图

6.2.1.4 适用性分析

虽然三维激光扫描仪的有效扫描半径很大，但是在实际工作中由于受到外界条件的限制，并不能达到最大有效扫描半径或者在最大范围附近工作时精度不能完全保证。因此在实际作业中，一般要求扫描时两个相邻站点的空间距离不应大于扫描系统的最佳工作范围。如果激光扫描方向与被扫描目标物体间存在一定的夹角时，可能会加大扫描的误差，因此在布设扫描站点时，应尽量避免扫描被测物体时倾角过大。各种研究表明，在各个扫描站点之间保证 20％～30％的重叠度，能够保证不同站点间拼接的最低要求和点云数据的完整性，但是数据的重叠度也不是越大越好，这是由于同一个扫描站点内的扫描数据相对精度要高于站点间配准后重叠的点云数据。若数据重叠度过大，不仅会增加外业工作量，而且进行内业过程时需要对重叠区域的数据进行融合处理。

结构面的智能识别主要获取的数据包括结构面的产状和岩体体积节理数，获取岩体体积节理数结合岩体完整性系数与岩体体积节理数的对应关系，对岩体的完整程度做出评价，并根据完整程度划定劣化程度；通过等极点分布图、极限赤平投影图、玫瑰图等对获取的结构面产状信息进行统计，根据多次产状信息对比，体现边坡的变形变化。该种方法的优势体现在通过获取的点云信息，一是可以对岩体完整性直接做出评价，二是通过结构面产状的统计数据变化，可以明确哪部分产生了较大变形，劣化程度较大，相对于提取结构面信息，操作较简单。但是该方法对点云所包含的信息要求较严格，坡体结构面较清晰，结构面数量多，结构面产状变化较大时可以适用，但是当结构面与扫描站点的方位关系不在最佳扫描状态时，扫描出来的结构面信息会与实际结构相差较大。

变形位移量是采用多组岸坡表面点云图进行比较，得出三维方向上的位移变形量。这种方法适用范围比较广，操作简单，可以直观地看到边坡的微小变形。获取多期点云数据之后，经过简单的预处理，再直接进行比较分析即可。但是这种方式的劣势也很明显，主要体现在数据量大，数据类型单一。该种方法在存在明显变形的岸坡适用性较好。

6.2.2 钻孔测试技术

6.2.2.1 原理

1)单孔声波测试

单孔一发双收声波测井是利用沿钻孔井壁传播的超声波来检测不同深度井壁的声速和信号衰减情况,进而对钻孔不同深度处介质的特性及是否存在缺陷进行检测(图 6-21)。

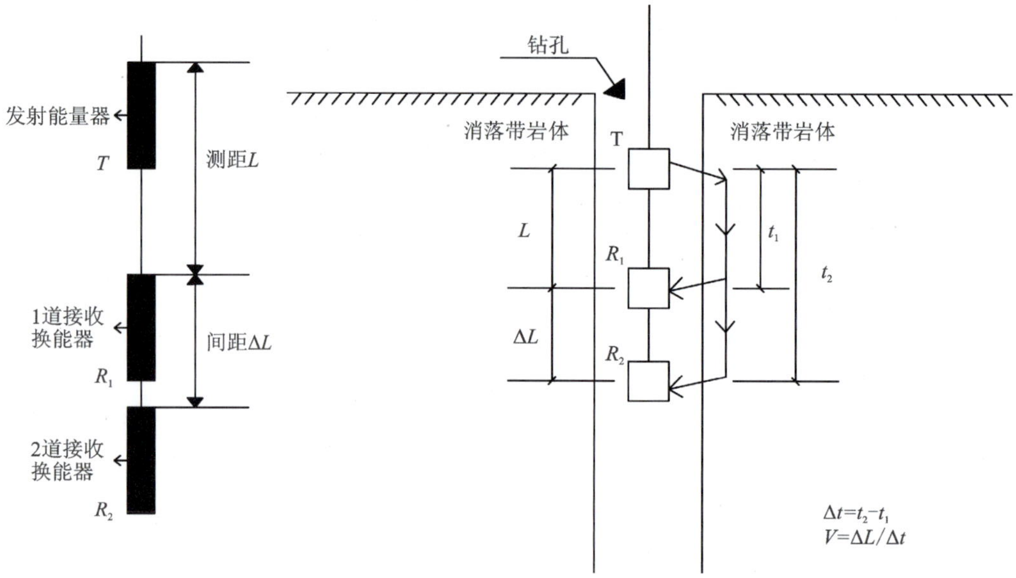

图 6-21 单孔声波测试原理

2)钻孔成像技术

光学成像探头可以实时成像观测,直观地显示孔中围岩的状态,适合在清水孔作测试。如图 6-22 所示,可以直观地看出围岩的裂隙和产状等。可以直观地看出裂隙发育明显,根据实际情况条件增益显示,使图像更加清楚。

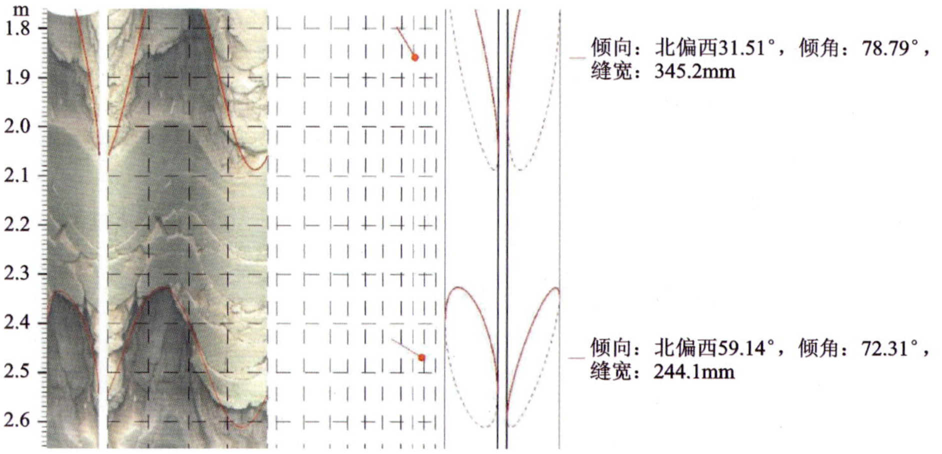

图 6-22 钻孔成像图

声学成像探头,从井壁发射回来的声波信号振幅和走时作为独立的图像被同时记录下来。裂隙等特征会降低反射幅度并在测井记录结果中显示为暗色的正弦轨迹。图像显示较为直观,可以通过条件增益,使画面更加清晰。左边为 360°展开视图,右边为不同方位的 3D 视图(如在同一层位,可以和光学成像有良好的对应)。

6.2.2.2 实例应用

卡门子湾滑坡附近的水平钻孔声波测试结果表明，在孔口风化程度较高的位置声波波速明显较慢，存在裂隙或者结构面切割岩体的位置波速也会较慢，声波测试结果与岩心的局部断裂分布特征基本一致(图 6-23)。

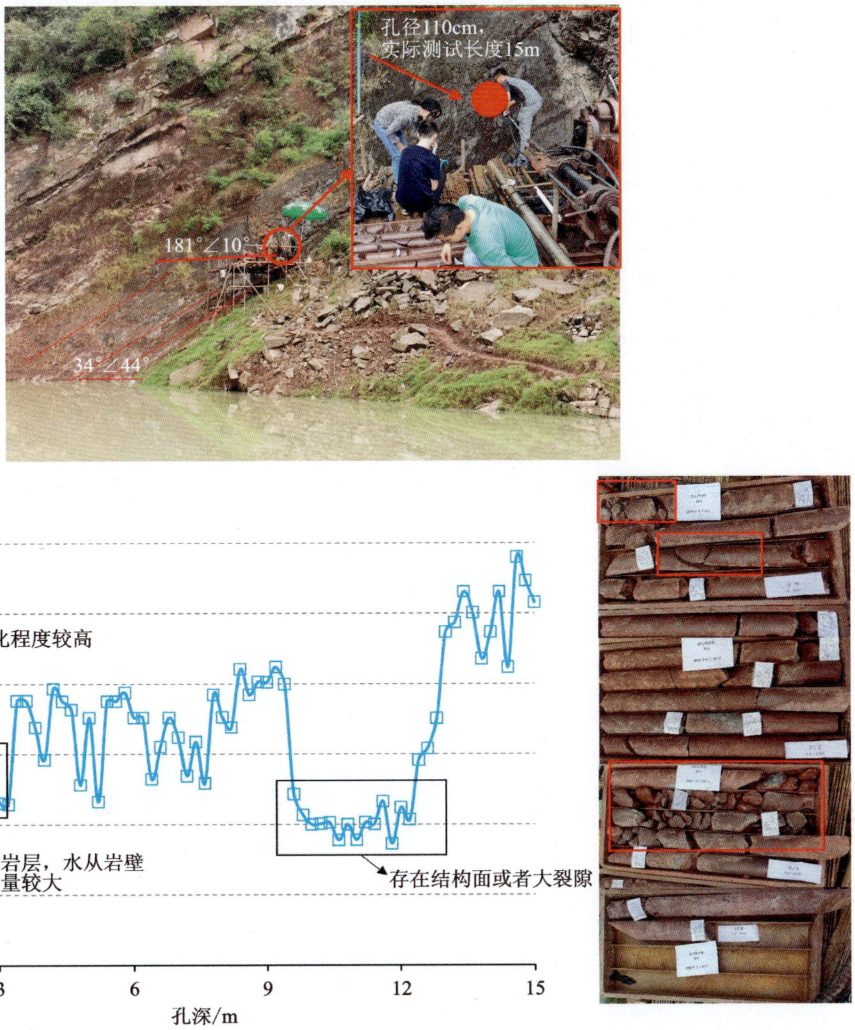

图 6-23 卡门子湾滑坡附近的水平钻孔声波测试

千将坪滑坡附近的水平钻孔声波测试结果表明，在孔口风化程度较高的位置声波波速明显较慢，存在软弱夹层的位置波速也会较慢，穿越层理面时，岩心破碎，钻孔也容易塌孔，导致测试长度偏短，已有的声波测试结果与岩心的局部断裂分布特征一致(图 6-24)。

泄滩河渡口附近的水平钻孔声波测试结果表明，水平孔穿越岩体层面时波速整体偏慢，尤其是在层面断开或者含有夹层的位置波速变化较大，水平孔穿越岩体层面时，层面胶结能力弱会导致波速测试的结果整体偏低，波速测试的结果不能准确表征该段内岩体自身性质的改变(图 6-25)。

青干河大桥北桥头岸坡段位于支流青干河左岸，在千将坪滑坡东侧青干河大桥北侧桥头下游附近。该岸坡较平顺，平面形态呈“一”字形分布，并且该岸坡段长约 585m，所处斜坡坡向约为 150°，坡面角平直，坡度较陡，坡度约为 42°，如图 6-26 和图 6-27 所示。其中，高程在 175m 以上岸坡被天然林木所覆盖，植被生长较茂密；高程在 145～175m 间的水位消落区岸坡局部表层被 1～2m 厚的第四系松散堆积物所覆盖，且覆盖层下部为粉砂质泥岩和石英砂岩互层的碎屑岩。

图 6-24　千将坪滑坡附近的水平钻孔声波测试

图 6-25　泄滩河渡口附近的水平钻孔声波测试

图 6-26　现场实况

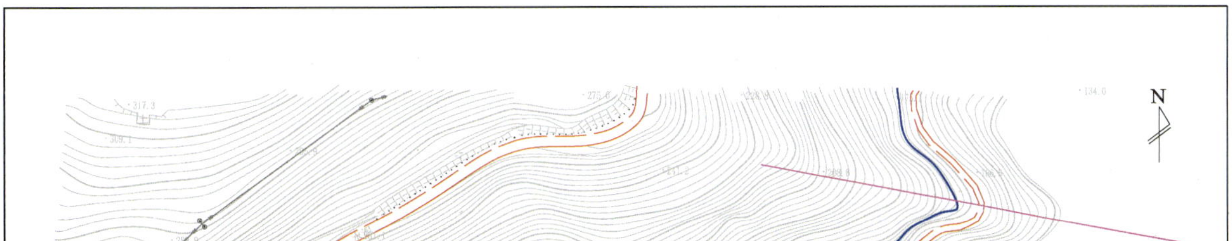

图 6-27　岸坡平面图

经过现场勘查发现，高程位于 145～175m 的消落带表层被 1～2m 厚的第四系松散堆积物所覆盖，且该岸坡段局部可见宽度为 2～4m、长度为 3～5m、厚度为 0.5～1.0m 的表层土质岸坡再造形成的小坍滑。同时，由于该岸坡岩性为含有大量黏土矿物的碎屑岩，且黏土矿物具有吸水膨胀崩解的特性。因此，该岸坡在经过库水长期作用后将会存在软化崩解的可能性；并且岸坡的外倾裂隙在经历库水掏蚀作用以及逐年风化侵蚀作用后将进一步产生碎裂，尺寸将进一步加宽，存在形成顺层滑坡的可能性；该段岸坡地层岩性及斜坡结构类型与千将坪滑坡类似，在极端条件下存在形成类似滑坡的可能性。因此，将该岸坡段定为劣化较强烈的亚段，并对其现场钻孔取样进行分析（图 6-28～图 6-30）。

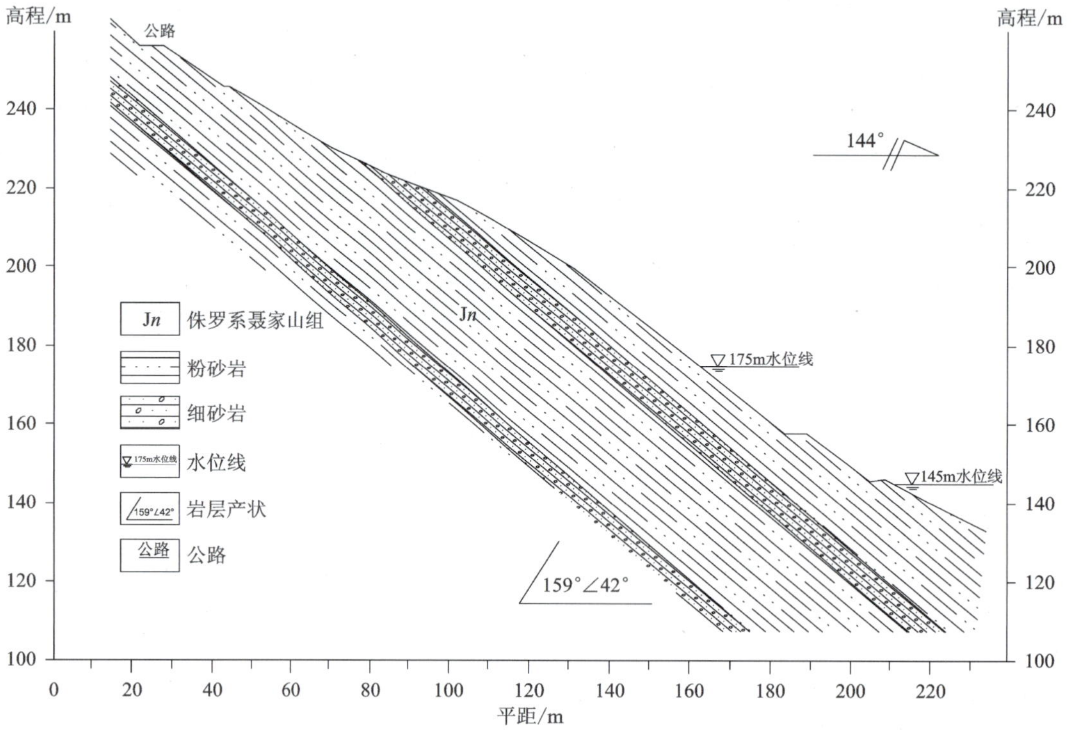

图 6-28　钻孔剖面图

图 6-29　ZK2 钻孔岩心

钻孔高程为 148.6m，钻孔深度 30m，井下电视可视深度为 12.6m，取 10m 进行钻孔分析。消落带区范围内以粉砂质泥岩为主，岩体较破碎，岩体整体波速低，在 2000～2500m/s 范围波动。天然粉砂质

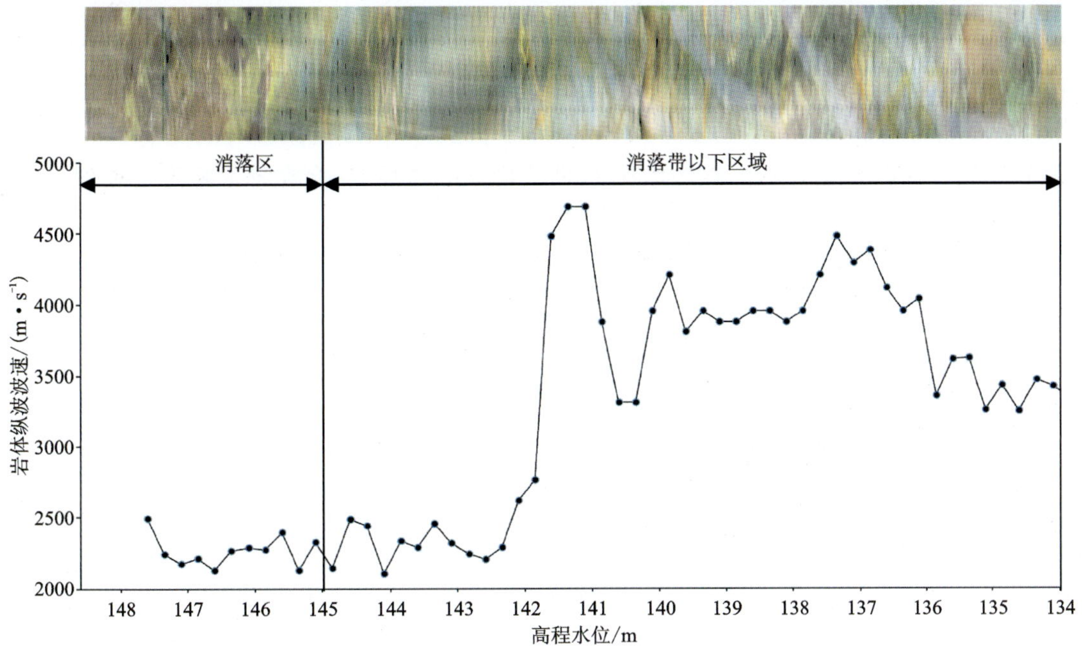

图 6-30 钻孔内声波测试和钻孔摄像测试结果

泥岩岩体的纵波波速为 2170～2245m/s，平均值为 2208m/s。消落带以下区域岩体波速在 141～142m 范围处呈现波速陡然上升显示，因为在此处岩性发生变化。岩体波速在后续逐渐稳定，在 4000m/s 上下波动。天然长石石英砂岩体的纵波波速在 2103～4690m/s 范围内，平均值为 3 746.25m/s；而天然粉砂质泥岩岩体的纵波波速为 2170～4482m/s，平均值为 3334m/s。利用同种岩性岩体的波速与岩石的波速表征岩体完整性以及受库水变化产生的劣化效应如表 6-15 所示。

表 6-15 岩体等级

岩性名称	各岩性段深度范围/m	波速范围/(m·s^{-1})	平均波速/(m·s^{-1})	岩石波速/(m·s^{-1})	K_v 值区间	K_v 值等级	K_v 值等级描述
粉砂质泥岩	1.00～2.75	2170～2245	2208	4300	0.25～0.27	Ⅱ	岩体破碎
长石石英砂岩(夹泥岩)	2.75～6.50	2103～2619	2300	5500	0.15～0.23	Ⅱ	岩体破碎
长石石英砂岩	6.50～8.00	2763～4690	3968	5500	0.25～0.73	Ⅲ	岩体较破碎
粉砂质泥岩	8.00～10.00	3306～4482	3975	4300	0.59～1.09	Ⅴ	完整

钻孔测试的结果表明，粉砂质泥岩在消落带内的波速明显低于 145m 以下区域的波速。消落带内，在距孔口 0.999～1.362m 的位置存在明显岩石碎裂层，在距孔口 2.4m 的位置存在一条微裂隙，裂隙产状为倾向南偏西 17.37°，倾角 51.41°，钻孔岩心在对应位置直接断开；在距孔口 3.1m 的位置存在一条明显的原生裂隙，裂隙产状为倾向北偏西 3.97°，倾角52.18°，裂隙宽度约为 5.9mm。在距孔口3.754～4.079m 的位置存在明显岩石碎裂层；在距孔口 7.119～7.727m 的位置存在严重的岩石碎裂层。

消落带以下区域内的长石石英砂岩也存在较大差异，与粉砂质泥岩交界处的砂岩含量明显偏低，是岩性组成改变和裂隙共同作用的结果。在距孔口 8.0m 的位置存在一条明显的原生裂隙，裂隙产状为倾向南偏西 22.66°，倾角 30.69°，裂隙宽度约为 20.2mm；在距孔口 9.9m 的位置存在一条明显的原生裂隙，裂隙产状为倾向北偏东 54.22°，倾角 45.52°，裂隙宽度约为 32.0mm。

6.2.2.3 基于钻孔成像特征的岩体完整性评价方法

1)基于钻孔图像的岩心分类

钻孔岩心受到机械扰动的影响，常导致岩心断裂与磨损，使得根据钻孔岩心计算的岩体完整性RQD与原岩的完整性存在差异。根据钻孔岩心和钻孔图像的特征与反映的完整性情况，将岩心进行分类，可分为以下5种情况。

(1)岩体内部完整性极好，对应的岩心也是完整的，无裂隙与层理面发育，RQD值接近最大值1，RQD与原岩的完整性一致，如图6-31a所示。

(2)岩体内部结构面发育，且结构面基本与钻孔垂直，岩心基本沿结构面断裂，呈块状，RQD与原岩的完整性一致，如图6-31b所示。

(3)岩体内部结构面密集发育，且基本与钻孔垂直，岩心沿结构面断裂，呈碎裂状，对应的RQD值较小或接近0，RQD与原岩的完整性一致，如图6-31c所示。

(4)岩体内部完整，偶见不连续结构面，钻机成孔过程中的扰动导致产出岩心破碎，RQD值计算结果偏小，不能准确反映原岩的完整性，如图6-31d所示。

(5)岩体内结构面发育，钻孔轴线与结构面相交角度较小，钻孔产出岩心极为破碎，这种情况即使只有一条裂隙，也能产生大量的破碎岩心，计算的RQD值极小或接近0，不能准确反映原岩的完整性，如图6-31e所示。

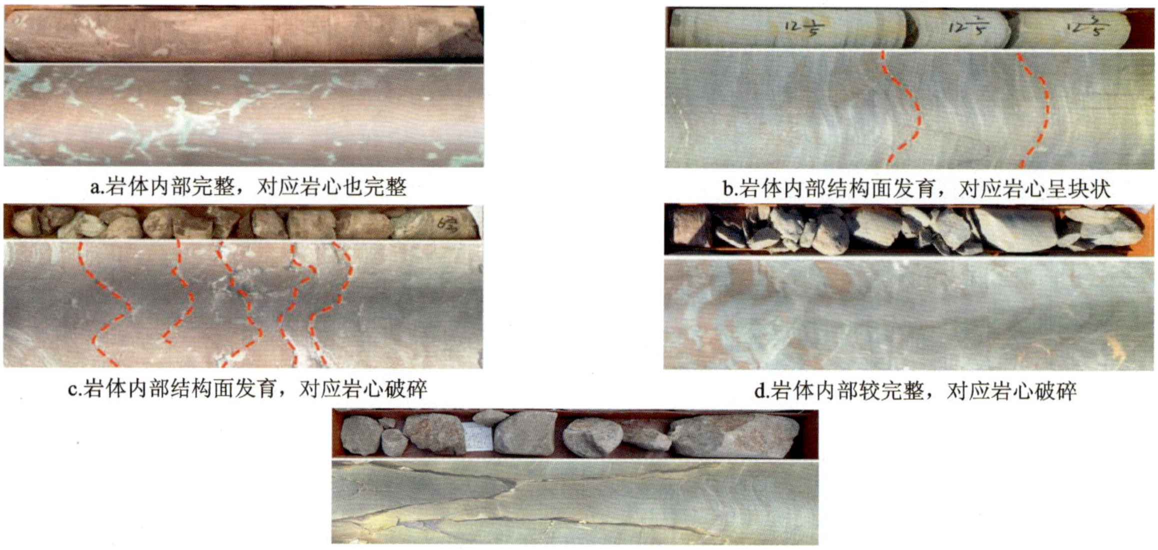

a.岩体内部完整，对应岩心也完整　b.岩体内部结构面发育，对应岩心呈块状

c.岩体内部结构面发育，对应岩心破碎　d.岩体内部较完整，对应岩心破碎

e.岩体沿钻孔轴向裂隙发育，对应岩心破碎

图6-31　岩体成像与岩心特征对应分类

上述5类岩心中，若不考虑岩心断裂和磨损导致的岩心与图像反映的岩体完整性不符的情况，则可近似地认为a、b、c类岩心的完整性与原岩基本相符。

在岩性强度较弱的位置，容易出现钻头在泥化区域空转导致岩心在没有结构面的位置出现机械断裂或岩心间的摩擦损伤的情况(图6-32)，再者，如果钻孔方向沿着岩体内裂隙或者结构面的方向布置，利用钻孔岩心质量评价岩体质量的方法很难准确反映岸坡岩体质量的真实情况。

根据上述分析可知，RQD存在不能真实反映原岩完整性的情况，钻孔图像是由孔内摄像机拍摄的钻孔孔壁的展布图，来源于未受扰动的原岩，反映的是原岩的完整性，因此可选用钻孔图像开展岩体完整性评价工作，可以有效地避免钻孔的机械扰动与人为因素影响导致岩心不能反映原岩完整性的缺点。

图 6-32　钻孔导致的岩心磨损

2）岩体完整性量化方法

（1）权重系数的获取方法。

定义岩体完整性指标（RQ）为钻孔图像中不同长度区间内无宏观裂隙的岩体长度的权重之和与评价单元总长度 L 的比值，其计算公式为

$$RQ=\frac{\sum_{i=1}^{5}a_i l_i}{L} \tag{6-2}$$

$$l_i=\sum_{j=1}^{n_i}l_i^j \tag{6-3}$$

式中：L 为评价单元长度（m）；l_1、l_2、l_3、l_4、l_5 分别为评价段内无宏观裂隙岩体长度在 0.1～0.25m、0.25～0.5m、0.5～0.75m、0.75～1m 和大于 1m 的区间长度，l_i 的划分是依据国际岩石力学学会推荐的节理间距分级标准和国内外工程实践及有关规范的划分情况，由式（6-3）计算；a_i 是第 i 长度区间的系数；l_i^j 为 i 长度区间内第 j 段岩体的长度；n_i 为 i 长度区间内岩体的总段数，其中 a_5 为完整岩体段长度大于 1m 的岩体系数，根据完整岩体的岩体完整性为 1，则可认为 a_5 的值为 1。

选择岩心断裂特征与钻孔成像特征吻合条件较好的样本（即图 6-31 中的 a、b、c 三类），使得基于样本钻孔成像特征的完整性指标 RQ 计算值和基于岩心长度特征的完整性指标 RQD 计算值满足：

$$\min\left\{\frac{\sum_{i=1}^{5}a_i l_i}{L}-\mathrm{RQD}\right\}=0 \tag{6-4}$$

由此，式（6-2）中系数的确定问题就转换为对式（6-4）中系数 a_i 全局最优解的求解问题。以计算样本段长度 1m 为例，将典型钻孔的 200 个计算段数据作为样本参数（表 6-16），采用遗传算法对式（6-4）中的系数进行计算求解。

遗传算法是模拟生物进化过程中优胜劣汰的生存方式而发展起来的优化算法，主要模拟生物遗传过程中的生物交配、生物变异与自然选择等过程，通过寻优操作在全局搜寻最适合“环境”的生物编码，通常采用设立适应度函数的方式确定生物对“环境”的适应程度。为了更好地对参数寻优且防止算法过早成熟，不设固定迭代次数，通过设定多个种群进行迭代，当多个种群给出的最优个体群持续不变多代后，算法终止。这种算法具有全局搜索、自组织、自适应和自学习性等优点，并且如果适应环境条件发生改变，依旧可以持续学习。

通过表 6-16 的 200 个样本利用遗传算法对式（6-4）中参数进行全局寻优求解，通过多次训练，整体迭代约 300 次便可找到最优参数结果且多次训练结果相同并未陷入局部最优解，计算得到最优的系数 a_i 为：$a_1=0.51$、$a_2=0.74$、$a_3=0.78$、$a_4=0.72$、$a_5=1$。

表 6-16　计算样本

序号	RQD	l_1/m	l_2/m	l_3/m	l_4/m	l_5/m	序号	RQD	l_1/m	l_2/m	l_3/m	l_4/m	l_5/m
1	0.69	0.24	0.39	0	0.06	0	101	0.94	0	0	0	0	0.97
2	0.9	0	0	0.28	0	0.72	102	0.78	0	0.33	0	0	0.61
3	0.76	0.18	0	0	0	0.73	103	0.6	0.24	0.2	0.48	0	0
4	0.76	0	0.76	0	0	0.15	104	0.64	0	0.29	0.59	0	0
5	0.92	0	0	0	0	0.94	105	0.73	0	0	0.15	0	0.7
6	0.69	0.14	0.59	0	0	0	106	0.95	0	0	0	0	0.97
7	0.9	0	0	0	0	0.91	107	0.71	0	0	0	0	0.84
8	0.95	0	0.34	0	0	0.62	108	0.93	0	0	0	0	0.98
9	0.84	0	0	0	0	0.89	109	0.67	0.4	0.33	0.14	0	0
10	0.75	0	0	0	0	0.79	110	0.62	0	0.86	0	0	0
11	0.73	0.14	0	0.6	0	0.2	111	0.67	0	0	0	0.82	0
12	0.71	0	0.3	0.6	0	0	112	0.76	0	0	0.52	0.48	0
13	0.65	0.24	0	0	0	0.6	113	0.86	0.12	0	0	0.48	0.4
14	0.76	0.14	0.36	0.5	0	0	114	0.82	0	0	0	0	0.88
15	0.74	0	0.19	0.71	0	0	115	0.72	0.24	0.2	0.54	0	0
16	0.72	0.13	0.76	0	0	0	116	0.82	0	0	0.62	0.38	0
17	0.67	0.12	0	0	0	0.72	117	0.55	0.22	0	0.52	0	0
			……							……			
93	0.9	0	0.33	0	0	0.61	193	0.63	0.17	0	0	0.76	0
94	0.65	0	0.82	0	0	0	194	0.57	0	0	0	0.8	0
95	0.62	0	0	0	0.65	0.13	195	0.7	0	0	0	0.95	0
96	0.68	0	0.37	0.58	0	0	196	0.86	0	0	0	0	0.9
97	0.95	0	0	0	0	0.98	197	0.74	0.1	0	0	0	0.8
98	0.78	0.1	0	0	0	0.81	198	0.5	0.4	0	0	0	0.3
99	0.61	0	0.91	0	0	0	199	0.46	0.2	0.3	0	0	0.1
100	0.77	0.15	0	0	0.82	0	200	0.76	0.2	0	0	0.5	0.3

RQ 计算方法继承了 RQD 指标中采用合理长度占比表征岩体完整性的物理意义，又增加了对节理裂隙等造成的不同长度区间占比的描述。既可以像 RQD 指标一样反映岩体完整性特征，又能基于岩体内部节理、裂隙等分布特征客观量化评价段内的岩体完整性，避免了钻孔取芯过程机械损伤引入的误差。

(2)实例分析。

钻孔实例一取自三峡库区巴东县东瀼口镇东瀼口村岸坡段，钻孔总长 30m，揭露的岩体性质为三叠系巴东组中厚层状粉砂质泥岩、钙质泥岩，夹泥灰岩，钻孔所在斜坡为斜顺向坡，层理倾向为 320°∠35°。坡面呈长条形，剖面形态呈凹形，坡向 238°，岸坡总体较陡，坡脚 35°左右，局部达到 45°。其钻孔 2～4m 的钻孔成像与岩心对比分析如图 6-33 所示，RQ 计算数据如表 6-17 所示。

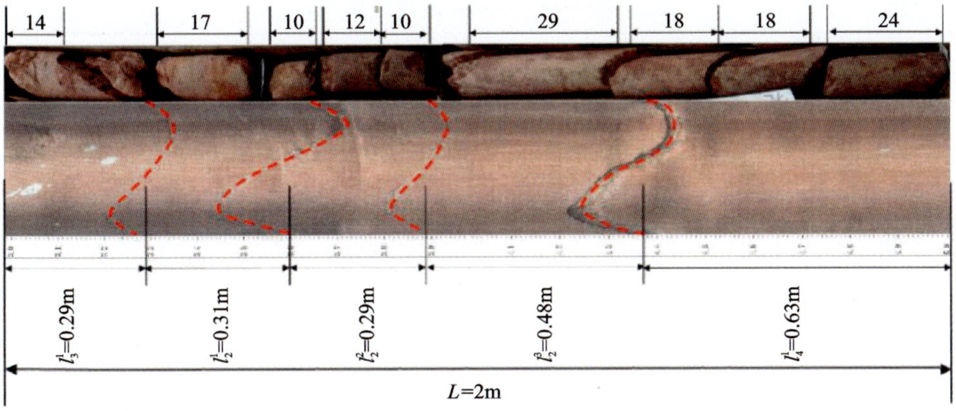

图 6-33 RQ 计算实例一

表 6-17 实例一计算数据

实例	序号	长度/m	所属区间/m	计算系数
实例一	1	0.29	0.50～0.75	0.78
	2	0.31	0.25～0.50	0.74
	3	0.29	0.25～0.50	0.74
	4	0.48	0.25～0.50	0.74
	5	0.63	0.75～1.00	0.72

实例一中的第一段长度为 0.29m，钻孔图像揭示的这一完整岩体的范围为 2.78～3.29m，连续长度为 0.51m，在 0.50～0.75m 的长度区间内，为保证评价段整体的完整性和客观性，在计算中采用评价单元内的长度 0.29m，但是系数采用实际长度区间 0.50～0.75 对应的系数为 0.78。同理，对于钻孔图像中第五段岩体在 2～4m 评价单元内的长度为 0.63m，该段完整岩体的范围为 4.37～5.20m，总长度为 0.83m，因此区间 0.75～1.00 对应的系数为0.72。根据式(6-2)计算可得该段的岩体完整性指标 RQ 为 0.74，根据岩心长度计算 RQD 的值为 0.76，两个评价指标得到的计算结果接近。

钻孔实例二取自三峡库区屈原镇寺大岭岸坡段，岸坡为顺向坡，层理产状为 275°∠35°。钻孔总长 30.8m，揭露的岩性为志留系新滩组泥质粉砂岩，坡面为平面形态，总体呈凹形，剖面形态为折线形，缓坡状。其钻孔 22～24m 的钻孔成像与岩心对比分析如图 6-34 所示，RQ 计算数据如表 6-18 所示。

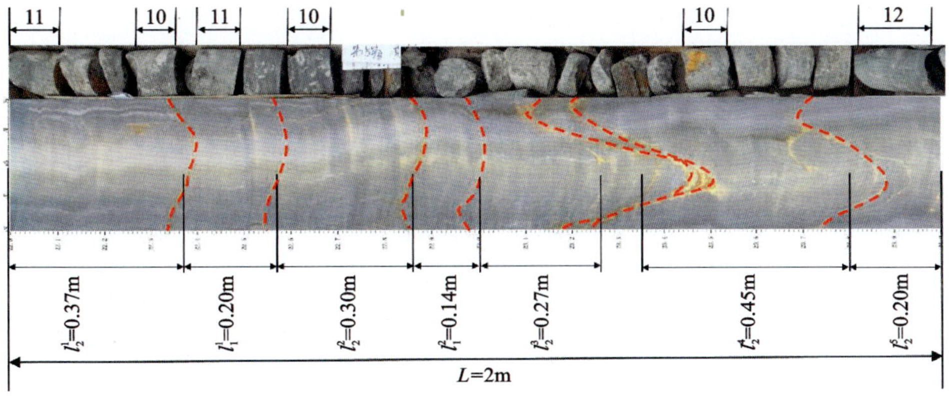

图 6-34 RQ 计算实例二

表 6-18 实例二计算数据

实例	序号	长度/m	所属区间/m	计算系数
实例二	1	0.37	0.25～0.50	0.74
	2	0.20	0.10～0.25	0.51
	3	0.30	0.25～0.50	0.74
	4	0.14	0.10～0.25	0.51
	5	0.27	0.25～0.50	0.74
	6	0.45	0.25～0.50	0.74
	7	0.20	0.25～0.50	0.74

实例二依然以 2m 为评价单元长度，实例中钻孔成像岩体的第七段长度为 0.06m，该段完整岩体的深度范围为 23.94～24.22m，总长度为 0.28m，选取长度区间 0.25～0.50 对应的系数为 0.74。通过式(6-2)计算得该段的岩体完整性指标 RQ 为 0.56，采用岩心长度值计算的 RQD 评价值为 0.32，两个评价指标结果相差较大。

由上述两个计算实例可知，钻孔图像揭露的岩体完整性都较好，钻孔岩心对于钻孔图像而言相对破碎(实例一呈现段状，实例二呈现碎块状)，实例一根据岩心计算的 RQD 与基于钻孔图像计算的 RQ 相近；而实例二中，RQD 与 RQ 相差较大，钻孔图像揭露的岩体完整性相对较好，而 RQD 所得的岩体完整性较差，这是因为钻孔过程中的机械扰动与人为因素导致岩心不能反映原岩的完整性，而钻孔图像是原岩的孔壁图像，受机械扰动的影响极小，可以直接反映原岩的完整性。

3)基于钻孔图像的岩体完整性分类

对岩体完整性的划分参考沿用了 RQD 的分级标准，但根据库区已揭露的岩体图像特征，将各个等级特征归纳总结如表 6-19 所示。

表 6-19 RQ 岩体完整性分类

等级	岩体结构类型	岩体结构特征	RQ
Ⅴ	完整	岩体内节理裂隙不发育；偶见分层结构或裂隙；没有岩层分界面或属于深度沉积岩层，胶结状态好	0.90～1.00
Ⅳ	较完整	岩体内存在 1～2 组节理裂隙发育；有分层结构或裂隙，间距 70cm 以上；局部岩层分界面清晰	0.75～0.90
Ⅲ	较破碎	岩体内存在 4～6 组节理裂隙发育；分层结构明显，裂隙间距 40cm 左右；岩层分界面局部有软弱充填区	0.50～0.75
Ⅱ	破碎	岩体内存在多组节理裂隙；节理或裂隙间距 20cm 左右；存在软弱充填区，局部有较大范围破碎带	0.25～0.50
Ⅰ	极破碎	岩体内存在多组节理裂隙发育，裂隙密集切割岩体；岩体沿岩层界面分离或存在大范围破碎带及软弱充填区	0.00～0.25

4)评价单元选择与分析

(1)评价单元选取。

以 QGZK2 钻孔为例，分析不同评价单元对岩体内部完整性表征的差异，如表 6-20 所示。在同一钻孔内通过改变评价单元长度(分别采用 1m、0.5m、0.25m 作为评价单元长度)，获得不同长度区间内岩体完整性的 RQ 值，对比分析评价结果来说明评价单元长度的确定对岩体完整性评价结果的影响。计算结果表明，减小评价单元的长度增加了某一单位长度内的评价次数，对岩体内节理或者裂隙的定量描述更细致，通过 RQ 值的大小可以更准确地定位影响岩体完整性的节理或者裂隙。

表 6-20　不同评价单元的 RQ 值

<table>
<tr><th rowspan="2">钻孔成像特征</th><th colspan="2">评价单元为 1m</th><th colspan="2">评价单元为 0.5m</th><th colspan="2">评价单元为 0.25m</th></tr>
<tr><th>深度/m</th><th>RQ</th><th>深度/m</th><th>RQ</th><th>深度/m</th><th>RQ</th></tr>
<tr><td rowspan="4"></td><td rowspan="4">0～1</td><td rowspan="4">0.66</td><td rowspan="2">0～0.5</td><td rowspan="2">0.68</td><td>0～0.25</td><td>0.63</td></tr>
<tr><td>0.25～0.5</td><td>0.72</td></tr>
<tr><td rowspan="2">0.5～1</td><td rowspan="2">0.63</td><td>0.5～0.75</td><td>0.72</td></tr>
<tr><td>0.75～1</td><td>0.55</td></tr>
<tr><td rowspan="4">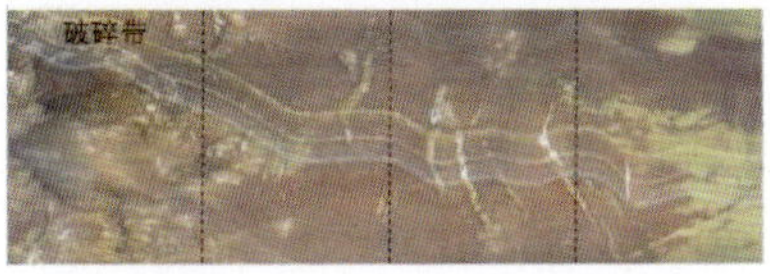</td><td rowspan="4">1～2</td><td rowspan="4">0.46</td><td rowspan="2">1～1.5</td><td rowspan="2">0.30</td><td>1～1.25</td><td>0</td></tr>
<tr><td>1.25～1.5</td><td>0.62</td></tr>
<tr><td rowspan="2">1.5～2</td><td rowspan="2">0.62</td><td>1.5～1.75</td><td>0.54</td></tr>
<tr><td>1.75～2</td><td>0.72</td></tr>
<tr><td rowspan="4"></td><td rowspan="4">2～3</td><td rowspan="4">0.52</td><td rowspan="2">2～2.5</td><td rowspan="2">0.59</td><td>2～2.25</td><td>0.78</td></tr>
<tr><td>2.25～2.5</td><td>0.41</td></tr>
<tr><td rowspan="2">2.5～3</td><td rowspan="2">0.44</td><td>2.5～2.75</td><td>0.15</td></tr>
<tr><td>2.75～3</td><td>0.74</td></tr>
<tr><td rowspan="4"></td><td rowspan="4">3～4</td><td rowspan="4">0.57</td><td rowspan="2">3～3.5</td><td rowspan="2">0.83</td><td>3～3.25</td><td>0.88</td></tr>
<tr><td>3.25～3.5</td><td>0.78</td></tr>
<tr><td rowspan="2">3.5～4</td><td rowspan="2">0.31</td><td>3.5～3.75</td><td>0.62</td></tr>
<tr><td>3.75～4</td><td>0</td></tr>
<tr><td rowspan="4">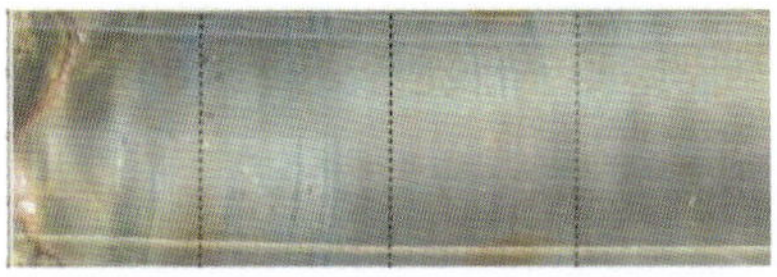</td><td rowspan="4">4～5</td><td rowspan="4">0.68</td><td rowspan="2">4～4.5</td><td rowspan="2">0.65</td><td>4～4.25</td><td>0.58</td></tr>
<tr><td>4.25～4.5</td><td>0.72</td></tr>
<tr><td rowspan="2">4.5～5</td><td rowspan="2">0.71</td><td>4.5～4.75</td><td>0.72</td></tr>
<tr><td>4.75～5</td><td>0.69</td></tr>
<tr><td rowspan="4"></td><td rowspan="4">5～6</td><td rowspan="4">0.41</td><td rowspan="2">5～5.5</td><td rowspan="2">0.63</td><td>5～5.25</td><td>0.52</td></tr>
<tr><td>5.25～5.5</td><td>0.74</td></tr>
<tr><td rowspan="2">5.5～6</td><td rowspan="2">0.19</td><td>5.5～5.75</td><td>0.38</td></tr>
<tr><td>5.75～6</td><td>0</td></tr>
<tr><td rowspan="4"></td><td rowspan="4">6～7</td><td rowspan="4">0.71</td><td rowspan="2">6～6.5</td><td rowspan="2">0.69</td><td>6～6.25</td><td>0.66</td></tr>
<tr><td>6.25～6.5</td><td>0.72</td></tr>
<tr><td rowspan="2">6.5～7</td><td rowspan="2">0.72</td><td>6.5～6.75</td><td>0.72</td></tr>
<tr><td>6.75～7</td><td>0.72</td></tr>
</table>

续表 6-20

钻孔成像特征	评价单元为 1m		评价单元为 0.5m		评价单元为 0.25m	
	深度/m	RQ	深度/m	RQ	深度/m	RQ
	7～8	0.49	7～7.5	0.44	7～7.25	0.84
					7.25～7.5	0.04
			7.5～8	0.55	7.5～7.75	0.36
					7.75～8	0.74
	8～9	0.65	8～8.5	0.61	8～8.25	0.78
					8.25～8.5	0.50
			8.5～9	0.70	8.5～8.75	0.62
					8.75～9	0.80
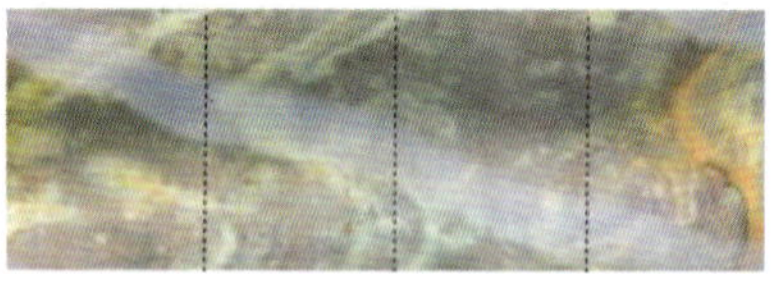	9～10	0.87	9～9.5	1.0	9～9.25	1
					9.25～9.5	1
			9.5～10	0.74	9.5～9.75	1
					9.75～10	0.48

由图 6-35 可知，评价单元越小，对岩体特征部位评价的针对性就越强，越能体现出裂隙对岩体完整性 RQ 值的影响。当评价单元长度为 1m 时，1～2m 段的 RQ 值为 0.46；当评价单元取到 0.5m 时，RQ 的最小值在 1～1.5m 段为 0.30；当评价单元的长度缩小到 0.25m 时，RQ 最小值点位置精确到深度为 1～1.25m 区间内，该区域内为破碎带，RQ 值为 0。同样的情况也反映在 3.75～4.0m 段的泥质充填区、5.75～6.0m 段的裂隙横向切割区。

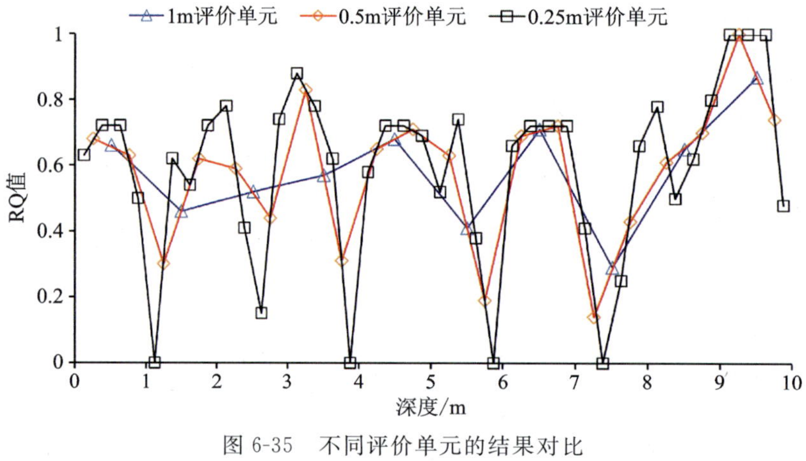

图 6-35　不同评价单元的结果对比

以 QGZK2 钻孔内的 10m 为例，将 RQ 值、纵波波速与钻孔成像进行对比分析，如图 6-36 所示。QGZK2 位于三峡库区支流青干河左岸石槽溪岸坡段，岩性组成为粉砂质泥岩、长石石英砂岩以及泥质粉砂岩。

图 6-36 显示了 RQ 值、岩体波速与岩体结构特征具有良好的相关性。在距孔口 0.99～1.30m 处存在范围较大的破碎带，致使波速值小于 0～2.4m 范围内同种岩性其他部分的波速、RQ 值也出现了降低，并且在破碎带所在的 1.0～1.25m 出现了零点。距孔口 2.06～2.46m处是粉砂质泥岩与长石石英砂岩的交界面，属于典型的沉积分层结构，岩体纵波波速降低、RQ 值也表现出不同程度的降低。在距孔口 3.73～4.05m 处存在一段泥质充填结构，该区域内部分充填物流失，致使波速降低，岩体完整性指

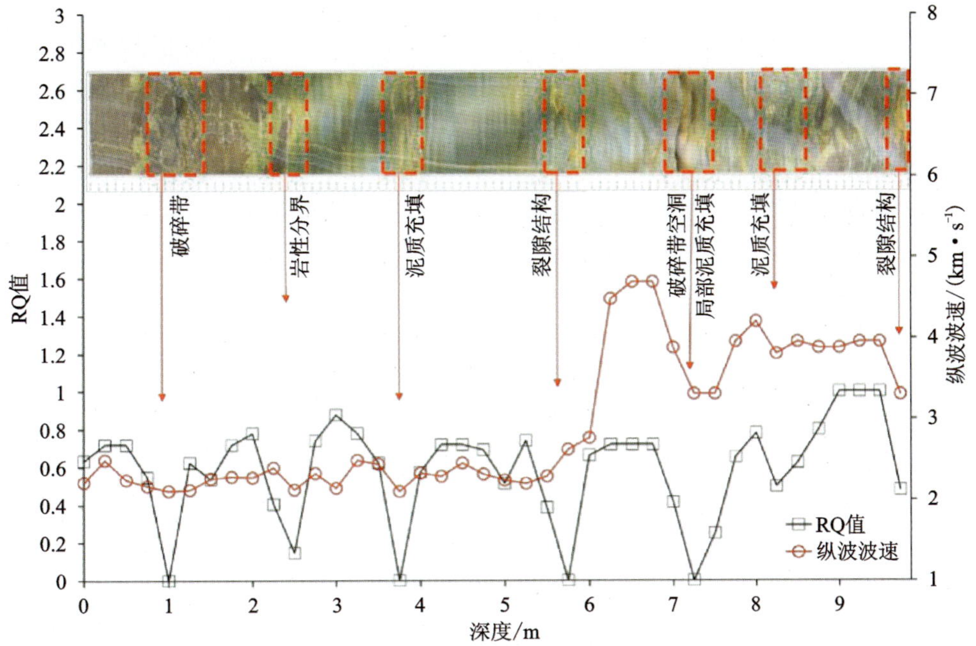

图 6-36　RQ 值与声波测试结果的对比分析

标 RQ 计算值也出现了零点。在距孔口 5.62～6.0m 处发育一组较大的裂隙结构，间距在 3～8cm 之间，并衍生出一组次生结构面，沿钻孔轴向发育，RQ 值为 0。在距孔口 7.13～7.65m 处存在薄层状破碎带空洞，局部有泥质充填，岩体纵波波速降幅较大，RQ 值降低至 0。在距孔口 8.3m 处发育泥质充填结构，结构宽约 20mm，该位置测试的波速与 RQ 值均降低。

在孔深 1.0～1.25m、3.75～4.0m 以及 5.6～6.0m 处，RQ 值下降为 0，岩体波速的下降趋势较小或无明显的下降趋势。这是由于该处的裂隙发育范围涵盖整个评价单元，该段范围内无完整岩体，因此 RQ 值突变为 0。岩体波速变化不仅与裂隙发育情况有关，还与裂隙的张开程度、延伸程度、填充程度等相关。当裂隙闭合，延伸程度小，仅在孔壁浅部发育，无填充或硬质填充时，岩体波速所受影响较小，因此波速仅会出现小幅下降，甚至不会出现下降。

在孔深 6.11～6.89m 范围内，波速出现明显的增大，但对应的 RQ 值并没有出现较大波动，这是因为波速的大小还与岩石密度、矿物种类有关。该处为较完整的长石石英砂岩段，相比于完整的粉砂质泥岩与泥质粉砂岩的纵波平均波速本来就较大。在一定程度上，纵波平均波速可以反映钻孔岩体在径向内在性质的差异，但轴向裂隙结构的宽度与波速的量级相差太大，整体上会出现降低的趋势，但并不会出现急转至零点的情况。RQ 值是岩体表面裂隙、破碎带等宏观现象的量化，能较好地体现岩体结构的特征变化及裂隙所处的位置和影响范围，但无法体现完整段岩体性质的差异。这是 RQ 为零值时波速有所降低，波速提高时 RQ 值基本不变的原因。

综上所述，RQ 值是根据钻孔图像揭露的宏观结构面、裂隙进行量化的，因此能够准确定位裂隙的位置及发育情况，并不能体现出岩体密度、矿物变化，也不能体现出裂隙的张开程度、延伸程度与填充情况等。而岩体波速变化能够很好地体现出岩体的密实程度、矿物种类的变化，以及裂隙的张开程度、延伸程度、填充情况等。

(2)岩体类型评价分析。

为了分析不同岩体类型，采用 RQ 值与 RQD 评价结果之间的差异，选取三峡库区碎屑岩岸坡的 10 个典型钻孔进行分析，其中干流 5 个钻孔，青干河 3 个钻孔，童庄河 2 个钻孔。分别计算这 10 个钻孔的 RQD 值与 RQ 值，以 1m 为单元，对比分析岩心破裂特征与成像特征，统计钻孔全长范围内各类岩心出现的频数，计算各类岩心的占比如表 6-21 所示。这 10 个钻孔的总长度达 212m，a、b、c 类岩心总占比

78.23%，d、e 类岩心总占比 21.77%，从钻孔 GZK10、QGZK2、QGZK4、TGZK3 可以看出，当 d、e 类岩心占比较少时，RQ 值与 RQD 值相差较小，随着 d、e 类岩心占比的增加，RQ 值与 RQD 值相差越来越大。由于 a、b、c 三类岩心的 RQD 值能反映岩体的真实完整性，所以这三类岩心各自的占比对 RQD 值和 RQ 值的差值没有影响。d 类岩心与钻孔成像揭露的岩体节理裂隙特征不符，采用岩心计算评价值 RQD 时几乎没有有效长度计算在内，直接导致评价结果相差较大，TGZK4 钻孔中占比较高的 d 类岩体使得基于钻孔成像特征可评价为“一般”的岩体被基于岩心特征评价为“较差”。如果不考虑评价单元的长度，首先根据钻孔成像及岩心特征匹配分类来统计 d、e 类岩体的实际长度，其长度占比会对评价结果产生显著影响。

以表 6-21 中的 GZK17 为例，进一步说明孔内不同类型岩体对岩体整体评价的影响。GZK17 取自长江干流右岸龚家坪岸坡段，位于宜昌市秭归县沙镇溪镇。该岸坡段地层岩性为侏罗系桐竹园组(J_1t)泥质粉砂岩、砂岩夹碳质页岩、煤层。平面形态为近直线形，剖面形态总体呈折线形，坡向 20°，呈陡坡状，坡度为 25°～40°。层理面产状为 20°∠40°，为一顺向坡，主要有 3 组节理裂隙面，产状分别为：①100°∠78°，长 10m，3 条/m，裂隙面较平直，张开 1～35cm；②230°∠52°，长 4m，裂隙面较平直，张开 1～5cm，3 条/m；③340°∠60°，长 5m，裂隙面不平直，张开 1～5cm，8 条/m。消落带岩体受裂隙切割，多呈块状，平均块径为 10～30cm。GZK17 的孔口高程为 165m，成孔深度 30.2m，钻孔声波测试深度为 22.75m，钻孔成像的可视深度为 22m。

表 6-21 典型钻孔的各类岩心占比

序号	孔号	长度/m	RQD	RQ	a 类/%	b 类/%	c 类/%	d 类/%	e 类/%
1	GZK7	28	0.31	0.47	14.3	39.3	25	14.3	7.1
2	GZK9	27	0.49	0.59	25.9	22.2	29.6	18.5	3.7
3	GZK10	16	0.53	0.56	18.6	37.5	31.3	6.3	6.3
4	GZK17	22	0.58	0.71	13.6	27.3	22.7	22.7	13.6
5	GZK19	26	0.08	0.18	0	19.2	50.0	15.4	15.4
6	QGZK2	12	0.59	0.60	25.0	50.0	8.3	8.3	8.3
7	QGZK3	19	0.33	0.39	5.3	31.6	42.1	10.5	10.5
8	QGZK4	19	0.44	0.48	10.5	31.6	42.1	5.26	10.5
9	TGZK3	26	0.33	0.37	7.1	21.4	53.6	14.3	3.6
10	TGZK4	17	0.45	0.55	11.8	35.3	29.4	23.5	0

选取评价单元为 1m，共计 22 个评价单元。其中 a 类岩心 3 段，b 类岩心 6 段，c 类岩心 5 段，d 类岩心 5 段，e 类岩心 3 段。

通过 RQD 值与 RQ 值相对比，a、b、c 三类岩心的 RQD 值与 RQ 值总体上相差不大，平均误差为 9.2%，其中，两者相差较大的值出现在 a、b 类岩心中，钻孔图像表现岩体较为完整，而 RQD 值却很少趋近于 1。d、e 类岩心的 RQD 值与 RQ 值相差较大，平均误差达到了 26.38%(图 6-37)。

库区部分碎屑岩(以泥岩、粗砂岩为主)地层内经常会出现钻孔取芯时地层缺失、岩心碎裂导致取芯率低，岩心特征无法准确表征岸坡岩体实际情况。另外，碎屑岩地层内普遍存在的沉积分层结构、软弱充填结构、断裂破碎带等将岩体划分成不同长度的块体，不同程度地影响了岩体完整性的评价结果。无论是针对区域内多个钻孔测试结果的整体评价还是单个钻孔全长的分段评价结果均说明，RQ 值可以根据钻孔成像的岩体特征对岩体完整性进行客观评价。

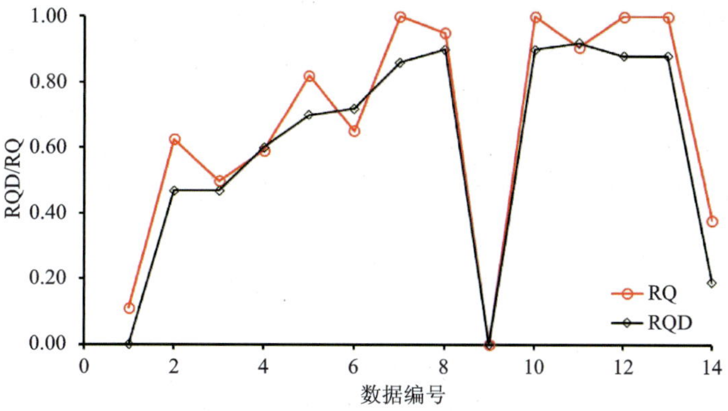

a.a、b、c类岩心的RQD值与RQ值

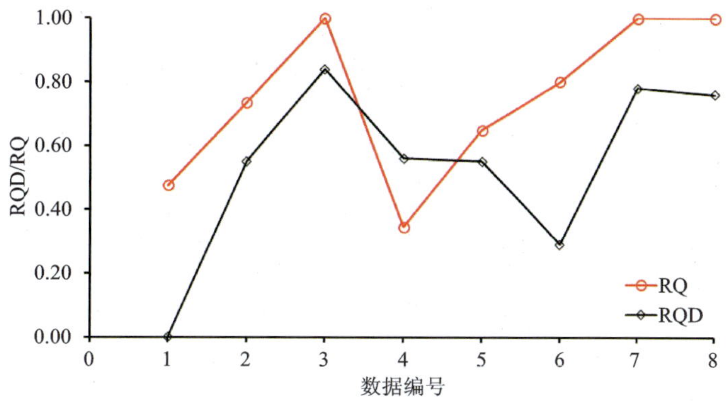

b.d、e类岩心的RQD值与RQ值

图 6-37 不同类型岩心的 RQD 值与 RQ 值

6.2.2.4 适用性分析

钻孔测试技术可以利用电视成像直观地看到钻孔内的岩体形貌及裂隙分布，声波数据可以很好地反映岩体性质的变化，裂隙或者结构面的存在导致岩体的波速产生明显的降低，利用岩体的波速与岩石的波速差异可以很好地表征岩体内裂隙或者结构面对岩体性质的劣化程度。虽然在裂隙发育丰富、岩体较破碎或者节理面分布密集的区域，钻孔摄像不受岩体破裂程度的影响，但是声波测试无法开展。并且较破碎岩体内容易形成塌孔或者局部掉块，导致钻孔测试技术的应用容易受到限制。但是，只要在具备钻孔声波测试的岸坡内均可以应用这种技术方法测试岩体的性质变化，根据钻孔测试的结果可以获得的技术指标包括岩体完整性系数、岩体劣化率等。

6.2.3 回弹试验

6.2.3.1 原理

岩石回弹试验属于现场非破坏性检测，是以检测的物理量与岩石标准强度之间的相关性为基本依据，按相关的数学关系式推定材料结构的实际强度或现场强度，在检测材料强度的同时对其内部结构的影响较小，可忽略不计。因此回弹法又称为表面硬度法。通常材料的表面硬度越高，材料的强度越大，其表面承载能力也越大，材料的健康状况和耐久性也就越好，因此检测材料的表面硬度是判定材料质量的重要手段。

根据回弹试验相关规范规程，回弹仪的主要组成部分有压簧、弹击锤、刻度盘、挂钩、弹击拉簧和弹击杆等，岩石回弹试验的基本原理是利用弹簧驱动的弹击锤，通过弹击杆(传力杆)，弹击岩石材料表面，并测出重锤被反弹回来的距离，以回弹值(反弹距离与弹簧初始长度之比)作为与强度相关的指标，来推定岩石强度。

当弹击锤被拉伸到冲击前的起始状态时，假设回弹过程在水平方向，不考虑重力的影响，设弹击锤的质量为1，则重锤所具有的初始势能 e 为

$$e = \frac{1}{2} K L_1^2 \tag{6-5}$$

式中：e 为弹簧锤具有的初始势能，J；K 为弹击拉簧的弹性系数，N/m；L_1 为弹击拉簧的拉伸长度，m。

弹击锤在反弹过程中的能量损耗 Δe 为

$$\Delta e = \frac{1}{2}KL_1^2 - \frac{1}{2}KL_2^2 = e_1\left[1-\left(\frac{L_2}{L_1}\right)^2\right] \tag{6-6}$$

令 $R=\frac{L_2}{L_1}$，在回弹仪中 L_1 为定值，R 与 L_2 成反比，将回弹值 R 定义为

$$R = \frac{L_2}{L_1} \times 100\% \tag{6-7}$$

则 R 可化为

$$R = \sqrt{e_2/e_1} \tag{6-8}$$

从上式中可知，回弹值 R 等于弹击锤冲击岩石表面后剩余的势能与原有势能之比的平方根，是重锤冲击过程中能量损失的反映。

回弹仪回弹过程中能量主要损失在以下3个方面：①岩石表面受冲击后产生塑性变形所吸收的能量；②岩石受冲击后产生振动所消耗的能量；③回弹仪各机构之间的摩擦所消耗的能量。

6.2.3.2 实例应用

1）现场取样及室内试验测单轴抗压强度

试样取自三峡库区巴东段火焰石，梨子坪。岩性为燧石条带，隶属于灰岩，属于硬岩。根据单轴抗压强度试验相关规范要求，将取回来的岩心加工制备成50mm×100mm圆柱形试样，如图6-38所示，按照回弹仪的相关测试标准，回弹仪弹击锤的测距不应小于弹击锤的直径（1.5cm），测区上每两个点的间距设为1.5cm，将每组的岩石试样进行测区和测点的划分，每个岩石试样按照底面圆心划分为夹角为90°的4个直线测区，每个直线测区上选取5个点，每块试样均分布20个待测点，试样测点分布示意图如图6-39所示。测试完回弹值后，将试样放入压力机进行单轴压缩试验，取试样破坏时的峰值强度为单轴抗压强度。

图6-38　50mm×100mm试样

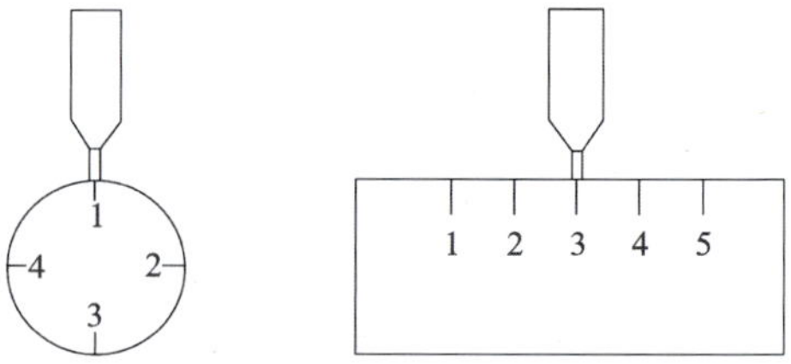

图6-39　回弹仪测点示意图

2）回弹值与单轴抗压强度之间的关系

根据Aydin、袁广祥、王凯笛等学者关于回弹角度对回弹值影响的研究，将垂直向下方向测量的回弹值换算成水平方向测量的回弹值，有

$$R=(0.873R_{测}^2+12.678R_{测})^{0.5} \tag{6-9}$$

将试验数据进行整理，得到表6-22。

表 6-22　室内试验回弹值与单轴抗压强度

试样序号	平均回弹值/mm	单轴抗压强度/MPa
1	47	98.07
2	49	94.67
3	46	62.8
4	60	106
5	47	33.33
6	50	61.88
7	48	56.25
8	50	59.72
9	50	71.79
10	53	103.23
11	47	81.12
12	55	138.84
13	30	12.94
14	40	36.69
15	17	23.6
16	42	15.53
17	40	19.4
18	20	10
19	15	4.93

将表格内数据按照 ISRM 推荐的回弹值 R 与单轴抗压强度关系之间的广义表达式 $UCS=ae^{bR}$（其中 a、b 为与岩石岩性相关的参数）来进行拟合，可得到下列关系，如图 6-40 所示。

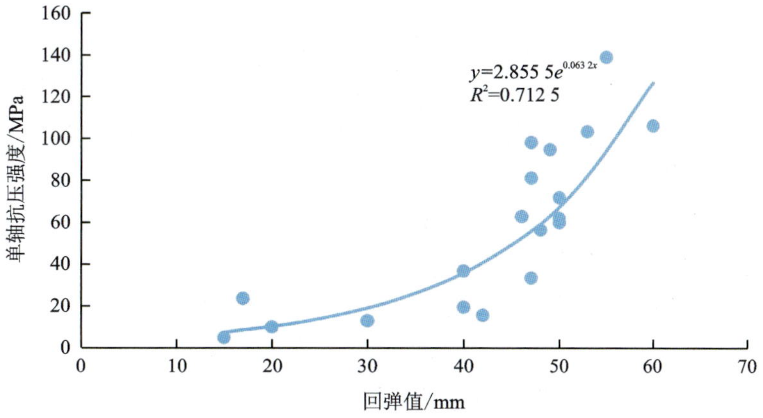

图 6-40　回弹值与单轴抗压强度的关系

由图 6-40 可知，对于三峡库区巴东段火焰石，梨子坪区域，该类岩石对应的参数 a、b 取值分别为2.855 和 0.063 2。于是现场测试得到的回弹值，可通过 $UCS=2.855e^{0.0632R}$ 来换算估计岩石的单轴抗压强度。

3）现场测试

测试方案为在现场岩体库水位变动带上选取测区，每个测区面积不大于 0.4cm²。弹击方法为单个测区内弹击 16 个点，相邻两测点的净距不小于 20mm。回弹仪测试前需首先进行率定，测试过程中，回弹仪的轴线应始终垂直于岩体表面。回弹值计算时不考虑角度修正，去除 3 个最大值、3 个最小值后取平均值作为该测区岩体的回弹值。现场测区照片如图 6-41～图 6-45 所示。

图 6-41　火焰石 ZK1 附近测区

图 6-42　火焰石 ZK1 测点 6、测点 8 近距离照片

图 6-43　火焰石 ZK2 附近测区

图 6-44　梨子坪测区

图 6-45 梨子坪 ZK2 测区近距离照片

取样区域现场测试的结果结合室内试验获得的参数，可根据现场回弹数据换算岩石的单轴抗压强度，如表 6-23 所示。由现场测试试验可看到火焰石附近岩石的抗压强度大多为70～120MPa，而梨子坪附近岩石的抗压强度在 60MPa 左右。火焰石 ZK1 附近的测区 6 和测区 8 的单轴抗压强度估算值只有16.43MPa、29.34MPa，明显要低于灰岩这种岩石的一般强度(60～140MPa)。通过现场照片可以看到测点位置岩石被水侵蚀，这是抗压强度明显降低的原因。

表 6-23 现场测试回弹值与单轴抗压强度估算值

岸坡段		测点	平均回弹值/mm	参数 a	参数 b	单轴抗压强度/MPa
火焰石	ZK1	1	58	2.855	0.063 2	111.57
		2	62.6			141.04
		3	50.5			69.34
		4	60.8			132.83
		5	56.3			99.39
		6	27.8			16.43
		7	51.4			73.63
		8	36.9			29.34
		9	51			71.46
	ZK2	10	60			126.60
		11	55.7			96.45
梨子坪	ZK3	12	50.1			67.97
		13	49.7			65.96
		14	48.4			60.28
		15	35.9			27.63
	ZK4	16	48.3			60.28
		17	44.4			46.95
		18	31.4			20.68

6.2.3.3 适用性分析

由回弹法原理可知，回弹值 R 是重锤冲击过程中能量损失的反映，影响因素主要包括岩石产生塑性变形所吸收的能量和岩石受到冲击后振动所消耗的能量，以及回弹仪本身各个构件摩擦所消耗的能量。而岩石产生塑性变形和振动消耗的能量与岩石本身的性质有很大的关联，比如岩石属于硬岩还是软岩，对测试回弹值的结果都有明显的影响。硬岩的回弹值就会明显高于软岩。对于极软岩来说，吸收的能量要远大于硬岩，导致测量得到的回弹值极小，难以进行分析，没法进行回弹试验，所以该方法对软岩区域的适用性不强。此外，岩石周围的裂缝发育情况、消落带区域的岩石含水率变化、岩层的厚度等都会影响回弹值测量结果。所以，通过回弹试验获得具体测试值的精度受到很多因素的影响，但是当用于同一岸坡内消落带区域岩体和非消落带区域岩体性质的多期对比时，可以采用该技术获得岸坡的同期强度比指标作为评价参考量。

6.2.4 点荷载试验

6.2.4.1 原理

目前，岩石抗压强度的测试主要有两种方法：一种是单轴抗压强度试验。这种方法岩石试件的受力状态较好，测试精度较高，但岩石试件需要进行严格的取样、加工及测试，常常费时费力又费钱；另一种是点荷载试验。与前者相比，该方法具有操作简便、速度快捷、试验成本低、对试样加工要求低等特点，可以直接利用不规则岩块进行试验，对于难以取样或无法进行岩样加工的软岩和严重风化岩石的性能测试来说是很有利的。

岩石点荷载强度指数试验是将试件置于点荷载仪上下一对球端圆锥之间，施加集中荷载直至破坏，据此测定岩石点荷载强度指数的一种试验方法。根据岩石抵抗变形直至破坏的能力，估算岩石抗压强度。再结合岩石的完整性系数 K_v 可以得到岩体质量指标 BQ。

未经修正的岩石点荷载强度指数应按下式计算：

$$I_s = P/D_e^2 \tag{6-10}$$

式中：I_s为未经修正的点荷载强度指数，MPa；P 为破坏载荷，N；D_e为等价岩心直径，mm。

岩心径向加载、岩心轴向加载、方块体及不规则块体加载试验，其等效岩心直径 D_e应分别按下列公式计算：

$$D_e = D \tag{6-11}$$

$$D_e = \sqrt{4A/\pi} \tag{6-12}$$

$$D_e = \sqrt{4WD/\pi} \tag{6-13}$$

式中：D 为加载点间的距离，mm；A 为通过两加载点的最小截面积，mm^2；W 为通过两加载点的最小截面平均宽度，mm。

岩石点荷载强度指数应换算成直径为 50mm 的标准试件的点荷载强度指数 $I_s(50)$。$I_s(50)$可按下列公式计算：

$$I_s(50) = K_d \times I_s \tag{6-14}$$

$$K_d = (D_e/50)^m \tag{6-15}$$

式中：K_d为尺寸效应修正系数；m 为修正指数，可取 0.40～0.45。

岩石的点荷载强度指数 $I_s(50)$和饱和单轴抗压强度 R_c 之间的关系可按下式进行换算：

$$R_c = 22.82\ I_s\ (50)^{0.75} \tag{6-16}$$

岩体基本质量指标 BQ，应根据分级因素的定量指标 R_c 的兆帕数值和 K_v，按下式计算：

$$BQ = 100 + 3R_c + 250K_v \tag{6-17}$$

$$K_v=(V_{pm}/V_{pr})^2 \tag{6-18}$$

式中：V_{pm}为岩体弹性纵波速度，km/s；V_{pr}为岩石弹性纵波速度，km/s。

当$R_c>90K_v+30$时，应以$R_c=90K_v+30$和K_v代入计算BQ值；当$K_v>0.04R_c+0.4$时，应以$K_v=0.04R_c+0.4$和R_c代入计算BQ值。

6.2.4.2 实例应用

1)现场取样及室内试验测单轴抗压强度

试样取自三峡库区巴东段火焰石岸坡。岩性为燧石条带灰岩，属于硬岩。根据测单轴抗压强度试验相关规范要求，将取回来的岩心加工制备成50mm×100mm圆柱形试样，按照回弹仪的相关测试标准，回弹仪弹击锤的测距不应小于弹击锤的直径(1.5cm)，测区上每两个点的间距设为1.5cm，将每组的岩石试样进行测区和测点的划分，每个岩石试样按照底面圆心划分为夹角90°的4个直线测区，每个直线测区上选取5个点，每块试样均分布20个待测点。测试完回弹值后，将试样放入压力机进行单轴压缩试验，取试样破坏时的峰值强度为单轴抗压强度(图6-46～图6-48)。

图6-46 火焰石岸坡

图6-47 点荷载试验样品

图6-48 点荷载试验

将现场测试得到的数据进行整理，并进行换算可以获得岩体质量分级指标BQ值，结果如表6-24所示。

表 6-24　现场测试点荷载强度指标及饱和单轴抗压强度

位置	编号	等效距离 D_e/mm	破坏荷载 P/kN	饱和单轴抗压强度 R_c/MPa	BQ	岩体级别
消落带区域	1	74	31.71	97.36	579.58	Ⅰ
	2	52	13.2	76.04	515.62	Ⅰ
	3	51	14.47	83.33	537.49	Ⅱ
	4	54	15.45	81.90	533.2	Ⅱ
	5	43	13.9	98.59	580	Ⅰ
	6	32	3.49	49.30	435.4	Ⅲ
	7	61	12.08	59.10	464.8	Ⅱ
	8	44	14.66	99.90	580	Ⅰ
	9	48	13.01	82.56	535.18	Ⅱ
	10	31	7.75	93.06	566.68	Ⅰ
	11	54	13.39	73.57	508.21	Ⅱ
	12	78	21.72	68.96	494.38	Ⅱ
	13	73	25.38	83.70	538.6	Ⅱ
	15	44	11.9	85.43	543.79	Ⅱ
	16	44	4.33	40.03	407.59	Ⅲ
	17	33	9.23	98.65	580	Ⅰ
	18	40	7.86	69.93	497.29	Ⅱ
	19	42	11.97	90.58	559.24	Ⅰ
	20	73	20.37	70.98	500.44	Ⅱ
	21	71	23.83	82.46	534.88	Ⅱ
消落带以上区域	24	64	20.52	83.16	536.98	Ⅱ
	25	41	13.36	101.15	580	Ⅰ
	27	38	18.16	139.10	580	Ⅰ
	28	49	18.89	106.61	580	Ⅰ
	29	29	10.88	129.69	580	Ⅰ
	30	44	15.12	102.24	580	Ⅰ
	31	44	15.69	105.12	580	Ⅰ
	32	78	40.54	110.11	580	Ⅰ
	33	29	11.9	138.71	580	Ⅰ
	34	34	13.92	129.68	580	Ⅰ
	35	36	11.11	102.46	580	Ⅰ
	37	33	15.47	145.32	580	Ⅰ
	38	25	13.45	180.68	580	Ⅰ
	39	33	10.04	105.08	580	Ⅰ
	40	43	14.54	101.98	580	Ⅰ
	41	46	19.29	116.55	580	Ⅰ
	42	30	13.46	146.26	580	Ⅰ

续表 6-24

位置	编号	等效距离 D_e/mm	破坏荷载 P/kN	饱和单轴抗压强度 R_c/MPa	BQ	岩体级别
消落带区域	C1	51	10.09	63.50	478	Ⅱ
	C2	39	3.12	35.97	395.41	Ⅲ
	C3	54	18.83	94.87	572.11	Ⅰ
	C5	33	5.79	69.45	495.85	Ⅱ
	C7	38	3.53	40.67	409.51	Ⅲ
消落带以上区域	C8	55	17.4	87.53	550.09	Ⅰ
	C10	33	8.69	94.17	570.01	Ⅰ
	C12	40	16.6	122.35	580	Ⅰ
	C13	32	15.96	153.98	580	Ⅰ
	C14	41	22.75	150.59	580	Ⅰ

根据《岩体工程分级标准》(GB/T 50218—2014)对于岩体基本质量级别中关于 BQ 值的分类，可知火焰石岸坡不管是消落带区域的还是消落带以上区域的岩体，质量级别基本都为Ⅰ、Ⅱ级，只有极少部分为Ⅲ级，这显然与岸坡实际调查的结果(结论：严重劣化带)不符。

6.2.4.3　适用性分析

点荷载试验与室内单轴抗压强度试验相比，具有操作简便、速度快捷、试验成本低、对试样加工要求低等特点，并且可以直接利用不规则岩块进行试验。但是现场测试的结果表明，点荷载试验的结果不能有效地表征由结构面导致的岸坡岩体劣化，由点荷载结合 BQ 法对岩体的分类也需要考虑岩性种类和岩体状态。但是对于特定岸坡而言，可以利用点荷载试验获得岸坡不同位置的同期强度比，进行同点多期的对比分析，也是可以特定岸坡的劣化评价的。

6.3　岩体劣化评价指标

岩体劣化评价指标是反映岩体劣化程度的量化指标。根据指标的适用对象可分为室内评价指标和现场评价指标，室内评价指标多用于室内试验结果的量化评价，现场评价指标多用于现场测试结果的量化评价。根据指标描述的劣化尺度可分为细观评价指标和宏观评价指标，细观评价指标能够反映岩石劣化细观演化特性，主要为微孔隙结构特性和孔隙率变化，宏观评价指标主要为强度或者变形指标。根据岸坡消落区岩体劣化的表现形式和适用的试验技术，岩体劣化评价指标可总结如表 6-25 所示。

表 6-25　岸坡消落区岩体劣化评价指标

	评价指标	指标参数	备注
基础因子	岩石强度	软化系数	适用于强度较低的泥岩、泥砂岩泥化软化的描述
	岸坡结构	岸坡结构差异度	适用于存在结构面的岸坡
	岩体强度	同期强度比	适用于可进行点荷载试验和回弹试验的区域同期性质评价
	岩性组合	层厚比	适用于现场岸坡岩性组构(厚层状、厚层夹薄层、薄层互层)情况描述

续表 6-25

	评价指标	指标参数	备注
响应因子	结构面特征	结构面发育密度	适用于结构面明显的逆向坡或者横向坡中，易于统计或者测量
	岩体表面起伏度	表面起伏度	适用于劣化能引起表面粗糙度变化的岸坡，比如溶蚀型
	岩石剥落情况	剥落率	适用于顺向或者斜顺向坡中易断裂脱落的薄层岩体，比如剥蚀性劣化
	岩石崩解程度	崩解率	适用于在水作用下容易发生形态离散化的岸坡岩体，比如侵蚀造成的崩解
	岸坡受掏蚀深度	掏蚀深度变化率	适用于易形成凹槽或者凹腔的岸坡岩体，比如冲蚀形成的岩腔
诱发因子	水动力作用	地下水变化	用于表征库水位升降与岸坡岩体渗透的关系
	水流条件	水流流速	用于描述干支流的水流速度
	岩体卸荷作用	临空条件	用于描述岸坡地形地貌特征
	岩体风化作用	风化程度	用于描述岩体受风化作用的程度

6.4 岩体劣化程度评价

6.4.1 碳酸盐岩岸坡岩体劣化评价

确定某典型碳酸盐岩岸坡的评价体系如图 6-49 所示，对于选定的碳酸盐岩岸坡，目前劣化相应的主要是评价因子，而基础因子接近时，诱发因子是影响岸坡劣化的另一个主要评价因子。用同样的方法，先对指标层中的各个指标因子进行重要程度排序，然后在[1,10]以内对相对重要进行赋值，获得响应组内各自的权重。

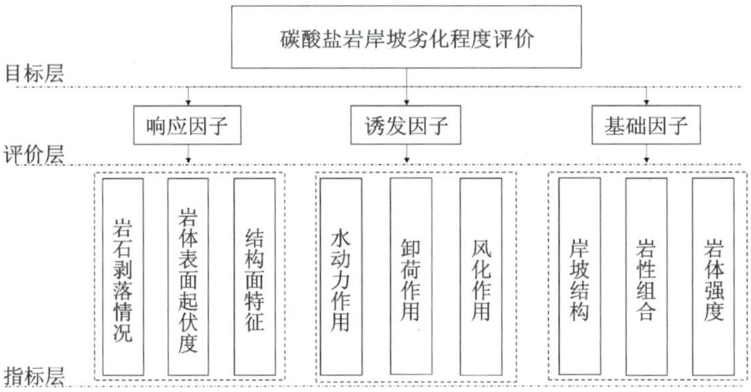

图 6-49　典型碳酸盐岩岸坡的劣化程度评价体系

评价层为响应因子 B_1、诱发因子 B_2 和基础因子 B_3，各自相对于岸坡劣化程度评价 A 的权重如表 6-26所示。

表 6-26　评价层因子的权重

A	B_1	B_2	B_3	W	λ_{max}
B_1	1	3	5	0.65	3.00
B_2	1/3	1	2	0.23	
B_3	1/5	1/2	1	0.12	

指标层的评价指标为岩石剥落情况 C_1、结构面结合程度 C_2、岩体表面起伏度 C_3、相对于评价层响应因子 B_1 的权重计算如表 6-27 所示。

表 6-27 指标层因子相对评价层 B_1 的权重

B_1	C_1	C_2	C_3	W	λ_{max}
C_1	1	3	7	0.54	
C_2	1/3	1	2	0.30	3.01
C_3	1/7	1/2	1	0.16	

指标层的评价指标为水动力作用 C_4、卸荷作用 C_5、风化作用 C_6 相对于评价层诱发因子 B_2 的权重计算如表 6-28 所示。

表 6-28 指标层因子相对评价层 B_2 的权重

B_2	C_4	C_5	C_6	W	λ_{max}
C_4	1	5	7	0.74	
C_5	1/5	1	2	0.17	3.01
C_6	1/7	1/2	1	0.09	

指标层的评价指标为岸坡结构 C_7、岩性组合 C_8、岩体强度 C_9 相对于评价层基础因子 B_3 的权重计算如表 6-29 所示。

表 6-29 指标层因子相对评价层 B_3 的权重

B_3	C_7	C_8	C_9	W	λ_{max}
B_7	1	2	2	0.49	
B_8	1/2	1	2	0.31	3.05
B_9	1/2	1/2	1	0.20	

将 B 层权重乘以 C 层各评价指标的权重即可得到最终的单因子综合权重值如表 6-30 所示。

表 6-30 评价系统综合权重

目标层	准则层	权重	评价指标	权重	综合权重
岸坡岩体劣化评价 A	响应因子 B_1	0.65	岩石剥落情况 C_1	0.54	0.351
			结构面结合程度 C_2	0.30	0.195
			岩体表面起伏度 C_3	0.16	0.104
	诱发因子 B_2	0.23	水动力作用 C_4	0.74	0.170
			卸荷作用 C_5	0.17	0.039
			风化作用 C_6	0.09	0.021
	基础因子 B_3	0.12	岸坡结构 C_7	0.49	0.059
			岩性组合 C_8	0.31	0.037
			岩体强度 C_9	0.20	0.024

采用该方法可获得典型碳酸盐岩岸坡的劣化程度分级如表 6-31 所示。

表 6-31 典型碳酸盐岩岸坡劣化程度分级表

名称		梨子坪—稻草坪崩塌岸坡	虎豹岩—四季坪岸坡	无源洞岸坡	麻石滩—汗沟岸坡	炭沟岸坡
岸坡现状						
基础因子	位置	左岸峡谷区	左岸峡谷区	右岸峡谷区	右岸临空岸坡	左岸峡谷区
	坡体	坡高 55～170m， 坡度 60°～80°	坡高 30m，坡度 70°	坡高 40m，坡度 60°～80°	坡高 30m，坡度 25°～32°	坡高 30m，坡度 70°
	坡型	逆向坡	斜逆向坡	斜顺向坡	顺向坡	逆向坡
	岩性	上部岩性为三叠系薄层灰岩夹页岩，下部为燧石条带灰岩夹煤层	三叠系嘉陵江组(T_1j)薄—中层状灰岩	以三叠系(T_1j^3)灰岩、白云岩为主，灰色—灰白色，薄—中层状	三叠系嘉陵江组(T_1j)灰岩与由下三叠统大冶组(T_1d)薄层灰岩	三叠系嘉陵江组(T_1j)厚层状灰岩
	覆盖层	无	无	碎石土覆盖层 0.1～0.3m	无	无
诱发因子	气象	中风化—强风化	中风化	中—强风化	弱风化	中风化
	水文	基岩裂隙水发育	裂隙水发育	岩溶裂隙水	少量岩溶裂隙水	少量基岩裂隙水
		库水位冲刷和浪蚀严重	库水位冲刷、浪蚀、溶蚀严重	库水位冲刷、浪蚀严重	库水位冲刷、浪蚀较严重	库水位冲刷和浪蚀
	临空面卸荷作用	强卸荷	较强卸荷	较强卸荷	一般卸荷	较强卸荷

续表 6-31

名称		梨子坪—稻草坪崩塌岸坡	虎豹岩—四季坪岸坡	无源洞岸坡	麻石滩—汗沟岸坡	炭沟岸坡
响应因子	结构面结合程度	节理张开 0.2～0.5cm，无填充，可见延伸长 1～2m，裂隙面 4 条/m 或者 2～3 条/m	节理张开 0.2～0.5cm，黏土充填，可见延伸长 5m，裂隙面 3～4 条/m 或者 2～3 条/m	节理闭合，裂面粗糙，可见延伸长 0.5～1m，裂隙面 2～3 条/m 或者 1～2 条/m	节理微张，无充填，可见延伸长 0.2m，裂隙面 4～5 条/m 或者 3 条/m	节理裂面平直，张开 0.2～2cm，黏土充填，裂隙面 2～3 条/m 或者 3～4 条/m
	岩体完整性	破碎	较破碎	较破碎	较完整	较破碎
	劣化现象	掏蚀、倾倒崩塌	崩落掉块，块径一般为 0.1～0.3m	掉块、垮塌	局部岩体崩解掉块，块径多小于 0.5m	崩落掉块，块径一般为 0.1～0.3m
劣化程度评价指数 E 值		9.42	6.27	5	3.64	2.95
结论		强烈劣化段	较强烈劣化段	一般劣化段	较弱劣化段	微弱劣化段

6.4.2 碎屑岩岸坡岩体劣化评价

确定某典型碎屑岩岸坡的评价体系如图 6-50 所示，对于选定的碎屑岩岸坡，目前劣化响应是主要的评价因子，而基础因子接近时，诱发因子是影响岸坡劣化的另一个主要评价因子。用同样的方法，先对指标层中的各个指标因子进行重要程度排序，然后在[1,10]以内对相对重要的因子进行赋值，获得响应组内各自的权重。

评价层响应因子 B_1、诱发因子 B_2 和基础因子 B_3，各自相对于岸坡劣化程度评价 A 的权重如表 6-32 所示。

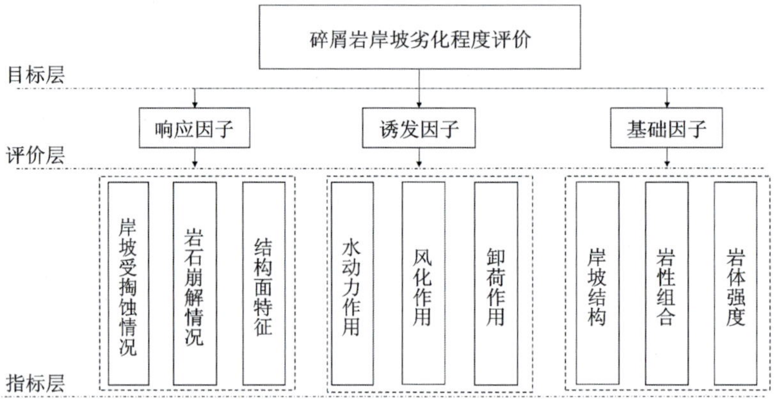

图 6-50　典型碎屑岩岸坡的劣化程度评价体系

表 6-32　评价层因子的权重

A	B_1	B_2	B_3	W	λ_{max}
B_1	1	2	2	0.49	
B_2	1/2	1	2	0.31	3.05
B_3	1/2	1/2	1	0.20	

指标层的评价指标为岸坡受掏蚀情况 C_1、岩石崩解情况 C_2、结构面特征 C_3、相对于评价层响应因子 B_1 的权重计算如表 6-33 所示。

表 6-33　指标层因子相对于评价层 B_1 的权重

B_1	C_1	C_2	C_3	W	λ_{max}
C_1	1	3	5	0.65	3.00
C_2	1/3	1	2	0.23	
C_3	1/5	1/2	1	0.12	

指标层的评价指标为水动力作用 C_4、风化作用 C_5、卸荷作用 C_6 相对于评价层诱发因子 B_2 的权重计算如表 6-34 所示。

表 6-34　指标层因子相对于评价层 B_2 的权重

B_2	C_4	C_5	C_6	W	λ_{max}
C_4	1	5	7	0.74	
C_5	1/5	1	2	0.17	3.014
C_6	1/7	1/2	1	0.09	

指标层的评价指标为岸坡结构 C_7、岩性组合 C_8、岩体强度 C_9 相对于评价层基础因子 B_3 的权重计算如表 6-35 所示。

表 6-35　指标层因子相对于评价层 B_3 的权重

B_3	C_7	C_8	C_9	W	λ_{max}
C_7	1	2	2	0.49	
C_8	1/2	1	2	0.31	3.05
C_9	1/2	1/2	1	0.20	

将 B 层权重乘以 C 层各评价指标的权重即可得到最终的单因子综合权重值如表 6-36 所示。

表 6-36　评价系统综合权重

<table>
<tr><th>目标层</th><th>准则层</th><th>权重</th><th>评价指标</th><th>权重</th><th>综合权重</th></tr>
<tr><td rowspan="9">岸坡岩体劣化评价 A</td><td rowspan="3">响应因子 B_1</td><td rowspan="3">0.49</td><td>岸坡受掏蚀情况 C_1</td><td>0.65</td><td>0.319</td></tr>
<tr><td>岩石崩解情况 C_2</td><td>0.23</td><td>0.113</td></tr>
<tr><td>结构面显化特征 C_3</td><td>0.12</td><td>0.059</td></tr>
<tr><td rowspan="3">诱发因子 B_2</td><td rowspan="3">0.31</td><td>水动力作用 C_4</td><td>0.74</td><td>0.229</td></tr>
<tr><td>风化作用 C_5</td><td>0.17</td><td>0.053</td></tr>
<tr><td>卸荷作用 C_6</td><td>0.09</td><td>0.08</td></tr>
<tr><td rowspan="3">基础因子 B_3</td><td rowspan="3">0.20</td><td>岸坡结构 C_7</td><td>0.49</td><td>0.098</td></tr>
<tr><td>岩性组合 C_8</td><td>0.31</td><td>0.062</td></tr>
<tr><td>岩体强度 C_9</td><td>0.20</td><td>0.040</td></tr>
</table>

采用该方法可获得典型碎屑岩岸坡的劣化程度分级如表 6-37 所示。

表 6-37 典型碎屑岩岸坡劣化程度分级表

名称		XXY-6	XXZ-24	XXY-15	TZZ019	TZR016
岸坡现状						
基础因子	位置	右岸峡谷区	左岸峡谷区	右、凸岸峡谷区	左岸碎屑岩岸坡区	左岸碎屑岩岸坡区
	坡体	坡高 30m,坡度 15°～60°	坡高 30m,坡度 25°～50°	坡高 30m,坡度 15°～60°	坡高 30m,坡度 35°～40°	坡高 10m,坡度 5°～25°
	坡型	逆向坡	斜顺向坡	逆向坡	逆向坡	逆向坡
	岩性	岩质岸坡段为中侏罗统沙溪庙组第 1 段(J_2s^1)长石石英砂岩	中三叠统巴东组 1 段(T_2b^1)砂岩	岩质岸坡段为下侏罗统桐竹园组(J_1t)砂岩,下三叠统巴东组 1 段(T_1b^1)泥灰岩	侏罗系聂家山组上部紫红色粉砂岩、泥岩夹少量薄层状细砂岩;局部表层为 0.5～1.0m 碎石土覆盖,成分为砂岩碎屑,块径为 0.3～0.6m,土石比 7∶3	侏罗系聂家山组上部紫红色粉砂岩、泥岩夹少量薄层状细砂岩;局部表层为 0.5～2.0m碎石土覆盖,成分为砂岩碎屑,块径为 0.1～0.6m,土石比 5∶5
	覆盖层	碎块石土、砂卵石土 1～2m	碎块石土、卵砾石土 1～2m	碎块石土、砂卵石土 1～5m	碎石土 0.5～1m	碎石土 0.5～2m

续表 6-37

名称		XXY-6	XXZ-24	XXY-15	TZZ019	TZR016
诱发因子	气象	中—强风化	中—强风化	中—强风化	强风化	强风化
	水文	裂隙水	裂隙水	裂隙水	裂隙水	裂隙水
	库水对岸坡作用	浪蚀、冲刷、潜蚀	浪蚀、冲刷、潜蚀	浪蚀、冲刷、潜蚀	库水将表层镶嵌块状、粒状结构岩体逐渐剥落	库水将表层镶嵌块状、粒状结构岩体逐渐剥落，堆积体坍滑
	临空面卸荷作用	较强卸荷	较强卸荷	较强卸荷	一般卸荷	一般卸荷
响应因子	结构面结合程度	节理裂隙面： ①140°∠85°，面平直，闭合，可见延伸长 0.4m，5 条/m；②45°∠67°，面平直，闭合，可见延伸长 0.3m，2 条/m；③30°∠55°，面平直，闭合，可见延伸长 1～5m，15 条/m	节理裂隙面： ①169°∠84°，面平直，闭合，可见延伸长 0.9～1.5m，5 条/m；②56°∠75°，面平直，闭合，可见延伸长 0.5～1.0m，3 条/m	节理裂隙面： ①20°∠85°，面平直，闭合，可见延伸长 0.4m，5 条/m；②140°∠53°，面平直，闭合，可见延伸长 1～2m，2 条/m；③30°∠55°，面平直，闭合，可见延伸长 1～5m，15 条/m	裂隙面： ①47°∠56°，2 条/m，裂面较平直，裂隙张开，张开宽度 0.5～1cm，无充填，切深 2～3m，延伸 2～4m；②157°∠53°，2 条/m，裂面较平直，裂隙张开，张开宽度 1～2cm，无充填，切深 3m，延伸 3m	裂隙面： ①74°∠50°，5 条/m，裂面较平直，裂隙张开，张开宽度 0.5～1cm，无充填，切深 2～3m，延伸 2～4m；②126°∠36°，3 条/m，裂面较平直，裂隙张开，张开宽度 1～2cm，无充填，切深 3m，延伸 3m
	岩体完整性	较完整	较完整	较破碎	较破碎	较破碎
	劣化现象	块裂、碎裂、崩落、凹槽、坍滑	块裂、碎裂、崩落、凹槽	块裂、碎裂、崩落、滑移	块裂、剥落、坍滑	碎裂、剥落
劣化评价 E 值		9.3	7.2	5.5	3.8	2.5
结论		强烈劣化段	较强烈劣化段	一般劣化段	较弱劣化段	微弱劣化段

6.5 本章小结

根据库区岸坡赋存环境，可将岸坡岩体劣化评价因子体系分为基础因子（地形地貌、地层岩性岩组、地质构造、岸坡类型等）、诱发因子（气候气象、江河水文、水文地质、水质等）、响应因子（强度及变形、节理裂隙显化、碳酸盐岩的溶蚀、碎屑岩的崩解、软岩的软化和泥化等），劣化评价考虑的要素包括岩体的岩性岩组、矿物成分、强度特性等，评价指标的确定与岸坡岩体劣化特征以及获取劣化特征参数的评价技术相关联。基于现有的数学分析方法，建立了适用于库区典型岸坡消落区岩体劣化评价体系，既能够适用于基于现场直观现象的速评，也可以适用于基于实测特征数据的实评。在统计大量岸坡实例计算结果的基础上，得到了岸坡消落区岩体劣化评价的分级标准。

7 岸坡消落区岩体劣化致灾研究

岸坡岩体劣化致灾与地形地貌、岸坡类型等基本条件密切相关。岸坡消落区岩体在库水升降、波浪掏蚀等外力作用下，消落带岩体表面植被及覆盖层被冲刷灭失，裂缝间填充物流失，裂隙扩张，岩体原始结构被破坏，促使岸坡不断被改造，逐渐变形直至最后失稳破坏，形成了滑坡、崩塌等灾害，并触发涌浪产生次生灾害。岸坡消落区岩体劣化是岸坡灾变的内在控制因素。

7.1 汪家梁子碎屑岩岸坡岩体劣化致灾研究

碎屑岩岸坡岩体较破碎，在库水位周期性升降作用下，诱发岸坡消落区岩体裂隙扩展、连通，岩体透水性增强，水岩作用更为强烈，结构面连通效应增强，促使控制性结构面加速形成，从而诱发崩塌、滑坡等地质灾害，同时，表现为规模不等的崩塌、滑坡入江，形成次生灾害。碎屑岩岸坡劣化致灾模式与岸坡的结构类型、岩组关系等密切相关。

7.1.1 汪家梁子碎屑岩岸坡基本概况

汪家梁子岸坡(图 7-1)位于三峡库区巴东县长江干流左岸，东瀼溪汇入长江交汇口东侧，水库运行条件下岸坡巴东组碎屑岩体劣化作用对岸坡稳定性具有重要影响。岸坡上部为巴东组第四段粉砂质泥岩与粉砂岩互层，下部为巴东组第三段泥灰岩，岩层平均产状为 320°∠35°。同时，受区域构造运动和风化卸荷作用的影响，边坡岩体内主要发育两组节理裂隙，产状分别为 237°∠75°和 124°∠54°。利用赤平投影法绘制汪家梁子东侧岸坡段坡面、岩层及节理产状的赤平投影图(图 7-2)。根据汪家梁子东侧岸坡段边坡平面图可知，坡向在 270°～360°之间时，坡面角度约为 5°，坡向在 270°～360°之间时无法形成临空面，结合岩层产状和汪家梁子岸坡段边坡平面确定图 7-1 中的Ⅰ—Ⅰ′剖面为最不利剖面；同时，产状

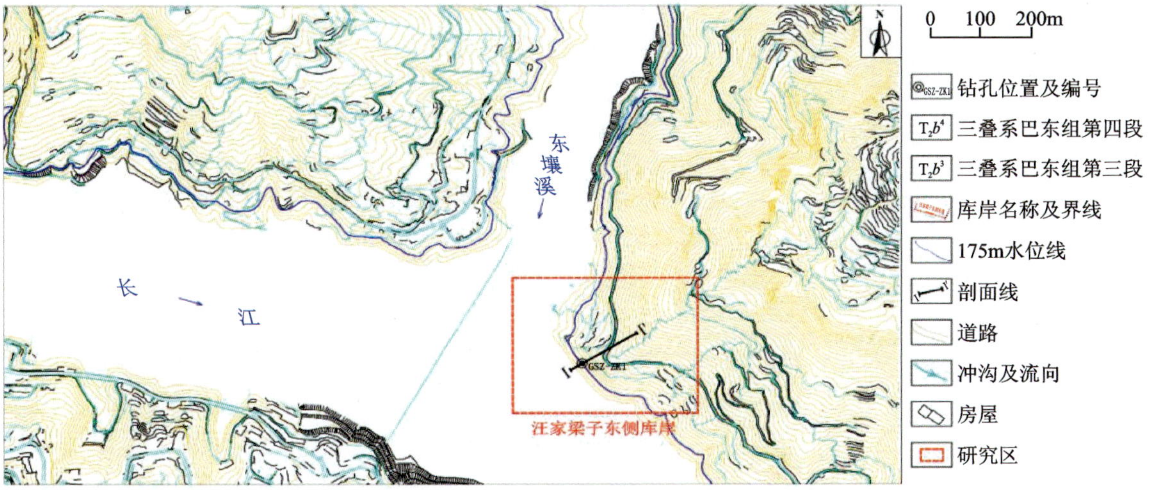

图 7-1　汪家梁子东侧岸坡边坡平面图

为 124°∠54°的节理与Ⅰ—Ⅰ′剖面的组合无法形成破坏；而产状为 237°∠75°的节理与剖面倾向一致，且倾角较大，故产状为 237°∠75°的节理与岩层的组合可能会形成平面破坏，为该边坡的主控节理。因此，选取汪家梁子东侧岸坡边坡为研究对象，根据Ⅰ—Ⅰ′剖面建立岸坡边坡的地质模型，如图 7-3 所示。考虑边界对岸坡边坡数值计算结果的影响，对原始剖面图进行扩展和概化，模型长约 420m，高约 315m，坡向为 238°，坡角为 40°，在该模型中重点考虑了产状为 237°∠75°的一组主控节理的影响。

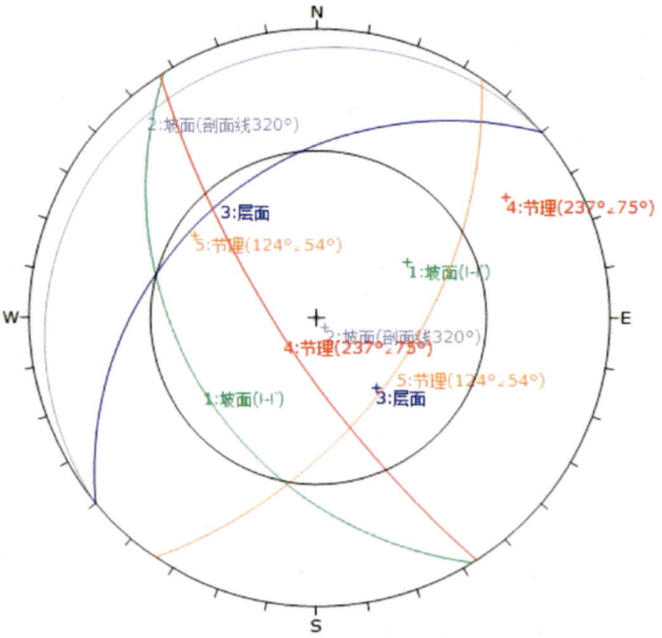

图 7-2　汪家梁子东侧岸坡坡面、层面、节理赤平投影图

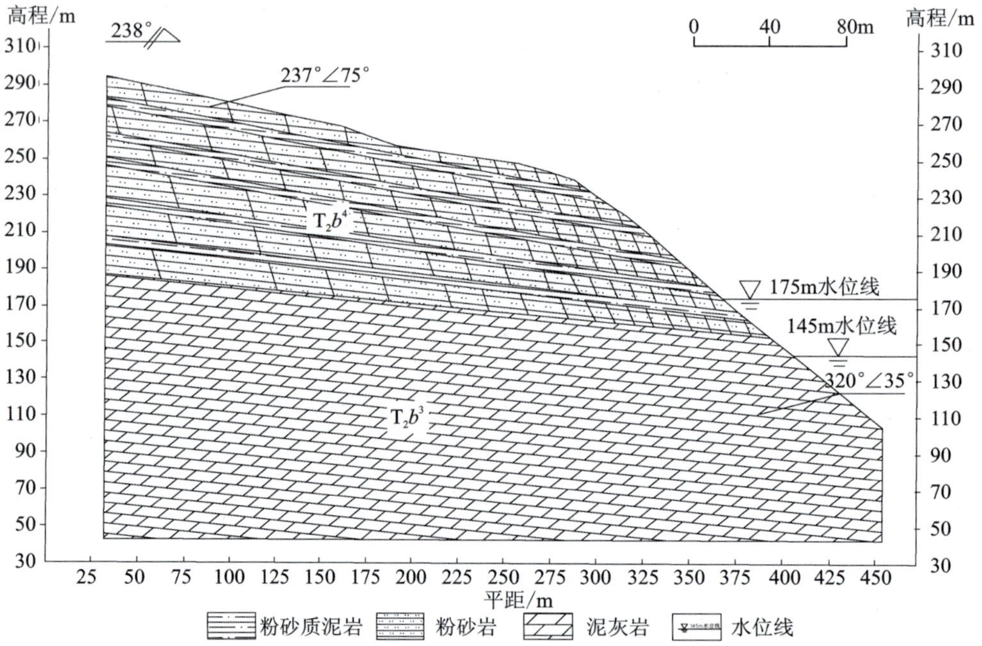

图 7-3　汪家梁子东侧岸坡边坡地质模型

7.1.2 3DEC 数值模拟

7.1.2.1 模型建立

以地质模型为基础，通过在 3DEC 中输入建模命令，建立了汪家梁子东侧岸坡边坡的数值模型，如图 7-4 所示。其中垂直向上方向为 Z 轴正方向，水平向右方向为 X 轴正方向，该数值模型中巴东组第四段粉砂质泥岩单层层厚约 4m，粉砂岩单层层厚约 4m，巴东组第三段泥灰岩单层层厚约 2.5m，根据剖面方位与岩层产状之间的关系，得到岩层倾角为 5°～10°，采用 Jset 命令实现节理裂隙的生成。通过 hide、seek、group block 等命令实现岩性、结构面的分组。根据库水位波动引起的地下水位变化对岸坡岩体的差异影响，将岸坡岩体划分为未劣化区、干湿循环劣化区和长期饱水劣化区。根据分区情况，将块体分为 6 种材料属性，其中material 3、4 和 5 为干湿循环劣化区内的粉砂质泥岩、粉砂岩，模拟时考虑干湿循环对该区岩石、层面和节理参数的劣化作用；material 6 为长期饱水区的泥灰岩，模拟时考虑长期饱水对该区岩石、层面和节理参数的劣化作用（图 7-5）。对于岩石采用摩尔-库伦本构模型，层面和节理面采用库伦滑移区域接触弹塑性模型。

图 7-4 汪家梁子东侧岸坡边坡 3DEC 数值模型

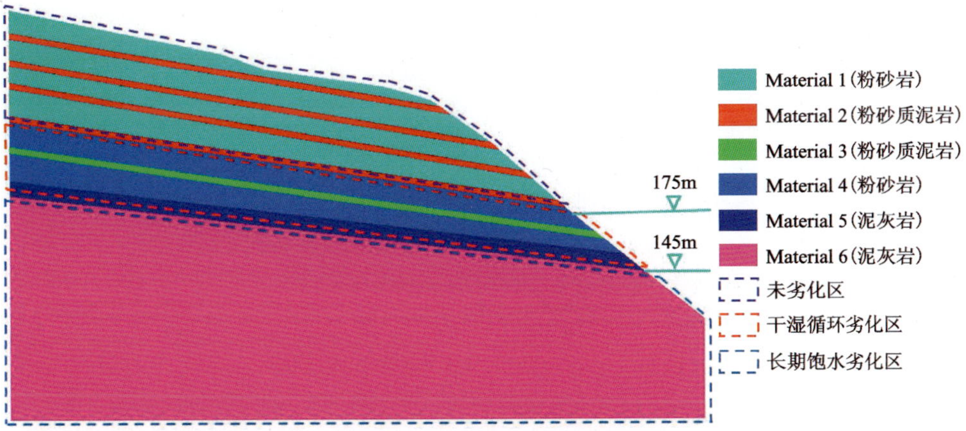

图 7-5 模型参数分组图

7.1.2.2 参数选取

本研究数值计算参数主要根据前期工程地质勘察及室内试验确定。边坡岩体中岩石和结构面在初始状态下的参数分别见表 7-1 和表 7-2。

表 7-1 岩石初始状态参数选取

参数	ρ/(kg·m^{-3})	c/10^6 Pa	Φ/(°)	σ_t/10^6 Pa	K_v/10^9 Pa	G/10^9 Pa
T_2b^4 粉砂岩	2 630.28	15.46	41.39	5.33	10.67	8.17
T_2b^4 粉砂质泥岩	2 604.32	5.51	30.80	2.74	5.59	3.11
T_2b^4 泥灰岩	2 700.00	17.46	43.67	5.79	10.94	8.90
饱水 T_2b^4 泥灰岩	2 700.00	14.46	39.67	3.40	9.47	7.90

表 7-2 结构面初始状态参数选取

	T_2b^4 粉砂岩与粉砂质泥岩层面	T_2b^4 粉砂岩层面	T_2b^4 粉砂岩与 T_2b^3 泥灰岩层面	T_2b^3 泥灰岩层面	T_2b^4 节理	饱水 T_2b^4 泥灰岩层面
K_n/(10^8 Pa·m^{-1})	13.00	15.00	17.00	19.00	12.50	17.30
K_s/(10^8 Pa·m^{-1})	6.50	7.50	8.50	9.00	4.50	7.90
c/10^6 Pa	0.053	0.078	0.085	0.094	0.066	0.080
Φ/(°)	23.46	27.03	28.89	29.68	25.35	28.33

结合室内干湿循环 0、1、3、6、10、15 次下岩石的试验结果，以及岩层层面在干湿循环 0、1、3、6、10、12 次的试验结果，对岩石和岩层层面的强度参数进行曲线拟合，图 7-6a～c 给出了汪家梁子东侧岸坡数

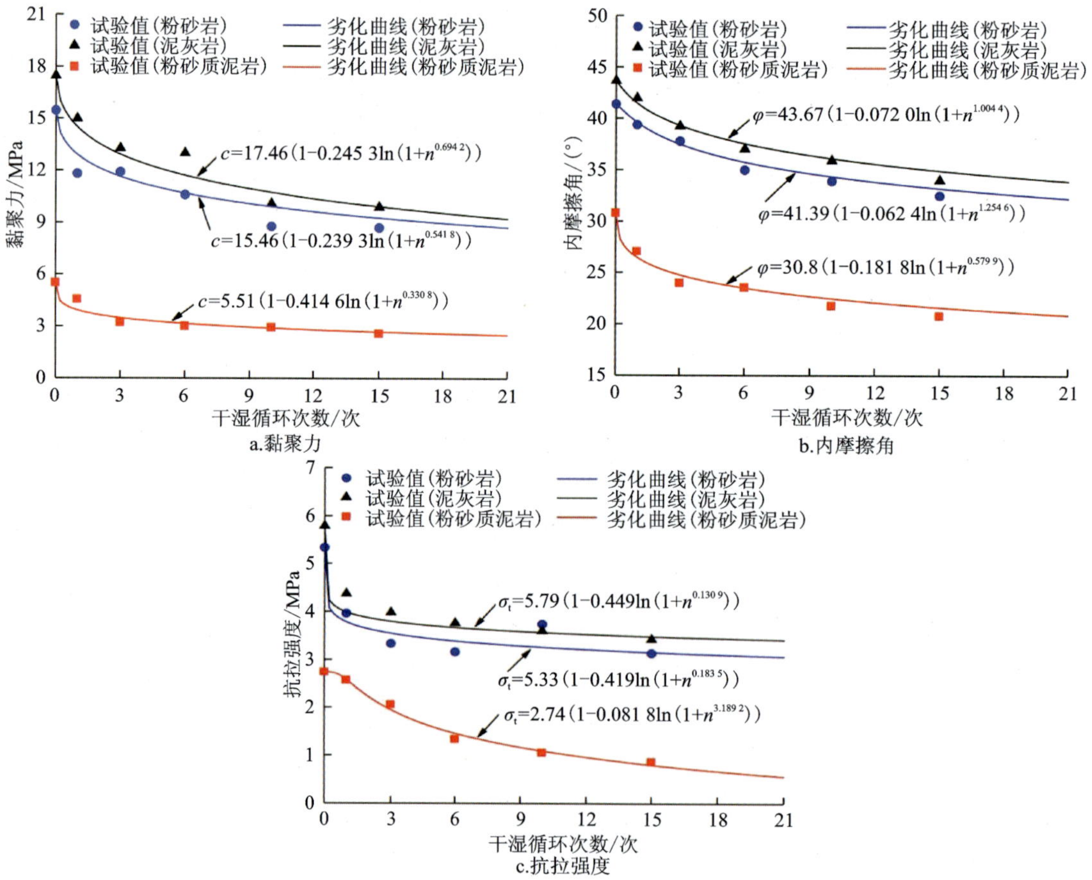

图 7-6 巴东组岩石强度参数劣化曲线

值模型中各类岩石的黏聚力、内摩擦角和抗拉强度参数劣化曲线及劣化方程，图 7-7 给出了数值模型中各类岩层层面的内摩擦角劣化曲线及劣化方程。根据前期室内试验数据，干湿循环 20 次左右时岩石和结构面的劣化基本稳定，因此在研究水库运行引起的地下水位变化导致岩体劣化条件下汪家梁子东侧岸坡变形破坏特征时，干湿循环劣化区范围内的岩石和岩层层面的强度劣化参数按照上述试验结果中干湿循环 20 次的结果取值，岩石、岩层层面的变形参数及节理强度和变形参数以类似劣化规律按经验取值，长期饱水劣化区范围内的岩石及岩层层面劣化参数参照同类相关研究成果取值。劣化参数如表 7-3和表 7-4 所示。

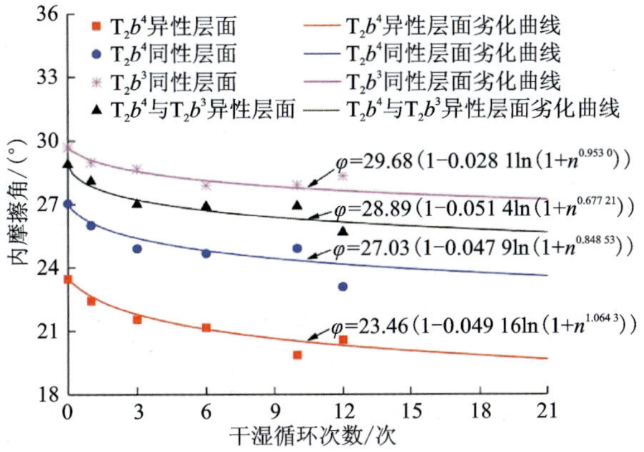

图 7-7 巴东组结构面强度参数拟合曲线

表 7-3 岩石劣化状态参数选取

参数	ρ/(kg·m^{-3})	c/10^6 Pa	Φ/(°)	σ_t/10^6 Pa	K_v/10^9 Pa	G/10^9 Pa
T_2b^4 粉砂岩	2 630.28	8.25	31.62	3.08	4.82	2.51
T_2b^4 粉砂质泥岩	2 604.32	2.52	20.16	0.60	3.27	0.72
T_2b^4 泥灰岩	2 700.00	9.32	33.37	3.35	5.63	2.93
饱水 T_2b^4 泥灰岩	2 700.00	10.54	34.55	3.12	8.47	7.00

表 7-4 结构面劣化状态参数选取

	T_2b^4 粉砂岩与粉砂质泥岩层面	T_2b^4 粉砂岩层面	T_2b^4 粉砂岩与 T_2b^3 泥灰岩层面	T_2b^3 泥灰岩层面	T_2b^4 节理	饱水 T_2b^4 泥灰岩层面
K_n/(10^8 Pa·m^{-1})	4.30	5.00	5.70	6.30	3.90	16.90
K_s/(10^8 Pa·m^{-1})	2.20	2.50	2.80	3.00	1.90	7.10
c/10^6 Pa	0.053	0.078	0.085	0.094	0.066	0.080
Φ/(°)	19.74	23.64	25.69	27.25	20.40	27.89

7.1.2.3 边界条件

数值模型边坡底部和四周边界均设置位移约束边界条件，底部($z=-66$m)设置 x、y、z 方向位移约束条件，左、右两侧面($x=-102$m、320m)设置 x 方向位移约束条件，前、后两侧面($y=0$m、10m)设置 y 方向位移约束条件，顶面是自由边界。

7.1.3 劣化致灾机理

7.1.3.1 岩体未劣化条件下岸坡变形特征

岸坡消落区内岩体未劣化情况下，岩石和结构面按不发生劣化考虑。根据模型计算结果可知，汪家梁子东侧岸坡边坡在天然状态下岩体完整性较好，节理裂隙未出现明显的较大贯通或区域性连通，整体及局部均未发生较大变形及失稳破坏。图 7-8 和图 7-9 分别为岩体未劣化条件下岸坡最大主应力图和最大剪应变图，结果表明，边坡最大主应力主要在斜坡表面分布，最大主应力为 4.61MPa，边坡最大剪应变主要沿相对较软的粉砂质泥岩层分布；图 7-10 为岩体未劣化条件下岸坡 X 方向位移图，结果表明，边坡在坡面附近发生局部变形，受节理裂隙及层面控制，变形呈现“阶梯式”特点，最大位移为 4.91cm。

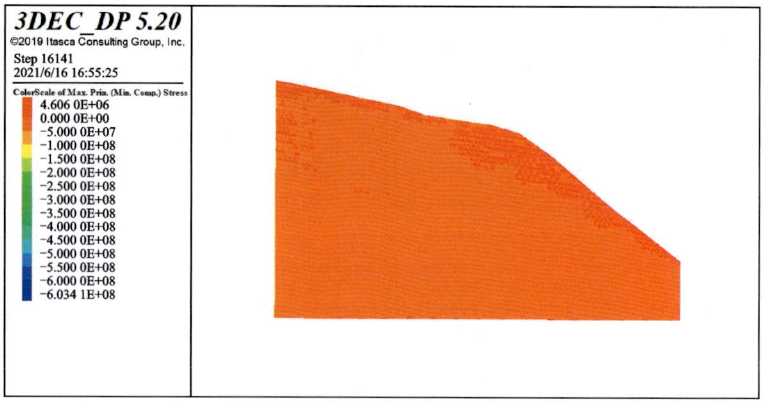

图 7-8 岩体未劣化条件下岸坡最大主应力图

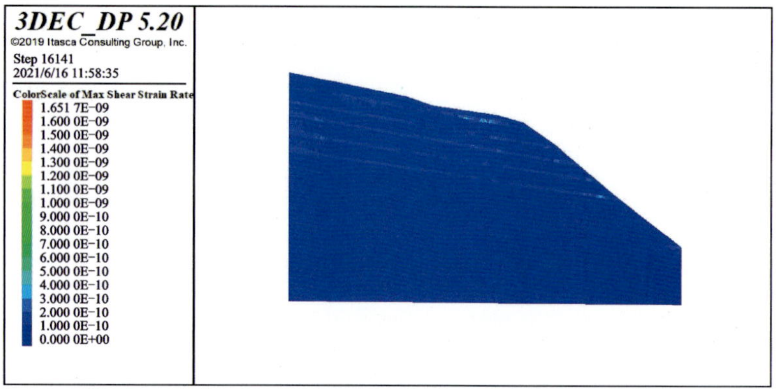

图 7-9 岩体未劣化条件下岸坡最大剪应变图

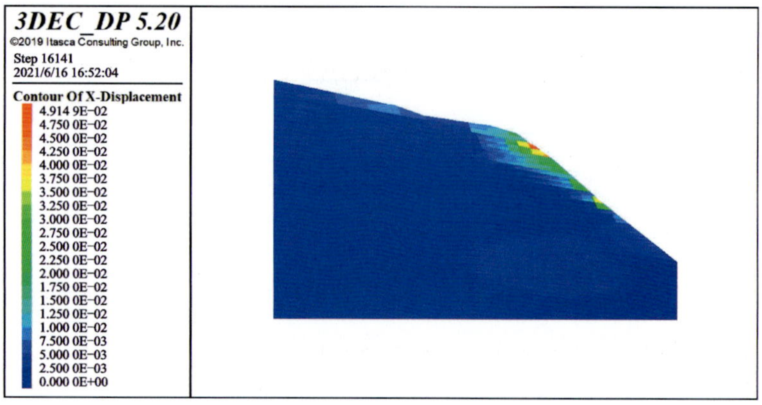

图 7-10 岩体未劣化条件下岸坡 X 方向位移图

7.1.3.2 水库运行导致岩体劣化条件下岸坡变形破坏特征

水库运行期间，库水对岩体的劣化作用表现为干湿循环、长期饱水、渗流等作用导致的岩石参数劣化、结构面参数劣化和结构面扩展等。在此，为简化计算，水库运行导致岩体劣化仅考虑干湿循环作用和长期饱水作用下岩石参数、岩层层面参数和裂隙参数劣化。图 7-11 和图 7-12 分别为水库运行导致岩体劣化条件下岸坡最大主应力图和最大剪应变图，结果表明，边坡岩体的最大主应力主要集中在坡体表面和坡肩位置，最大主应力为 2.52 MPa；边坡最大剪应变主要出现在粉砂质泥岩岩层内部，其中靠近坡面处的消落带粉砂质泥岩剪应变较其他粉砂质泥岩岩层内剪应变大。图 7-13 为水库运行导致岩体劣化条件下岸坡 X 方向位移图，结果表明，边坡岩体的 X 方向位移主要集中在靠近坡体表面内，由坡体表面向坡体内部 X 方向位移变小，X 方向最大位移可达 5.17cm。与未劣化的边坡相比，随着消落带内岩石和结构面的劣化，坡体内最大主应力分布范围增大，坡体的变形影响区向坡体内部扩展，坡体变形区变大，坡体的变形主要受岩体内的节理和层面控制，呈现“阶梯式”逐级变形。

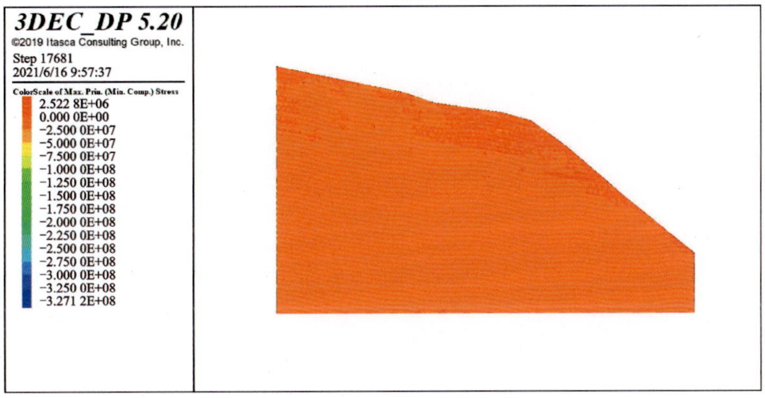

图 7-11 水库运行导致岩体劣化条件下岸坡最大主应力图

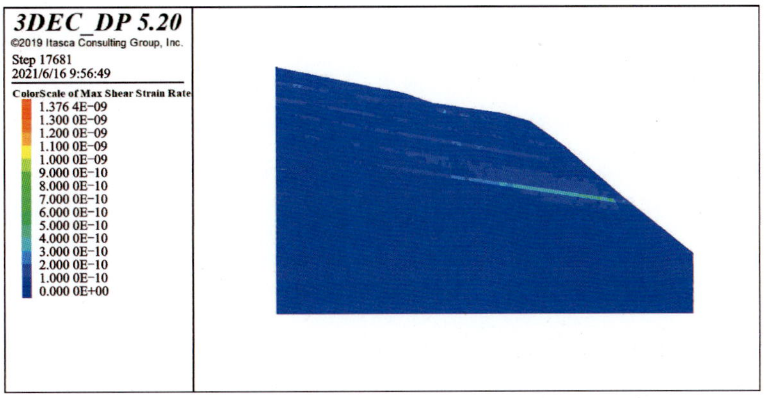

图 7-12 水库运行导致岩体劣化条件下岸坡最大剪应变图

7.1.3.3 后缘节理贯通和库水影响区岩体劣化共同作用下岸坡变形破坏特征

根据计算结果可知，仅考虑库水位升降作用导致的干湿循环和长期饱水作用对岩石和结构面参数的劣化，汪家梁子东侧岸坡边坡虽发生一定变形，但整体仍处于稳定状态。实际上，受降雨、卸荷等多种因素的影响，在坡体上部的相邻微小裂隙可能会出现连结贯通的现象，从而产生贯通大裂隙，坡体内岩体也将受到外界因素影响，劣化进一步加剧，在这种综合因素影响下边坡可能产生失稳破坏。据此，在上述模型的基础上，将模型进行概化，增加贯通裂隙，裂隙产状与小裂隙基本保持一致，在 3DEC 中做贯通裂隙情况下的边坡变形情况数值模拟分析，贯通裂隙数值模型如图 7-14 所示。

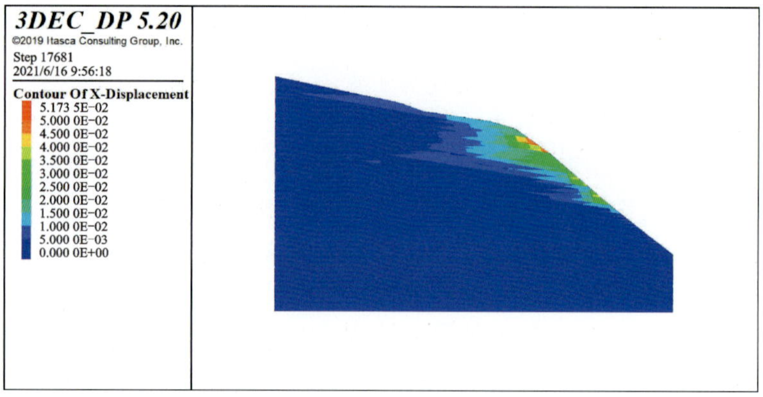

图 7-13　水库运行导致岩体劣化条件下岸坡 X 方向位移图

图 7-14　贯通裂隙数值模型图

图 7-15 和图 7-16 分别为后缘节理贯通和库水影响区岩体劣化共同作用下最大主应力图和最大剪应变图，根据模型计算结果，在出现贯通裂隙后，最大主应力的影响范围分布区扩大，在整个边坡巴东组第四段粉砂岩及粉砂质泥岩中均出现最大主应力集中，最大主应力为 3.28MPa；最大剪应变出现在坡体粉砂质泥岩内部，尤其是在消落带的整个粉砂质泥岩岩层内剪应变达到最大。图 7-17 为后缘节理贯通和岩体劣化共同作用下位移图，结果表明，形成贯通裂隙后，上部贯通裂隙与消落带粉砂岩和粉砂质泥岩层面组合，将形成组合节理，产生潜在贯通滑面，岩体受该潜在滑面的控制，变形继续增大，最大变形区仍集中分布在坡表，最大位移为 6.14cm，由坡表向边坡内部，位移逐渐减小。

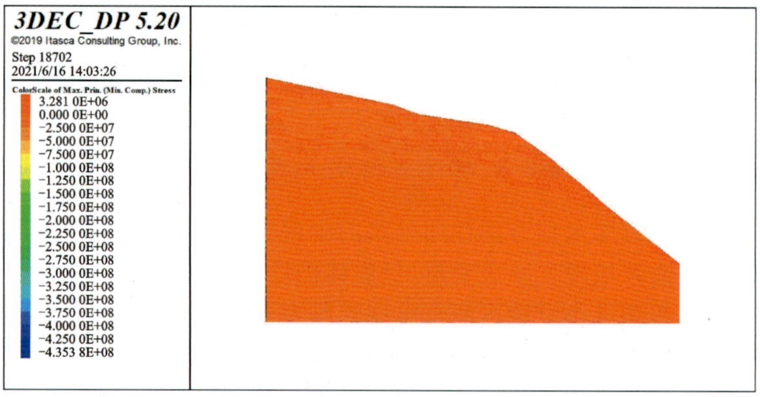

图 7-15　后缘节理贯通和库水影响区岩体劣化共同作用下最大主应力图

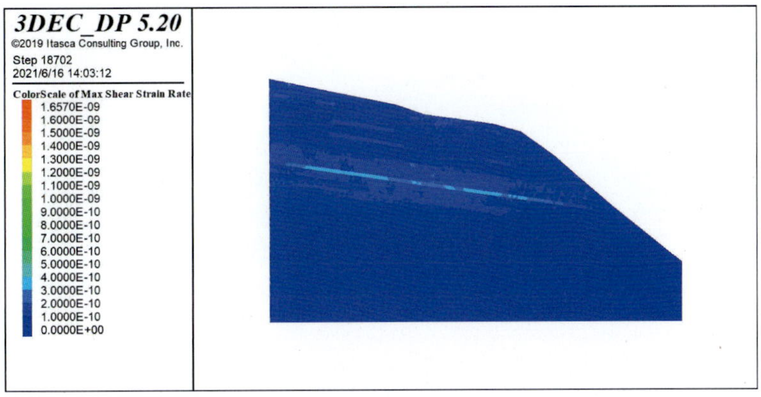

图 7-16 后缘节理贯通和库水影响区岩体劣化共同作用下最大剪应变图

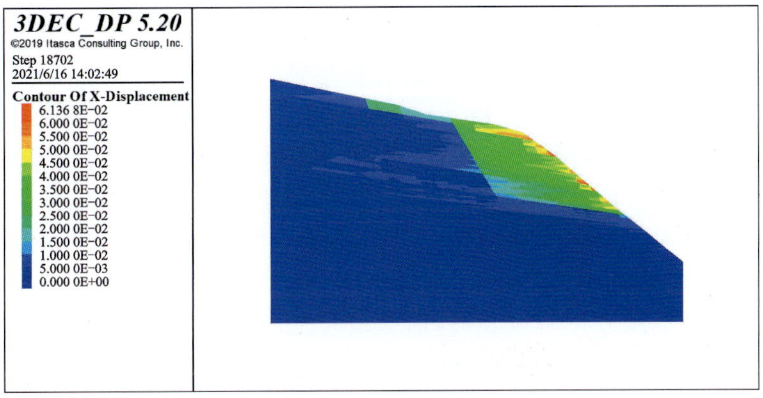

图 7-17 后缘节理贯通和库水影响区岩体劣化共同作用下位移图

7.1.3.3 汪家梁子东侧岸坡劣化失稳机理

1)局部变形阶段

在库水位周期波动初期,岸坡边坡的稳定性主要受区域构造运动、风化卸荷等作用的影响,水库运行导致的岩体劣化作用较弱,边坡整体处于稳定状态,仅在边坡表面出现局部变形,变形位移较小,并且呈“阶梯式”分布。

2)持续变形阶段

长期的库水位周期性波动引起的干湿循环作用加剧了岸坡边坡岩体的劣化程度,坡体的变形影响区向坡体内部扩展,坡体变形区变大。坡体的变形主要受岩体内的节理和层面控制,呈阶梯式逐级变形,但不会出现整体的岸坡失稳。

3)整体失稳阶段

在库水位周期性波动、降雨和地震等多种因素的影响下,坡体上部相近的微小裂隙可能会出现连结贯通的现象,从而产生贯通大裂隙,在诱发因素作用下滑面贯通,边坡发生失稳破坏。

7.1.4 劣化致灾趋势分析与预测

在前述研究中,导致库水影响区岩体劣化的条件仅考虑了干湿循环作用和长期饱水作用,实际上,在库水位升降过程中渗流所产生的动水压力、冲蚀作用等也会引起岩体的劣化,所以,实际库水影响区的岩体劣化效应会更加剧烈。同时,除库水位的周期性变化之外,还有降雨作用、区域构造运动等其他因素综合影响,该边坡岩体会持续劣化进而可能会发生失稳破坏,故需要对边坡失稳破坏的临界状态进行分析,做出岩体劣化致灾趋势的分析和预测。对岩体的劣化物理力学参数继续进行研究,如图 7-18 所示,在边坡模型坡表内距离坡表 30m 左右的位置设置 9 个位移监测点,彼此间隔约 30m,监测边坡的位移变形情况。

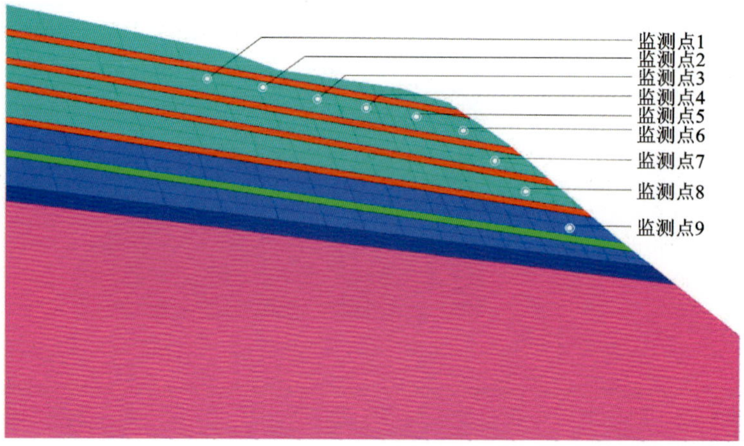

图 7-18　监测点布置图

依据模拟分析软岩/层面对边坡稳定性影响的计算结果可知，该边坡的变形破坏主要受到上部贯通裂隙和消落带粉砂岩与粉砂质泥岩层面控制，因此对复杂因素影响作用下贯通裂隙的边坡强度和变形参数继续进行折减。根据计算结果得出：当消落带粉砂岩与粉砂质泥岩层面内摩擦角劣化为10°时，岸坡边坡就处于临界滑动状态，若粉砂岩与粉砂质泥岩层面继续劣化，边坡将发生整体滑移破坏。滑坡破坏过程如图7-19所示。计算步数为10 000步时，边坡消落带剪出口X方向位移最大，位移1.04m；当计算步数为20 000步时，位移继续增加，滑坡前缘位移进一步增加，最大达到3.19m，并在前缘剪出口处可观察到微小错动；当计算步数为50 000步时，前缘最大位移为6.58m，并且滑坡体与后缘贯通裂隙逐渐分离；计算步数继续增加，滑坡前缘位移持续增大，当计算步数为280 000步时，滑坡最大位移为12.49m，滑坡前缘部分岩体已经开始脱离滑体；当计算步数增加到300 000步时，滑坡最大位移为15.75m，滑坡前缘有部分碎块掉落。

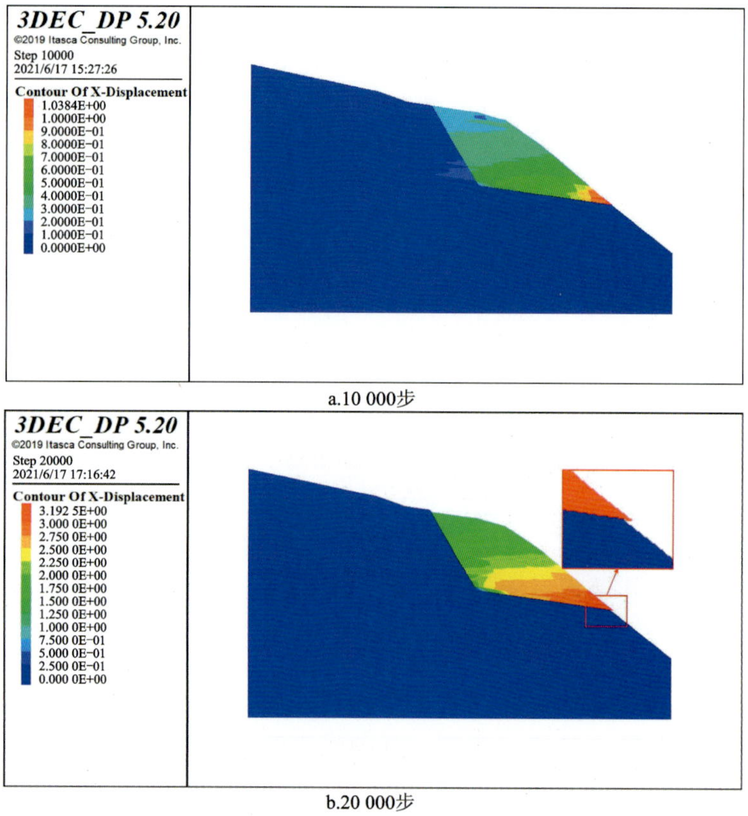

图 7-19　裂隙贯通后边坡变形失稳过程

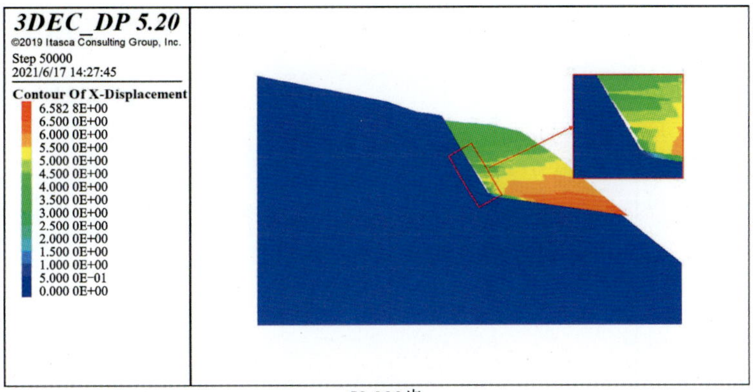

c.50 000步

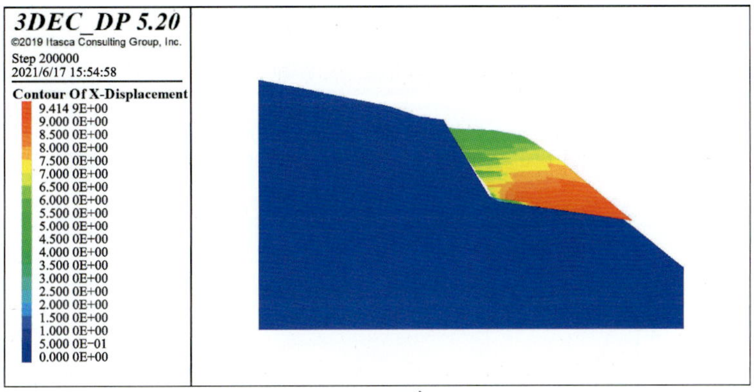

d.200 000步

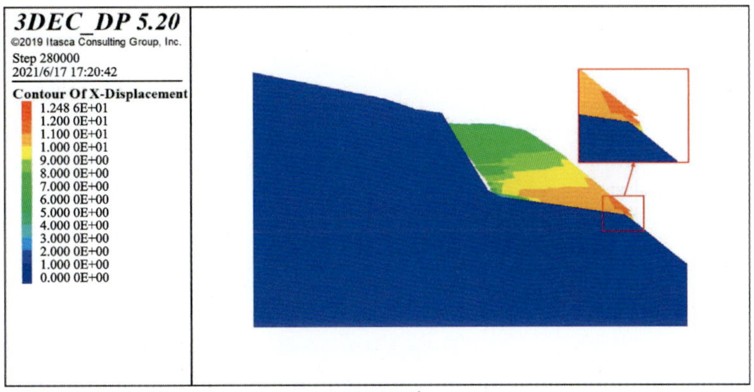

e.280 000步

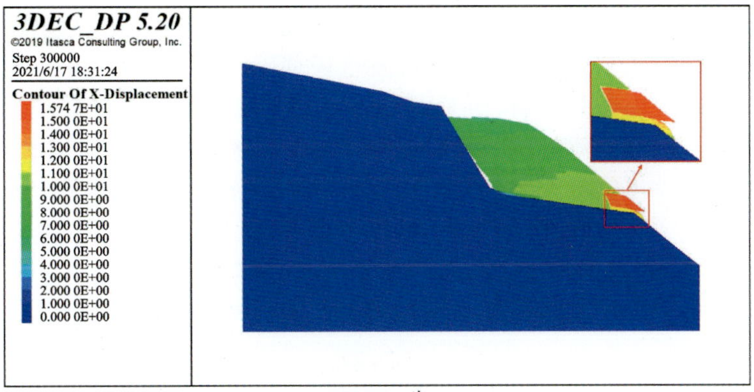

f.300 000步

续图 7-19

根据图 7-20 各监测点位移曲线可知，消落带岩体劣化导致边坡滑移失稳初期，位移增加速度较快，后期滑移位移仍在不断增大，但相比前期速度变慢，岸坡仍处于滑动变形状态，据此推测随着计算步数的增加，滑坡变形仍会持续增大。

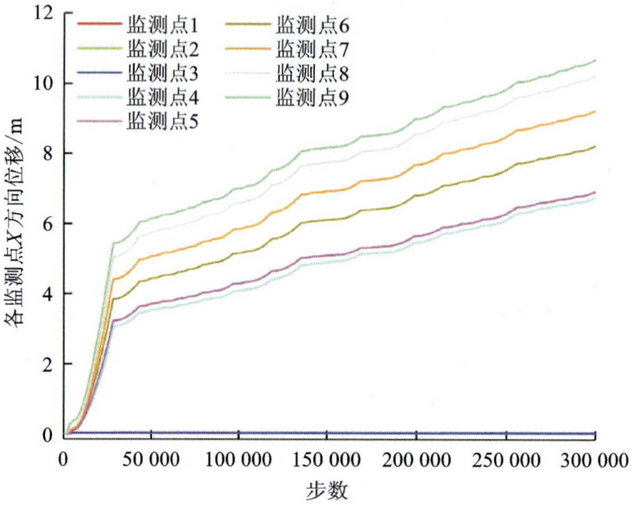

a.监测点X方向位移

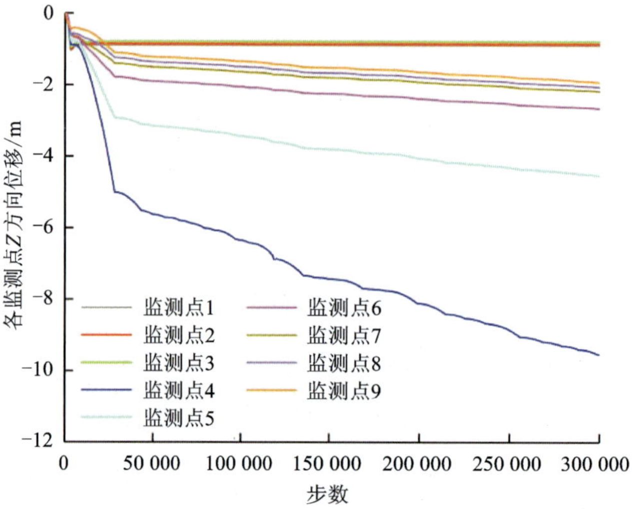

b.监测点Z方向位移

图 7-20　裂隙贯通后各监测点位移曲线

根据本次数值模拟计算结果，在仅考虑库水位波动引起地下水位变化导致的干湿循环和长期饱水对岩石的劣化作用下，汪家梁子东侧岸坡仅在坡表发生局部破坏。实际上，岸坡边坡岩体劣化还受动水压力、渗流、降雨、地震等综合因素的影响，如考虑多种因素对汪家梁子东侧岸坡边坡岩体劣化的作用，研究表明，消落带粉砂岩与粉砂质泥岩层面内摩擦角 10°为汪家梁子东侧岸坡边坡滑移的临界强度参数，当汪家梁子东侧岸坡边坡消落带内粉砂岩与粉砂质泥岩层面内摩擦角劣化达到临界值时，滑坡发生滑移的可能性较大。

7.2　龙昌峡碳酸盐岩岸坡岩体劣化致灾研究

碳酸盐岩岩体受构造影响较破碎，消落区的软弱薄层基座岩体，在水库作用影响下，首先植被灭失，张开裂缝充填物消失，隐性裂隙逐步显现、张开、贯通，遵循碎裂块裂型模式劣化，其次软弱基座逐步崩落形成凹腔或小型松弛带，最终导致上部斜坡岩体下部悬空，形成危岩体，上部危岩体与母岩分离后重心逐渐外倾，危岩体沿某一支点向临空方向转动性倾倒，形成倾倒式崩塌。这种碳酸盐岩岸坡岩体劣化致使岸坡倾倒造成坡底受灾的致灾模式称为倾倒型致灾模式。本节以棺木岭危岩体为例对倾倒型致灾模式进行分析。

7.2.1 龙昌峡碳酸盐岩岸坡基本概况

龙昌峡位于三峡库区巴东县官渡口镇神农溪支流右岸，如图 7-21 所示，水库运行条件下岸坡三叠系碳酸盐岩体劣化作用对岸坡稳定性具有重要影响。选取岸坡段下陈家湾—长洞子崩塌区段为研究对象，根据Ⅱ—Ⅱ′剖面建立岸坡边坡的地质模型，如图 7-22 所示。模型长 210m，高 260m，坡向 76°。上部坡度相对较缓，约 52°，下部坡度约 78°，岸坡总体呈上缓下陡。岸坡上部发育一条陡倾裂缝，产状 76°∠81°，裂缝最大宽度约 1.25m，自上而下宽度逐渐变窄。裂缝控制的危岩体竖直高度约 85m，宽度约 30m，危岩体岩性以三叠系嘉陵江组第三段中厚层灰岩为主。受库水位升降影响，消落带内岸坡岩体在表面发育有裂隙，呈现表面破碎状。

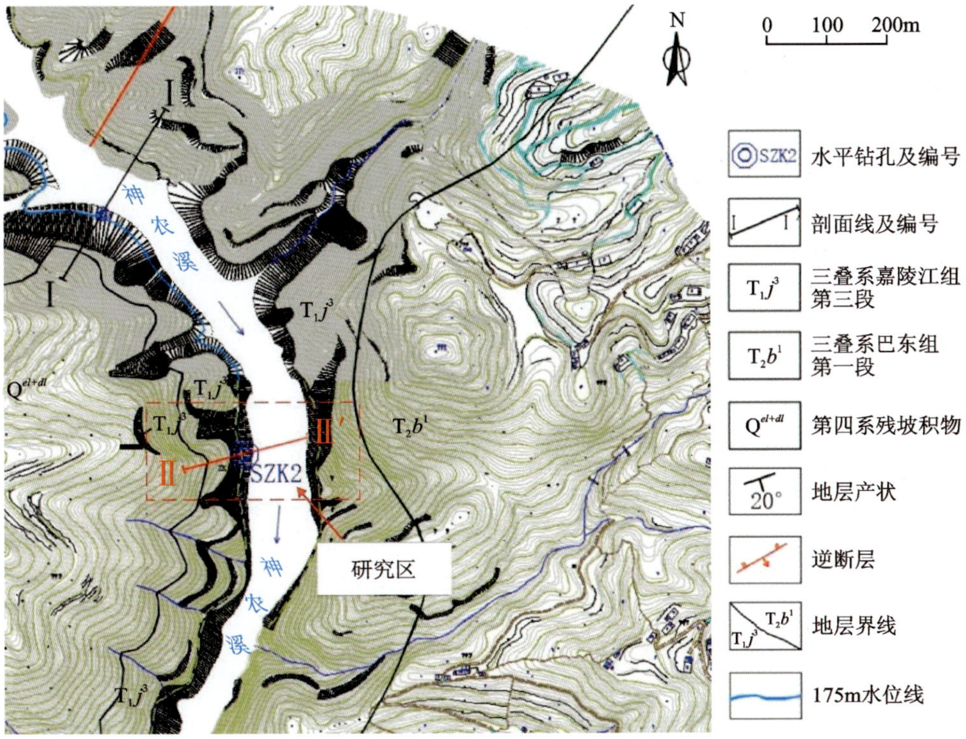

图 7-21 龙昌峡高陡岸坡段研究区工程地质平面图

7.2.2 PFC 数值模拟

7.2.2.1 细观参数标定

PFC 数值软件采用离散元方法，在参数设置时需输入颗粒细观力学参数，在已知岩石宏观力学参数时，需首先进行单轴压缩数值试验，通过调整合适的颗粒细观参数使颗粒集合体反映出的力学性质与岩石的宏观力学性质相一致。根据前人（罗晓龙等，2018）研究的室内试验中干湿循环 0 次下灰岩的主要力学参数（单轴压缩强度、弹性模量）校准数值模型中颗粒间的细观参数，经过反复试算，确定了符合龙昌峡岸坡段灰岩的 5 个细观参数，如表 7-5 所示。最终室内、数值试验所反映出的岩石力学参数对比情况如表 7-6 所示。数值单轴压缩试验中岩样破坏情况如图 7-23 所示，数值灰岩应力-应变曲线如图 7-24 所示。

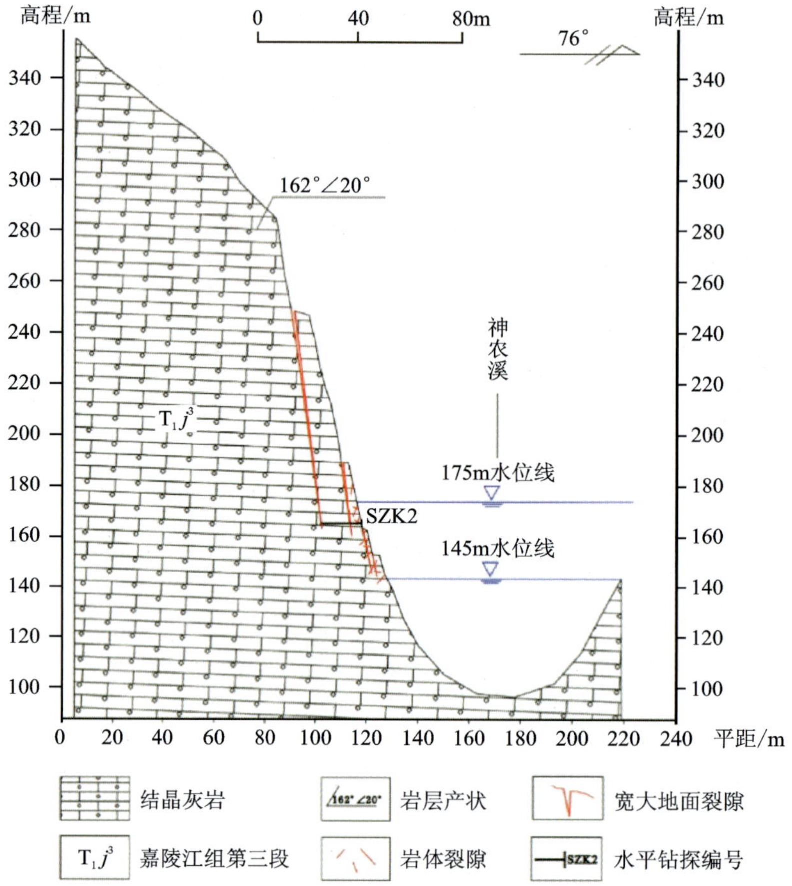

图 7-22　龙昌峡高陡岸坡地质模型

表 7-5　灰岩细观力学参数

细观参数	
接触模量 E_c/GPa	5
法向模量 E_{cn}/GPa	10
法切向刚度比 k_n/k_s	3.5
切向模量 E_{cs}/GPa	2.86
法向黏结强度 σ_{cn}/MPa	35
切向黏结强度 τ_{sn}/MPa	105

表 7-6　灰岩力学参数

宏观参数	岩石	
	室内试验	数值试验
单轴抗压强度/MPa	85.2	85.7
弹性模量/GPa	12.8	12.7
泊松比	0.32	0.31

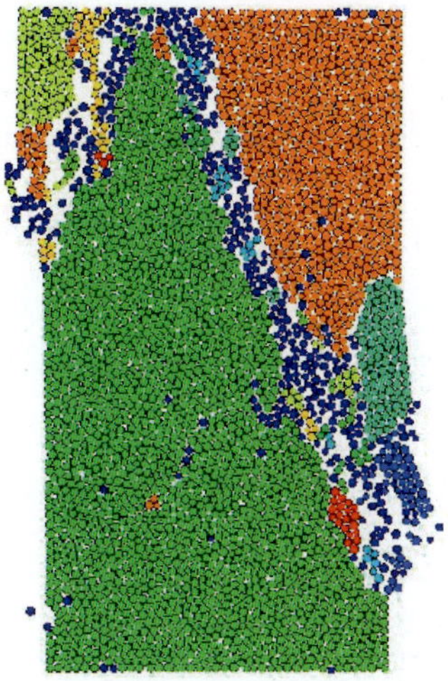

图 7-23　PFC 单轴压缩试验结果

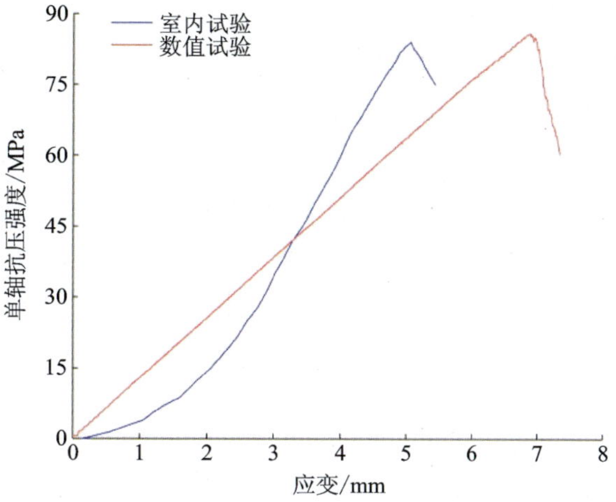

图 7-24　数值灰岩应力-应变曲线

为探究灰岩在干湿循环作用下力学参数的劣化规律，依据室内干湿循环 0 次、5 次、10 次、15 次、20 次下灰岩的单轴压缩试验结果，采用自然对数函数对岩石的单轴抗压强度和弹性模量数据进行了曲线拟合，如图 7-25 和图 7-26 所示。

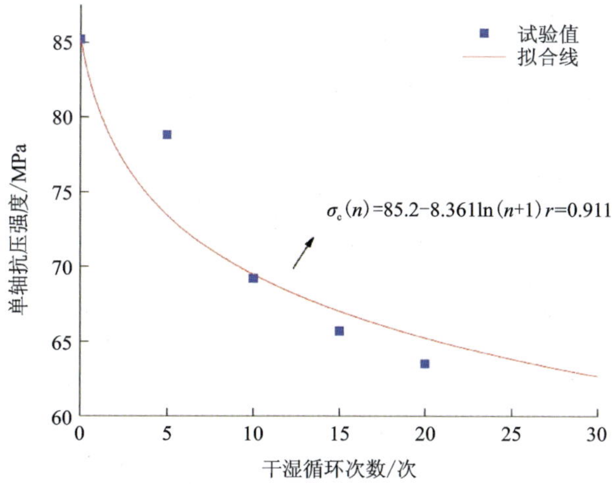

图 7-25　灰岩单轴抗压强度劣化曲线

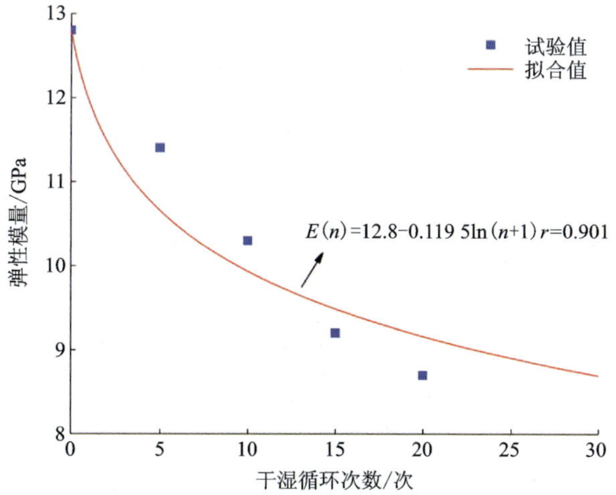

图 7-26　灰岩弹性模量劣化曲线

灰岩干湿循环条件下宏观力学参数劣化拟合公式如下。

1)灰岩单轴抗压强度劣化规律

$$\sigma_c(n) = \sigma_{c0} - 8.361\ln(n+1) \quad r = 0.911 \tag{7-1}$$

2)灰岩弹性模量劣化规律

$$E(n) = E_0 - 0.1195\ln(n+1) \quad r = 0.901 \tag{7-2}$$

式中：σ_{c0} 为单轴压缩初始强度值，85.2MPa；E_0 为弹性模量初始值，12.8GPa；n 为干湿循环次数，次。

为探究不同干湿循环次数下反应灰岩力学性质的细观参数劣化规律，进一步标定了干湿循环 0 次、5 次、10 次、15 次、20 次下岩石的细观力学参数，如表 7-7 和表 7-8 所示，根据 5 个细观参数(接触模量、法向黏结模量、切向黏结模量、法相黏结强度、切向黏结强度)各自的衰减规律，通过函数拟合得到了灰岩细观力学参数的 5 个劣化方程，如图 7-27 和图 7-28 所示。

表 7-7　细观变形参数随循环次数 n 的变化

循环次数 n	接触模量 E_c/GPa	黏结模量 E_{cn}/GPa	法切向刚度比 k_n/k_s	切向模量 E_{cs}/GPa
0	5	10	3.5	2.86
5	4.5	9	3.6	2.5
10	4.05	8.15	3.63	2.24
15	3.7	7.4	3.64	2.03
20	3.47	6.94	3.64	1.91

表 7-8　细观强度参数随循环次数 n 的变化

循环次数 n	法向黏结强度 σ_{cn}/MPa	切向黏结强度 τ_{sn}/MPa
0	35	105
5	32	96
10	28.3	84.9
15	27	81
20	26	78

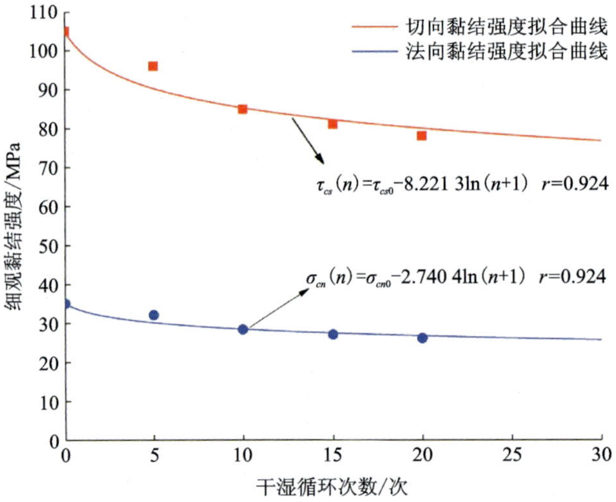

图 7-27　灰岩细观强度参数劣化规律

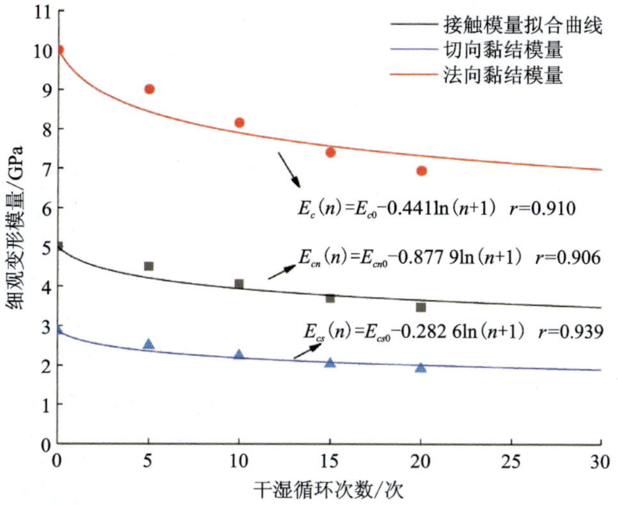

式中：E_{c0} 为接触模量初始强度值，5GPa；E_{cn0} 为法向黏结模量初始值，10GPa；E_{cs0} 为法向黏结模量初始值，2.86GPa；σ_{cn0} 为法向黏结强度初始值，35MPa；τ_{cs0} 为切向黏结强度初始值，105MPa；n 为干湿循环次数，次。

图 7-28 灰岩细观变形参数劣化规律

根据灰岩结构面直剪试验结果（王威等，2011），获取了灰岩软弱结构面的剪切力学行为，本书采用法向应力 1MPa 下灰岩软弱结构面的剪切强度进行参数校准，最终结构面参数取值如表 7-9 所示。

表 7-9 灰岩结构面细观参数

细观参数	法向刚度/(10^9N·m^{-3})	切向刚度/(10^9N·m^{-3})	摩擦因数	内聚力/kPa	抗拉强度/kPa
数值	3.0	1.0	0.2	5.0	0.0

7.2.2.2 颗粒地质体生成

建立如图 7-29 所示的边界墙，在墙体内部填充颗粒，粒径大小设为 0.3～0.5m，孔隙率为 0.1（该孔隙率并非满足真实岩体的孔隙率，而是为离散单元体而设置的值），在无重力及墙体无摩擦状态下进行平衡，清除坡体内部的悬浮颗粒，生成均匀密实的颗粒集合体。

7.2.2.3 重力作用下初始应力平衡

对颗粒集合体设置重力加速度，进行重力状态下模型的初始平衡。为获得较为真实的地应力情况，在坡体内部某位置布设测量圆（距模型底部约为 50m，竖向深度约为 160m）如图 7-29所示，监测模型平衡过程中区域垂直应力和水平应力的变化情况，如图 7-30所示。可见，模型稳定时 160m 处垂直地应力约为4.25MPa，较好地达到了重力平衡的要求。

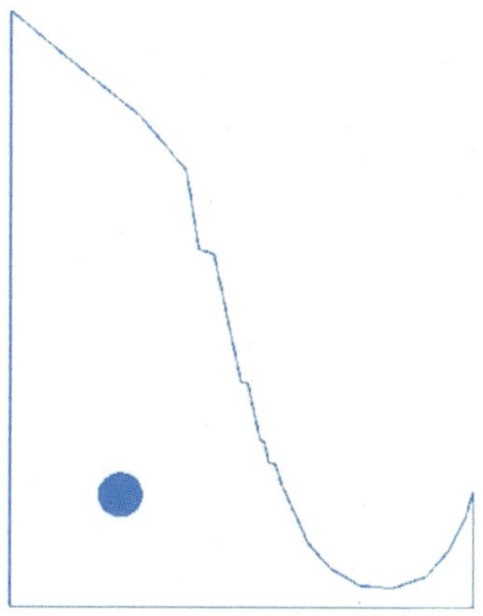

图 7-29 边界墙位置及测量圆布设

7.2.2.4 模型黏结接触施加及边界条件设置

赋予颗粒细观力学参数，对模型左右及底部边界的颗粒进行法向约束，删除坡表墙体，进行一定时步的计算，释放坡表应力。坡表应力释放后删除聚集在裂缝区域的颗粒直至模型再次达到平衡状态。最终生成的计算模型如图 7-31 所示。

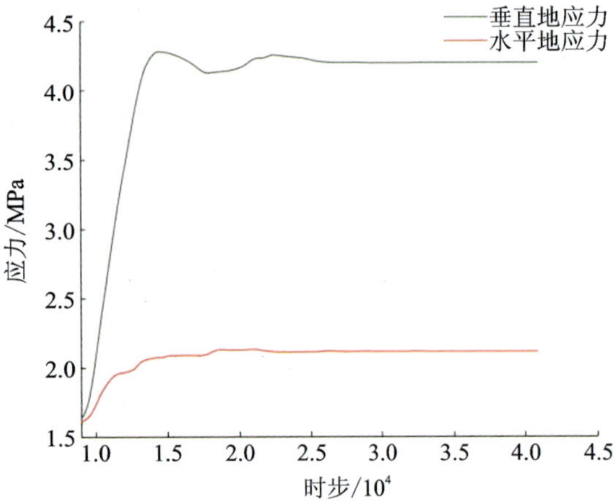

图 7-30　160m 深应力测量圆监测曲线

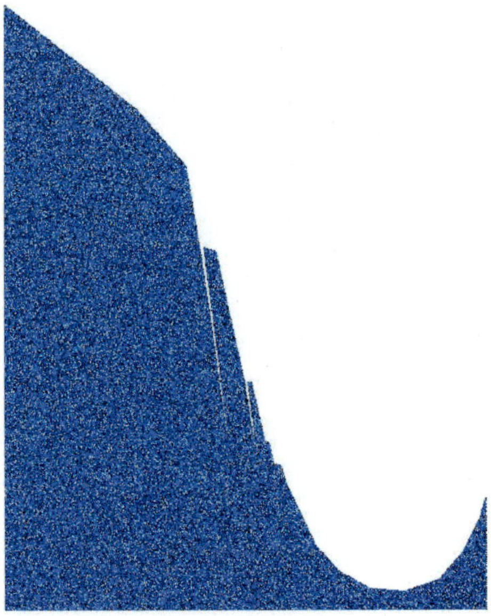

图 7-31　龙昌峡高陡岸坡 PFC 数值模型

7.2.3　劣化致灾机理

自三峡库区 2003 年蓄水以来，库水位常年在高低水位线范围内波动，形成了水位变动带（消落带）。在长期饱和浸泡—风干暴晒循环作用的影响下，库水消落带区域岩体表面破碎现象较为严重，引起其物理力学性质劣化。三峡库区降雨频发，在强降雨作用下，坡体内部水位线上升，对裂缝壁岩产生"水楔"效应，强大的静水压力推动危岩体后缘一侧向临空面移动。库水消落引起的劣化作用和降雨引起的静水压力是导致龙昌峡岸坡失稳的重要影响因素。

因此，本节在岩体未劣化、水库运行导致岩体劣化和考虑静水压力及岩体劣化综合条件下，针对龙昌峡斜坡开展了稳定性分析研究。提出了岩体未劣化和考虑静水压力及岩体劣化综合条件下的软弱基座临界强度。开展了消落带区域内岩体的裂纹扩展规律研究，进一步揭示水库运行条件下岩体劣化致岸坡失稳机理。

7.2.3.1　斜坡变形破坏规律研究

1）岩体未劣化

在库水升降初期，考虑岩体未经历长期干湿循环作用，选取室内试验 0 次干湿循环作用下的强度参数和变形参数，开展离散元稳定性计算。结果表明，如图 7-32 所示，岩体未劣化情况下斜坡整体变形较小，x 轴正方向位移最大值在坡脚处，数值为 1.8cm，危岩体向 x 轴负向移动，数值为 3.0cm，斜坡整体处于稳定状态。

2）水库运行导致岩体劣化

考虑长期水位升降对岩体产生的干湿循环劣化作用，根据灰岩单轴抗压强度拟合公式，对消落区岩体后期的劣化程度进行分析预测。计算结果表明，干湿循环 50 次后单次循环灰岩力学参数的降低速率小于 0.3%，在劣化作用下抗压强度参数变化趋于稳定。因此，选取消落区岩体干湿循环 50 次时的细观参数值，代入离散元计算，揭示岩体劣化区域稳定时的岸坡稳定性变形规律。结果表明，如图 7-33 所示，仅考虑水库运行导致岩体劣化条件，斜坡整体变形较小。对比岩体未劣化条件下的斜坡位移分布，水库运行导致岩体劣化条件下，斜坡整体变形量增大，但整体仍处于稳定状态。

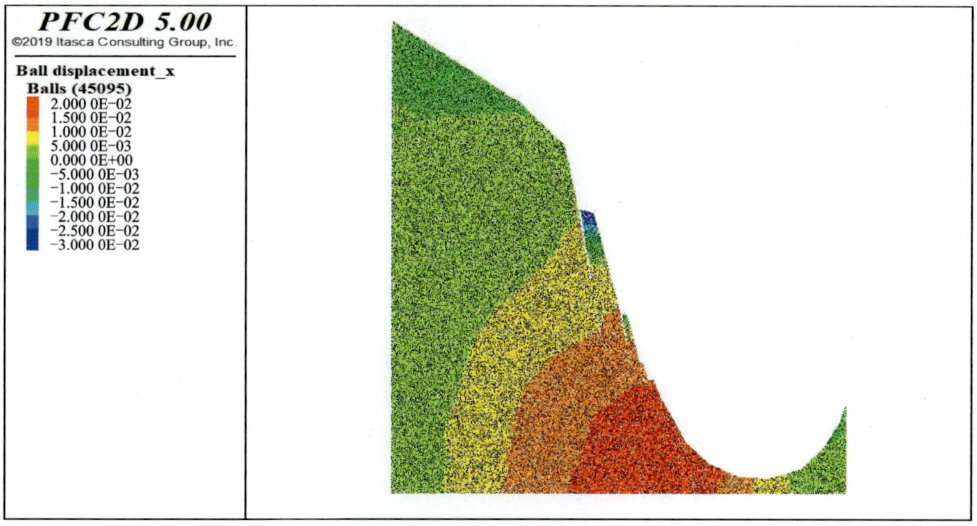

图 7-32　岩体未劣化条件下斜坡位移分布

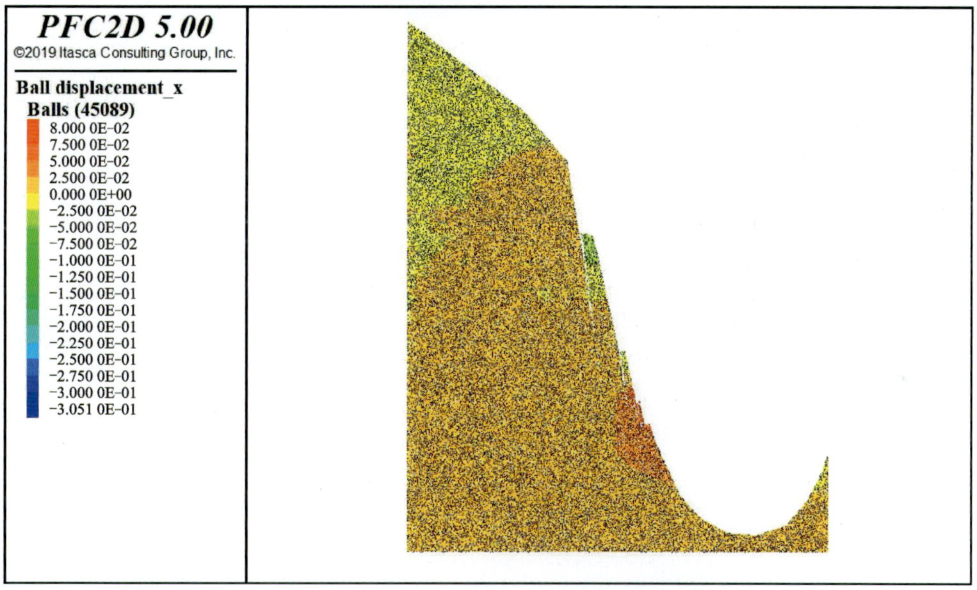

图 7-33　水库运行导致岩体劣化条件下斜坡位移分布

3)考虑静水压力和岩体劣化

考虑岩体经历长期干湿循环作用后，突遇降雨天气，坡内水位线上升，在工况 2 的基础上，对危岩体后缘施加静水压力，开展离散元稳定性计算。结果表明，如图 7-34 所示，岩体劣化与静水压力综合情况下斜坡整体变形较小，位移最大值在危岩体下部，相比于仅考虑岩体劣化条件单一因素，危岩体下部位移增大约 3.6mm，斜坡变形量增大但整体仍处于稳定状态。

7.2.3.2　危岩体失稳机理研究

在前述研究中，导致龙昌峡岸坡段岩体劣化的因素仅考虑了干湿循环作用，实际库水作用还包括渗流、冲蚀作用等，此外加上暴雨、地震等其他因素的叠加作用，龙昌峡岸坡段消落带岩体结构可能进一步扩展(图 7-35)，最终导致危岩体失稳。因此，需要对导致危岩体失稳的下部软弱基座临界强度进行研究。经过反复试算，选取岩体发生失稳破坏时软弱基座岩石的单轴抗压强度为软弱基座临界强度，计算表明，在仅考虑水库运行致岩体劣化条件下软弱基座的临界强度为 3MPa；在考虑水库运行致岩体劣化和静水压力组合条件下软弱基座的临界强度为 8MPa。

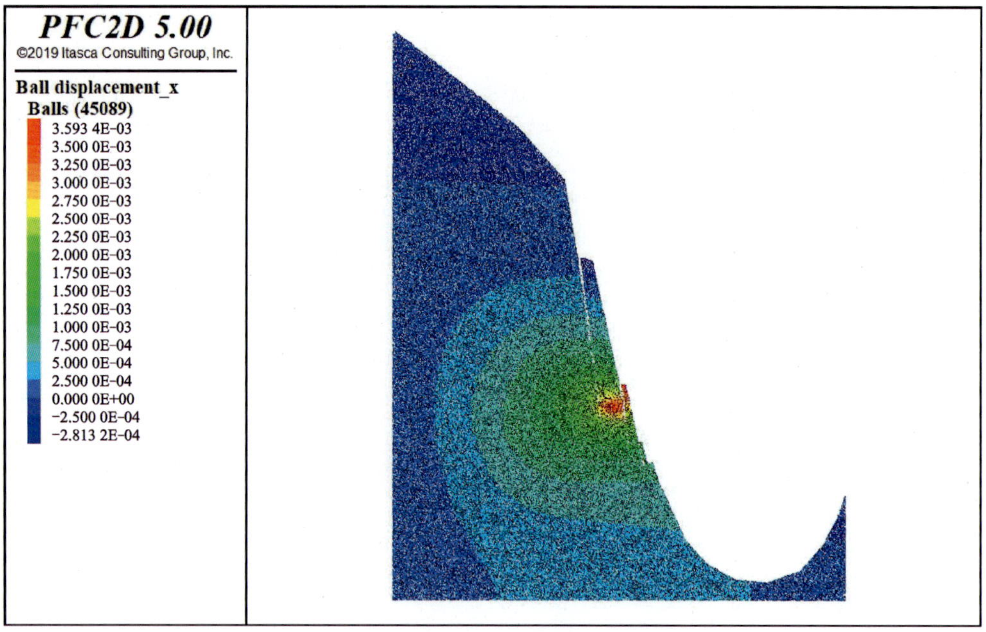

图 7-34　考虑静水压力和岩体劣化条件下斜坡位移分布

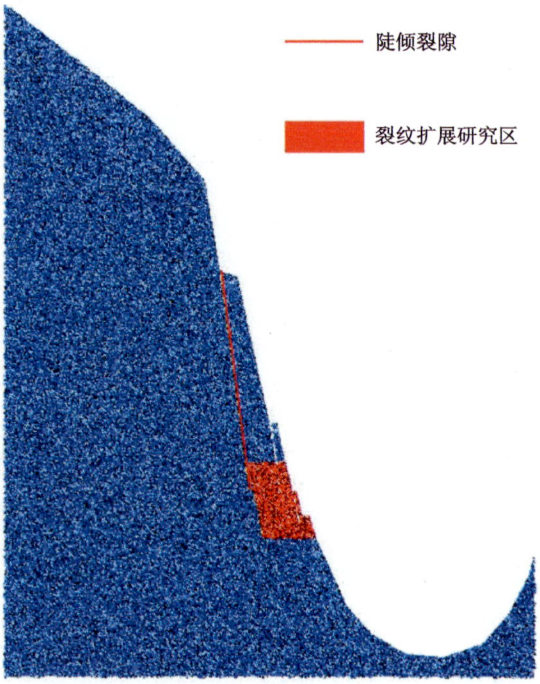

图 7-35　消落区岩体裂纹扩展研究区域

从极端临界状态下的裂纹扩展趋势可见，水库运行导致岩体劣化，岸坡应力状态重分布。消落带区域岩体受到上部危岩体重力作用影响，发生挤压破碎，导致岩体内部裂纹自坡表向坡内逐渐延伸（图 7-36）。坡表附近岩体内部裂纹以拉伸裂纹为主，最初裂纹倾向主要为与坡表近似平行方向（图 7-36a），进一步扩展产生与坡表垂直的裂纹（图 7-36b），随着岩体干湿劣化影响从坡表逐渐发展到内部，岩体裂纹扩展呈现从坡表发展到内部的相同趋势（图 7-36c～f）；危岩体正下方基座逐渐软化，岩体内部剪切裂纹数量显著增多，逐渐扩展，与危岩体后缘的宽大裂隙相连，生成贯通面。最终软弱基座岩体发生破坏并形成岩腔，上部危岩体产生坠落式崩塌变形。

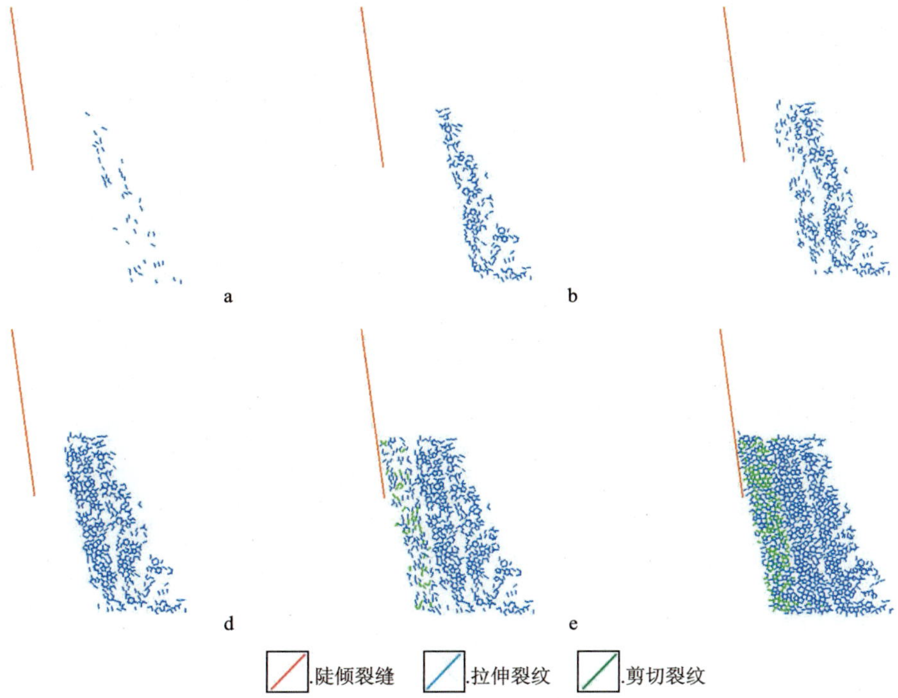

图 7-36 水库运行导致岩体劣化条件下消落带岩体裂纹扩展

考虑静水压力和岩体劣化条件下，当岩体劣化至临界强度时，裂纹主要沿着危岩体后缘的张拉裂缝继续向深部扩展(图 7-37)。最初岩体内部产生裂纹的倾角约 45°，与坡表倾角差约 10°(图 7-37a)，随着时步推进，斜坡产生与初始裂纹组近似垂直的裂纹组(图 7-37b)；裂隙沿着与初始裂纹产状近乎一致的方向延伸至坡脚生成贯通滑面(图 7-37d、e)，坡脚岩体产生进一步破裂(图 7-37f)，最终发生剪切滑移破坏。

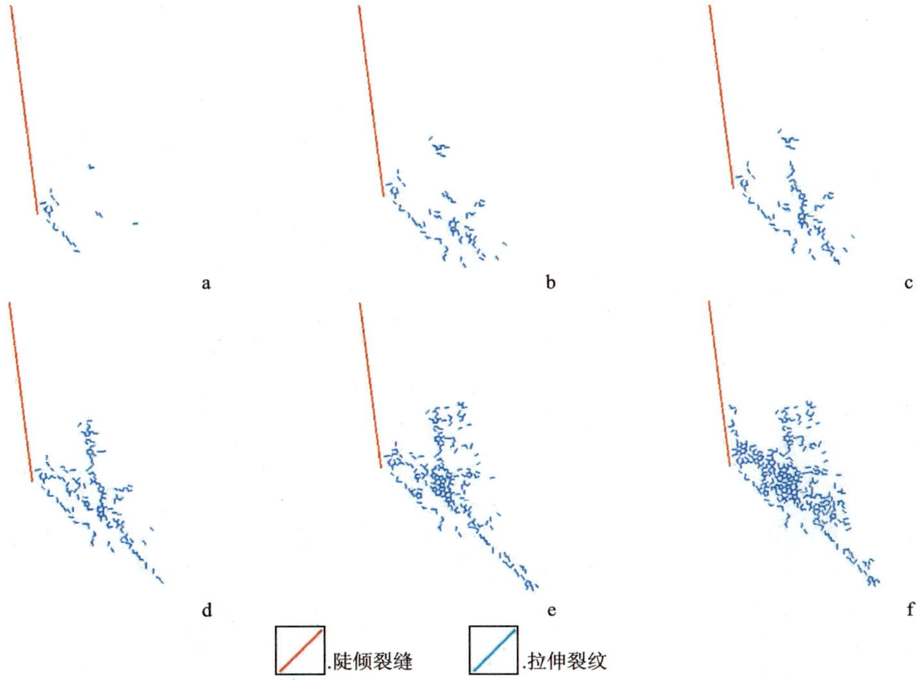

图 7-37 考虑静水压力和岩体劣化条件下消落带岩体裂纹扩展

对比两种条件下极端临界状态时消落带岩体裂纹扩展趋势可知，水库运行导致岩体劣化条件下，受库水位波动影响，消落带岩体内部裂纹自坡表向坡内延伸，危岩体失稳形式主要为“拉裂-压剪坠落”；考虑静水压力和岩体劣化条件下，受静水压力影响，消落带岩体内部裂纹自危岩体后缘底部向坡脚延伸，危岩体失稳形式主要为“压剪滑动”。

7.2.4 劣化致灾趋势分析与预测

本节针对水库运行导致岩体劣化，考虑静水压力和岩体劣化条件，通过参数反演揭示了危岩体失稳运动全过程。为揭示危岩体的水平位移情况，在危岩体顶端向下每隔 15m 布设 1 个监测点，共计 6 个。为方便监测点位置展示，对其进行了放大处理。监测点布设如图 7-38 所示。

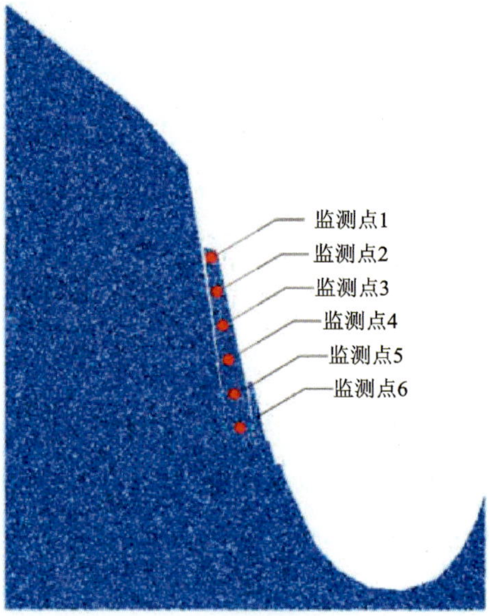

图 7-38 危岩体监测点布设

7.2.4.1 水库运行导致岩体劣化条件下危岩体失稳致灾趋势预测分析

考虑水库运行导致岩体劣化的极限情况，危岩体崩落过程如图 7-39 所示。在崩落的初始阶段，危岩体从底部开始产生变形(图 7-39a)；随着消落带岩体产生劣化破碎，危岩体位移从底部发展到顶部，位移速度从危岩体底部到顶部逐渐减小(图 7-39b)；随着消落带岩体劣化进一步加深，岩体表面产生破碎变形，逐渐向内掏空形成岩腔(图 7-39c)，给上部危岩体提供了下部临空面，引起上部危岩体进一步变形掉落，危岩体上部与后缘裂缝左侧坡面碰撞并发生回弹，形成掉块(图 7-39d)；在掉落过程中，危岩体上部产生进一步破碎，下部冲击消落带岩体基座并将其击穿，形成了一段贯通式裂缝(图 7-39e)，最终上部掉块以碎屑流的形式滚落至河底，引起涌浪和河道堵塞(图 7-39f)。

危岩体各监测点水平位移曲线如图 7-40 所示。结果表明，危岩体崩落过程的初始阶段，各位置水平位移量较小；随着基座岩体产生进一步剪切滑移，带动上部危岩体向临空面移动，各位置位移量小幅度增大，整体上危岩体各位置位移量自上而下逐渐增大；由于危岩体坠落至底部后仍出现了一段滑移距离，各监测点位移量继续增大直至稳定。值得注意的是，2 号监测点所在位置，危岩体在崩落过程中撞击

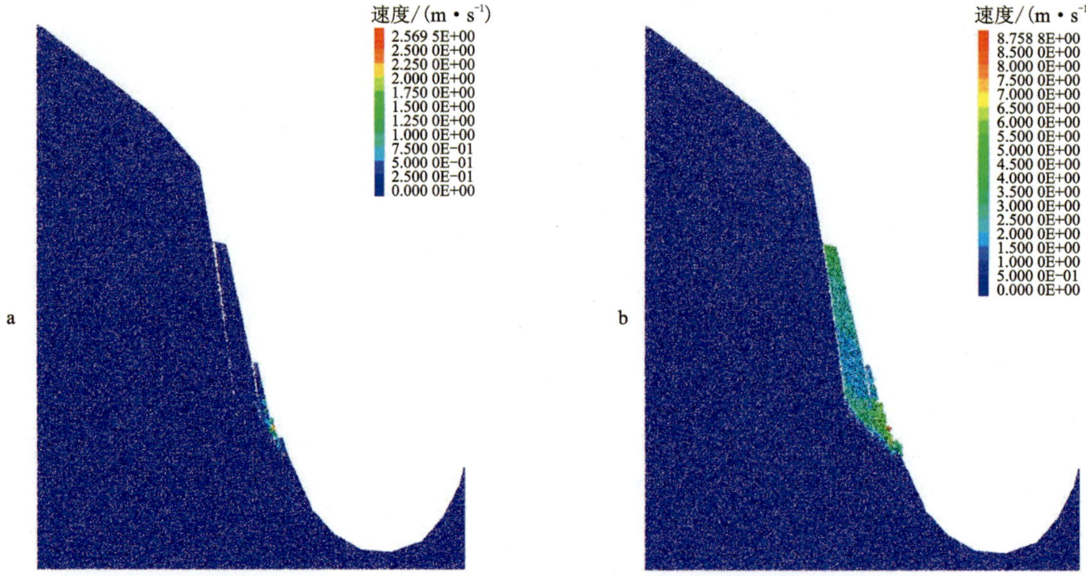

图 7-39 水库运行导致岩体劣化条件下危岩体崩落过程

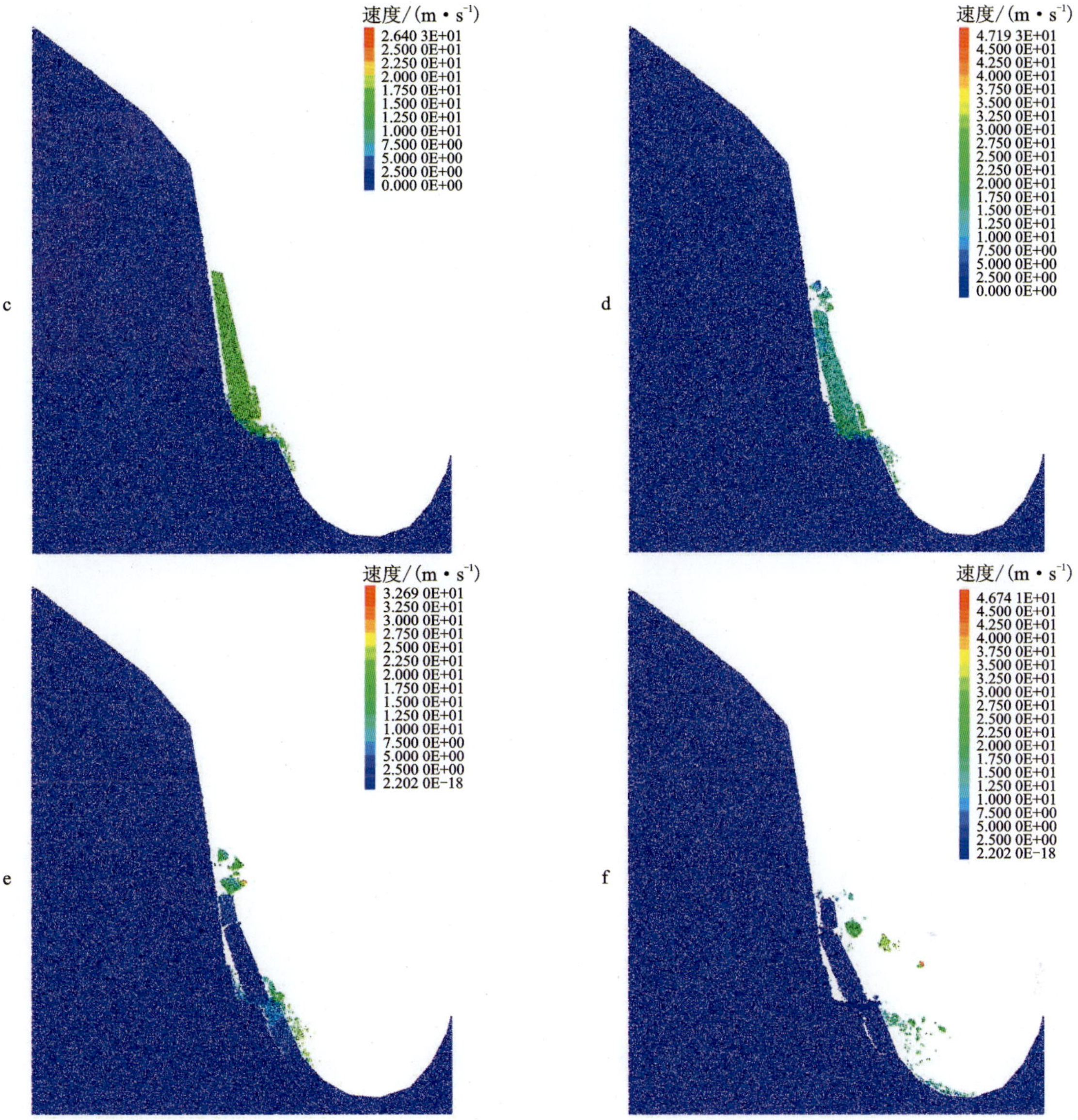

续图 7-39

后缘裂缝左侧坡面并发生回弹，形成掉块，由于撞击后的回弹能量较低，岩块本身先发生了小幅度转动，水平位移略有降低，最终速度逐渐增大并滚落至河底。因此 2 号监测点处水平位移量较大，达到了 29m。总体上，稳定后各监测点位置处的水平位移量从大到小为：监测点 2>监测点 6>监测点 5>监测点 1>监测点 4>监测点 3。除 2 号监测点外，其余监测点水平位移距离在约 15m 范围内，大部分危岩体稳定后停留在坡脚处(图 7-41)。

7.2.4.2 考虑静水压力和岩体劣化条件下危岩体失稳致灾趋势预测分析

考虑静水压力和岩体劣化极限条件，危岩体崩落全过程如图 7-42 所示。受强降雨影响，静水压力推动危岩体后缘一侧向临空面方向移动。变形初始阶段危岩体顶部一侧的速度较大，逐渐向下减小，随着后缘裂隙不断张开，裂纹扩展至坡脚(图 7-42a)，危岩体与基座逐渐分离，沿破裂面发生剪切滑移(图 7-42b)，底部速度迅速增大；当危岩体滑移至重心超过剪出口，发生向坡下的翻滚运动，同时与坡面碰撞、解体，逐渐转化为碎屑流急速向前冲撞(图 7-42c、d)，最终崩落至河底，形成涌浪和河道堵塞。

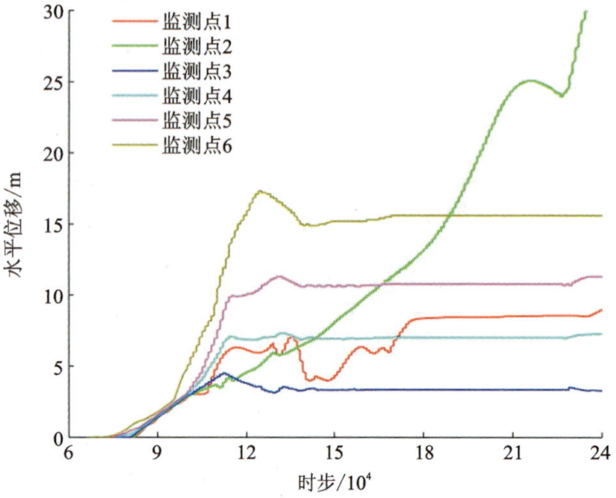

图 7-40　天然工况下各监测点水平位移曲线

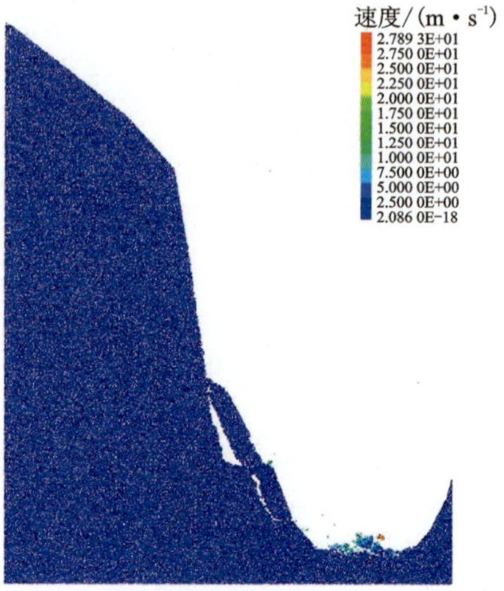

图 7-41　天然工况下崩落堆积体

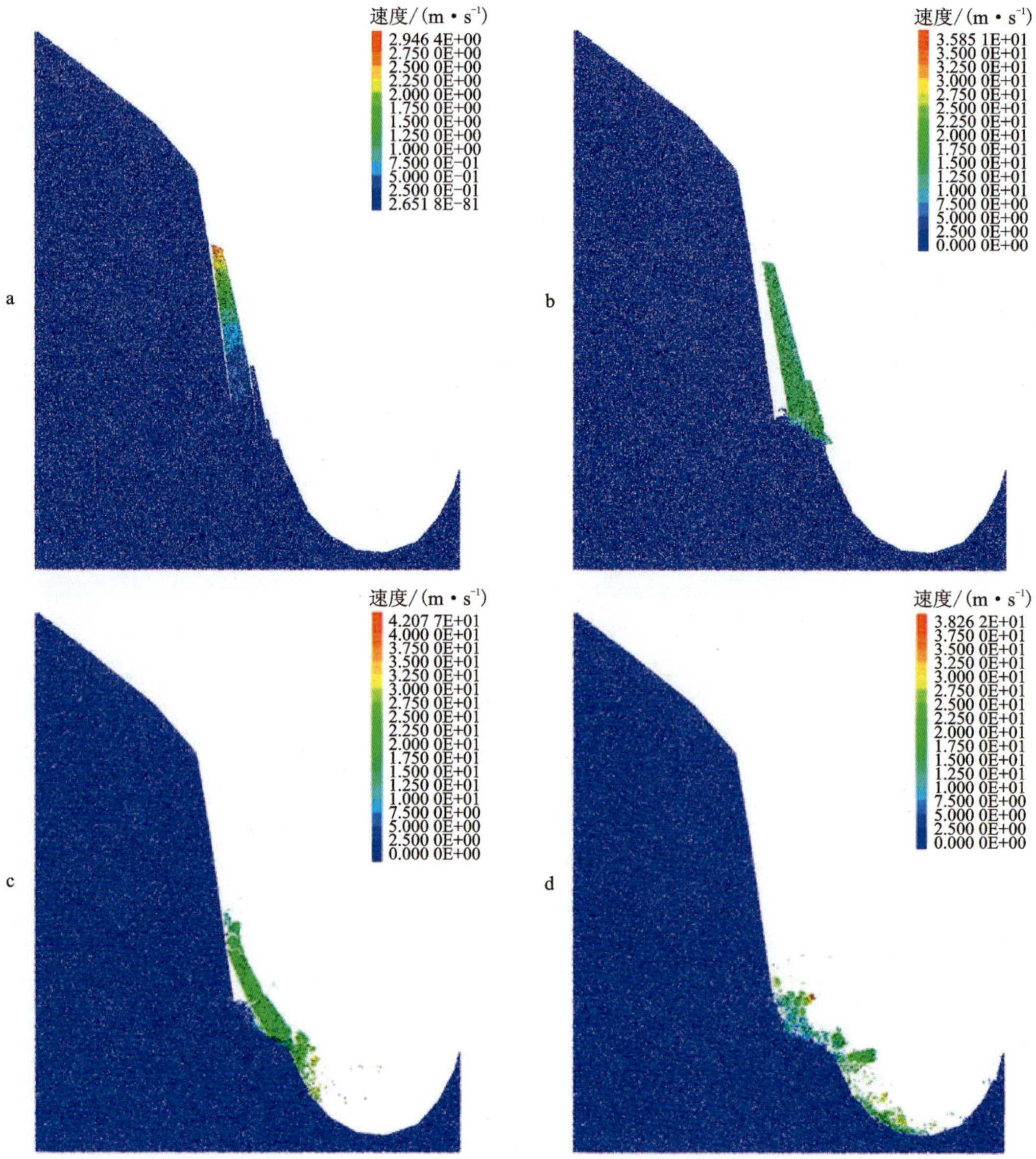

图 7-42　考虑静水压力和岩体劣化条件下危岩体崩落过程

考虑静水压力和岩体劣化条件下，危岩体各监测点水平位移监测曲线如图 7-43 所示。结果表明，初始阶段危岩体顶部水平位移量最大，且位移从顶部到底部呈逐渐减小趋势；随着危岩体沿破裂面发生剪切滑移，各监测点水平位移量在一段时步内呈现出与初始阶段相反的态势；由于危岩体与裂缝后缘撞击解体，各监测点位置回弹能力大小不一，各曲线位移量呈现出无规律的增长，最终以碎屑流的形式滚落至河底。总体上来看，稳定后各监测点位置处的水平位移量从大到小为：监测点 5＞监测点 4＞监测点 1＞监测点 3＞监测点 2＞监测点 6，1 号监测点位置处水平位移量最大，达到了 55m；危岩体底部位移量最小，水平移动距离约 10m。崩落后的滚石一部分聚集在坡脚位置，另一部分滚落至江底，如图 7-44 所示。

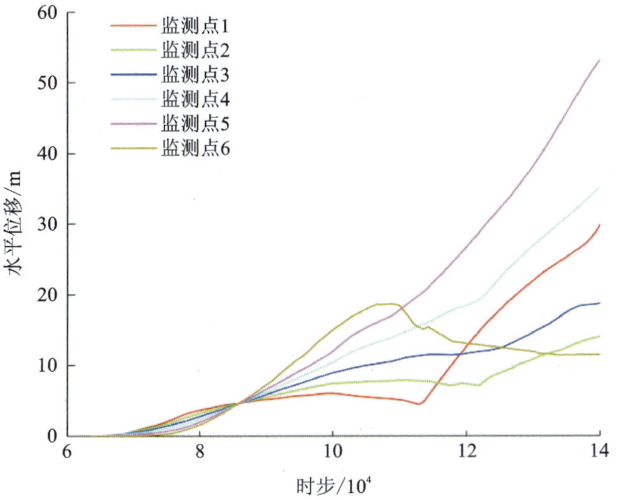

图 7-43 暴雨工况下各监测点水平位移曲线

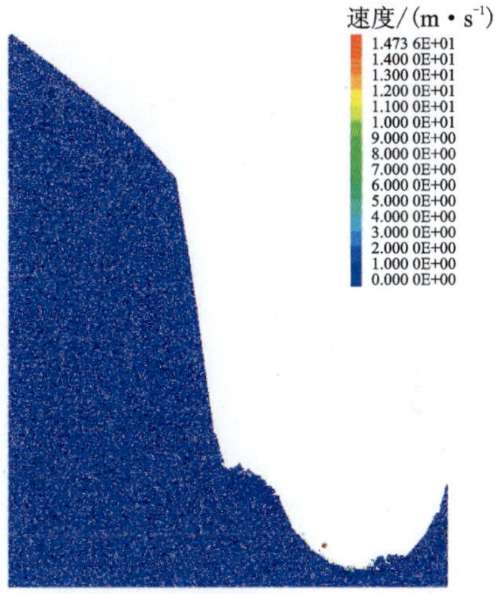

图 7-44 暴雨工况下崩落堆集体

综上所述，龙昌峡碳酸盐岩岩体致灾过程具有明显的三段性，即危岩体失稳阶段，失稳后的运动阶段（滚石阶段）以及滚石对岸坡、河道、建筑物等冲撞引起的二次灾害（冲撞阶段）。

7.3 重大危险性崩塌滑坡劣化致灾涌浪研究

7.3.1 米仓口危岩体失稳涌浪研究

7.3.1.1 米仓口危岩体概况

米仓口危岩位于葛家沱岸坡中部，岸坡位于宜昌市三峡库区兵书宝剑峡右岸，隶属秭归县郭家坝镇头道河村，危岩体上部为陡崖地形，无道路穿过，危岩基座位于库区消落带，陆路通行困难，水上交通较为便利。崖壁多基岩裸露，崖顶缓台植被茂密，多为灌木、乔木。危岩体外侧为陡崖，临空条件较好，后部被一条完全贯通的裂缝切割形成危岩，危岩体整体形态呈头重脚轻，向下发展支撑基座逐步变小。

7.3.1.2 米仓口危岩体区域地层岩性

米仓口危岩体所属斜坡属构造侵蚀剥蚀中—低山峡谷地貌，地层岩性在该区域出露有三叠系嘉陵江组（T_1j）、大冶组（T_1d）和寒武系（€），主要由中厚层—薄层灰岩、白云岩构成，间夹页岩，其发育的危岩体主要为碎裂结构岩体，风化卸荷裂隙发育，裂隙间距小于 0.5m，极发育的结构面一般有 2～3 组，小型的分离体较多。如梭子山危岩体、兵书宝剑峡一带小型孤石，其规模小、发生频率高，且预知性差，危害性较大。米仓口危岩体全貌如图 7-45 所示，平面图如图 7-46 所示，区域三维模型如图 7-47 所示。

图 7-45 米仓口危岩全貌

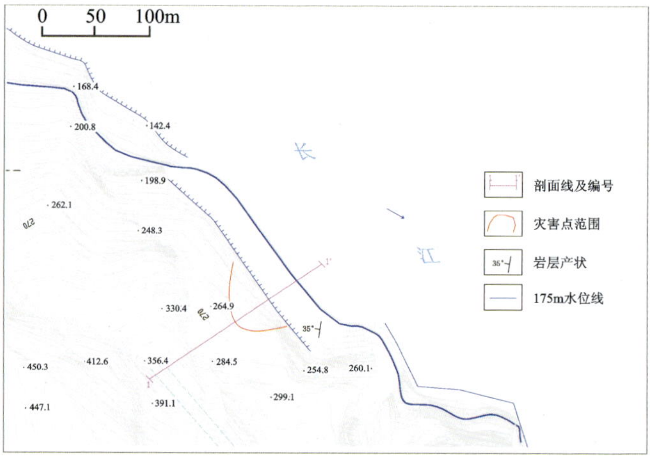

图 7-46 米仓口危岩体平面图

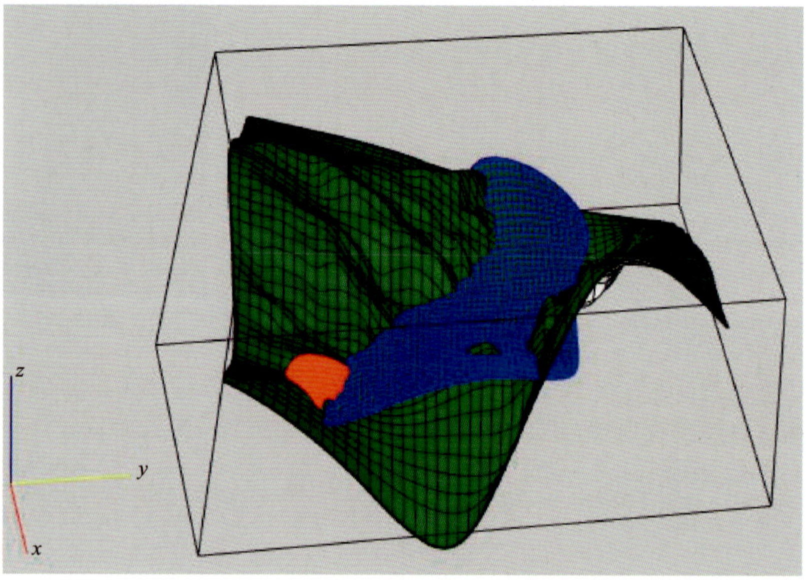

图 7-47 米仓口危岩体所在位置三维地形图

7.3.1.3 米仓口危岩体空间形态与结构特征

米仓口危岩体宽约 50m，平均高约 120m，厚约 40m，体积约 $24\times10^4 m^3$，主崩方向为 38°。危岩体所属斜坡属构造侵蚀剥蚀中—低山峡谷地貌。剖面形态（图 7-48）呈上缓下陡的折线形，总体坡向 43°，坡度 65°～75°，为斜顺向坡。危岩体所处沿岸底部库水最低高程为 143.3m，顶部高程 180～340m，坡高 55～195m。

米仓口危岩体监测主要有 GNSS 地表位移监测、地表裂缝位移监测、倾角加速度监测、大气降雨及库水位监测和宏观地质巡查。GNSS 地表位移监测：主要布设于危岩体顶部。主要监测危岩体的水平位移（大小、方向）和垂直位移。共布置有 3 个自动 GNSS 形变监测点，长江对岸稳定基岩处外围布设 1 个自动 GNSS 监测基点。地表裂缝位移监测：自动化裂缝仪布设于危岩体下部消落区以上，布设1 处，编号为 LF1，高程在 180m 附近，主要了解危岩体主控地裂伸缩变化和位移情况。倾角加速器监测：主要监测危岩体是否存在整体位移变形，对危岩体整体稳定状态进行实时监测，布置 3 个倾角加速器监测点（全自动 JSQ01、JSQ02、JSQ03）；降雨量及库水位监测：危岩体周边降雨量及库水位变形资料主要以收集为主。

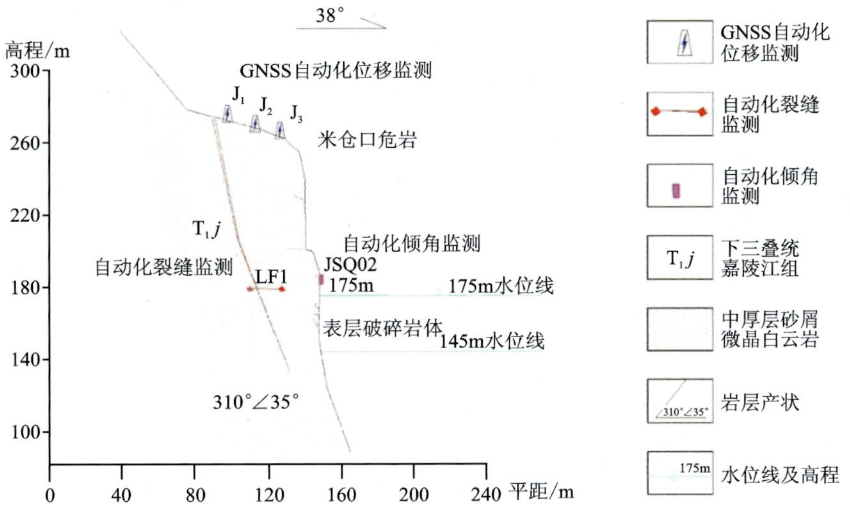

图 7-48　米仓口危岩体剖面图

危岩体所处岸坡段岩体产状单一，未见有断裂构造出露，但受区域构造作用和风化卸荷作用影响，岩体节理裂隙较为发育，对岩体破坏主控性较为明显的为以下 4 组裂隙：①80°∠70°，裂面较平直，张开 5～30cm，局部块石填充，可见延伸长 120m，1 条/m；②0°∠80°，裂隙面较粗糙，不平直，张开 1～5cm，无填充，延伸长 3m，1 条/m；③50°∠75°，裂隙面较粗糙，不平直，张开 1～5cm，无填充，延伸长 1m，2～3 条/m；④350°∠15°，裂隙面较粗糙，不平直，微张，无填充，延伸长 0.5～1m，3 条/m。

7.3.1.4　米仓口危岩体变形失稳模式

米仓口危岩体的变形是在重力为主导作用下产生的，库水位波动是其重要的影响因素。危岩体基座受裂隙切割、挤压破损，岩体破碎，表层崩落掉块变形明显，在风化和库区水位升降影响下岩体逐步劣化，节理裂隙逐渐扩张贯通，叠加冲蚀和浪蚀作用。对这样一个塔柱状危岩体，基座的劣化不仅降低了危岩体的稳定性，同时极大地影响着危岩体的失稳模式。总体来看，米仓口危岩体可能存在向前倾倒和后靠滑移这两种失稳模式。

在重力的分力作用下，当临空面内侧基座岩体可压缩空间大量出现时，危岩体会以踵部为支点，向临空面方向转动，压缩下部岩体，倾倒破坏就会发生（图 7-49a）。若前缘裂隙附近基座岩体被压碎或挤走，会发生滑移失稳（图 7-49b）。

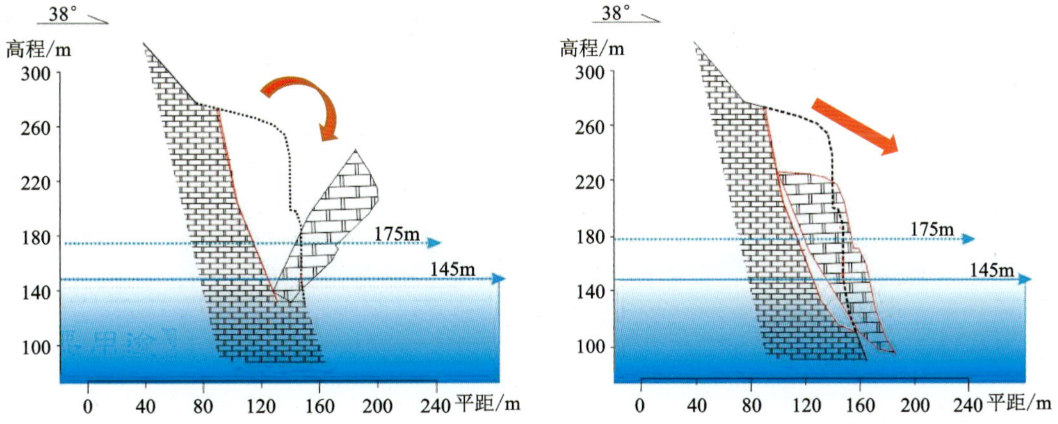

a.倾倒失稳模式　　b.滑移失稳模式

图 7-49　米仓口危岩体倾倒破坏模式

而崩滑体造成水库或湖泊涌浪按照崩滑体与水面的相对位置可以分为3种类型：水上崩滑体造成的涌浪、部分入水滑体造成的涌浪及水下崩滑体造成的涌浪（图7-50），本次研究的仓米口危岩体，主要为水上崩滑模式产生的涌浪。

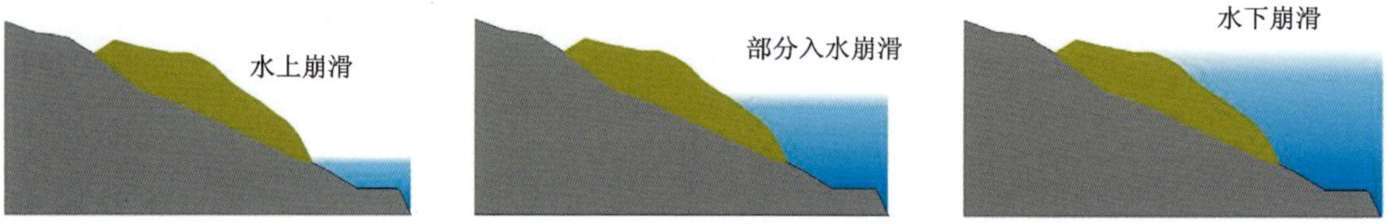

图7-50　崩滑体产生涌浪的3种方式

7.3.1.5　米仓口危岩体速度计算

预测米仓口危岩体失稳滑入长江造成的涌浪危害，必须先计算出崩滑体入水初始速度。由于米仓口危岩体崩滑模式可分为倾倒和滑移两种模式，根据其变形失稳模式：倾倒失稳，采用物理学的机械能守恒定律；滑移失稳，采用重心质点的能量法估算（图7-51）。

（1）机械能守恒定律：是动力学中的基本定律，即任何物体系统如无外力做功，系统内又只有保守力（见势能）做功时，则系统的机械能（动能与势能之和）保持不变。

（2）重心质点的能量法估算：假定滑动后滑体入水，采用等体积法（亦即滑动后的体积略大于滑动前的体积）来预估滑动后的位置，得到滑动前和滑动后重心位置，估算重心滑移距离和高差。

1）倾倒变形的速度计算

危岩体倾倒崩落过程中，忽略以坡踵旋转过程的能量损耗，根据普通物理的机械能守恒定律，有

$$mgh = mgh' + \frac{1}{2}mv^2 \tag{7-3}$$

假设米仓口危岩体为均质岩体，倾倒时重心高度h'为175m，原来重心高度h为200m左右，根据机械能守恒，初始位置的重力势能等于倾斜后的重力势能和动能之和，代入式（7-3）计算得米仓口危岩体倒下入水的速度：

$$v = \sqrt{2\times(200-175)\times9.8} = 22.14(\text{m/s}) \tag{7-4}$$

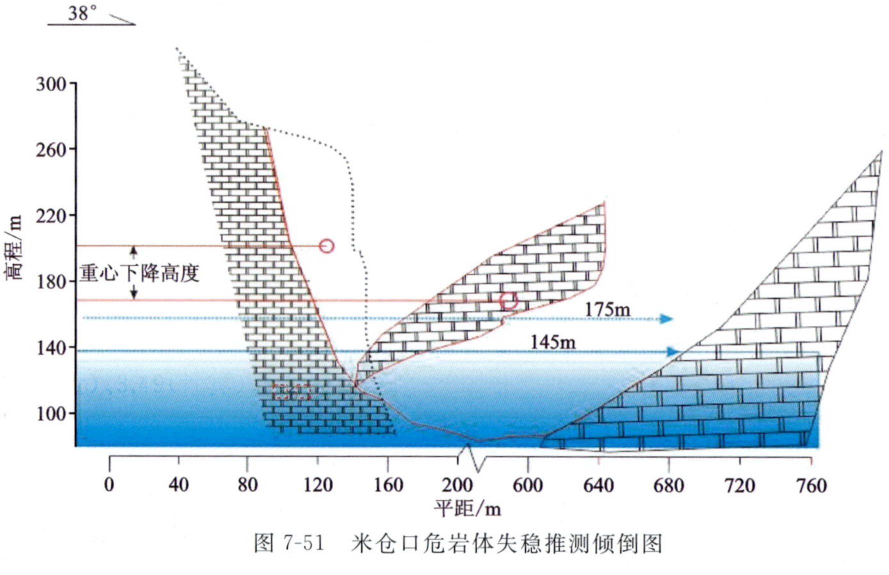

图7-51　米仓口危岩体失稳推测倾倒图

2）滑移变形的速度计算

能量法是根据牛顿运动定律提出的一种简单的物理计算方法，它概化了崩滑体的运动方式，忽略了

岩土体运动过程的复杂性。该方法的来源清晰，物理意义明显，操作性强，如图 7-52 所示，计算过程忽略入水的阻力。运动速度可以用式(7-5)进行估算。

$$v_s = \sqrt{2g\Delta Z_{sc}(1 - f\cot a)} \tag{7-5}$$

式中各参数数值见表 7-10。

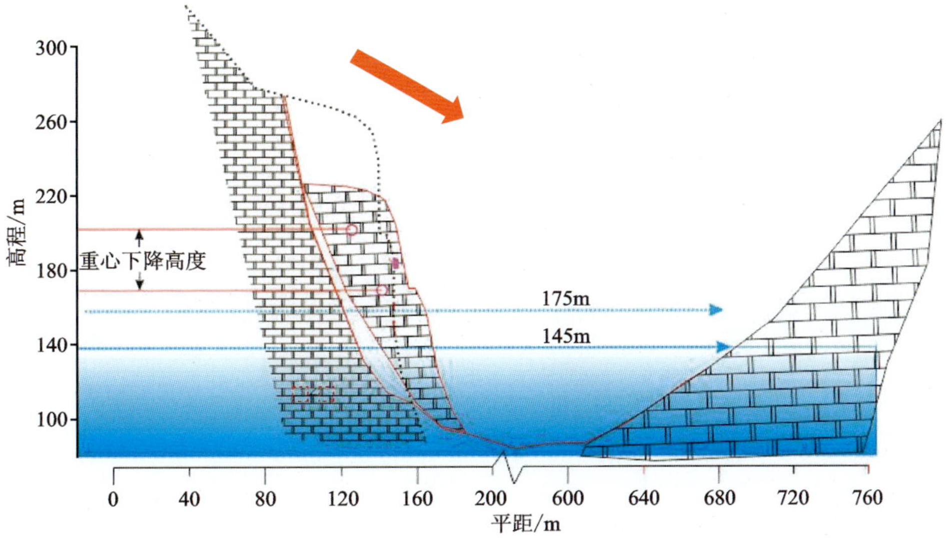

图 7-52 米仓口危岩体失稳推测滑移图

表 7-10 危岩体计算公式参数

符号	$g/(m\cdot s^{-2})$	$\Delta Z_{sc}/m$	$\alpha/(°)$	f/N	$v_s/(m\cdot s^{-1})$
说明	重力加速度	重心高度差	斜坡坡脚	动摩擦系数	速度
数值	9.8	30	70	0.42	—

这一公式实际是牛顿运动定律的推导公式，滑动速度与下滑力和摩擦系数有关。α 为平均坡角 70°，φ 为内摩擦角，摩擦系数 f 根据经验公式 $\mathrm{Tan}\varphi$ 计算得到，其中根据《工程地质勘察规范》(DB 50/5005—1998)8.3.1 和 8.3.3 有关规定：岩体内摩擦角标准值可由岩石内摩擦角标准值根据岩体完整性乘以 0.80～0.95 的折减系数确定，这里折减系数取 0.9，兵书宝剑峡至香溪河口岸坡为灰岩和白云岩，根据相关文献资料[44]取 φ 值为 25，代入公式计算得到摩擦系数 f 为 0.42，ΔZ_{sc} 为重心高度差，取 30m，代入式(7-5)，得

$$v_s = \sqrt{2\times 9.8\times 30(1-0.42\times 0.37)} = 22.3(\mathrm{m/s}) \tag{7-6}$$

结合两种不同失稳状态，计算出米仓口危岩体入水的初始速度约为 22m/s，所以最终取米仓口危岩体的初始运动速度为 22m/s。

3)工程类比法计算速度

从外在形态和体积量上来看，棺木岭崩塌隐患点与米仓口危岩体存在类似变形失稳模式，如图 7-53 和图 7-54 所示，棺木岭危岩体位于三峡库区九畹溪支流左岸，距九畹溪入长江口的河道长度约 1.5km，危岩区属构造侵蚀溶蚀低中山区，周边地形陡峻，地形切割剧烈，沟谷多呈“V”字形。危岩区出露的岩性主要为寒武系三游洞组(Ꞓsy)厚层白云岩夹薄层硅质白云岩，局部含泥质条带，岩层产状 78°∠22°。从岩性在东侧陡崖上的分布情况看，高程 195m 以上、146m 以下为厚层白云岩，高程 160～195m、146～155m 为薄层状白云岩，155～160m 为薄层状泥质白云岩夹一层厚层白云岩，含泥质条带，构成危岩体基座。

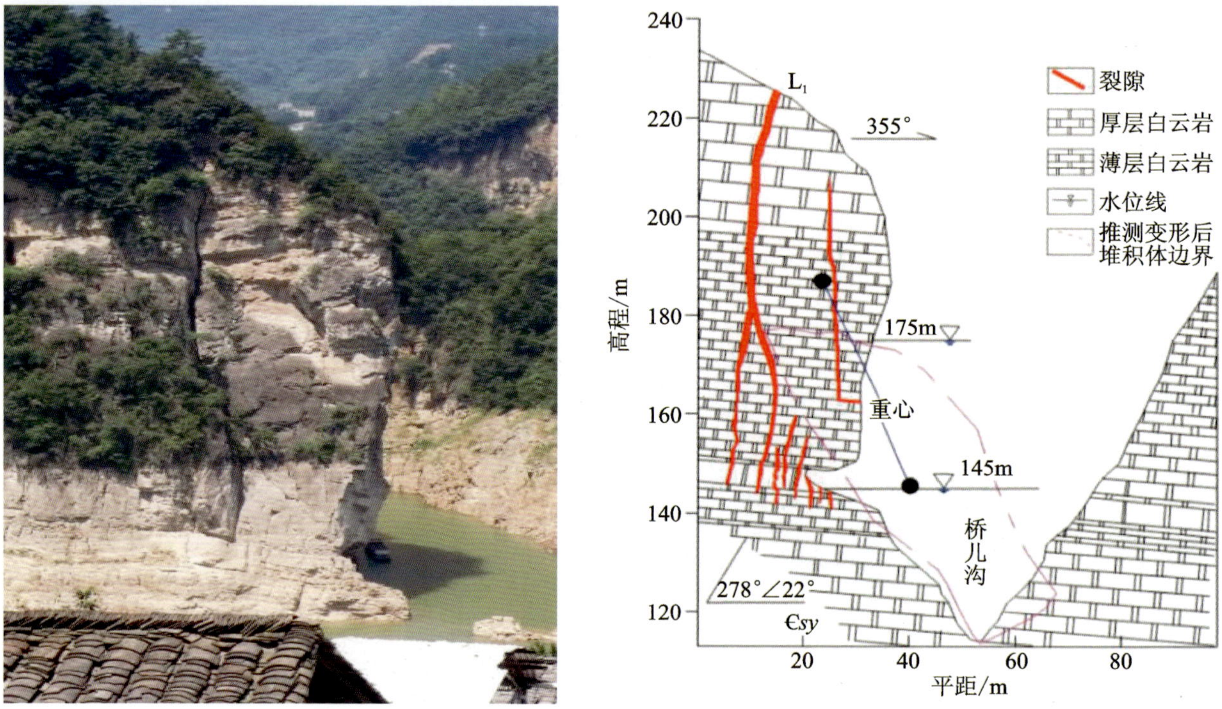

图 7-53　棺木岭危岩体

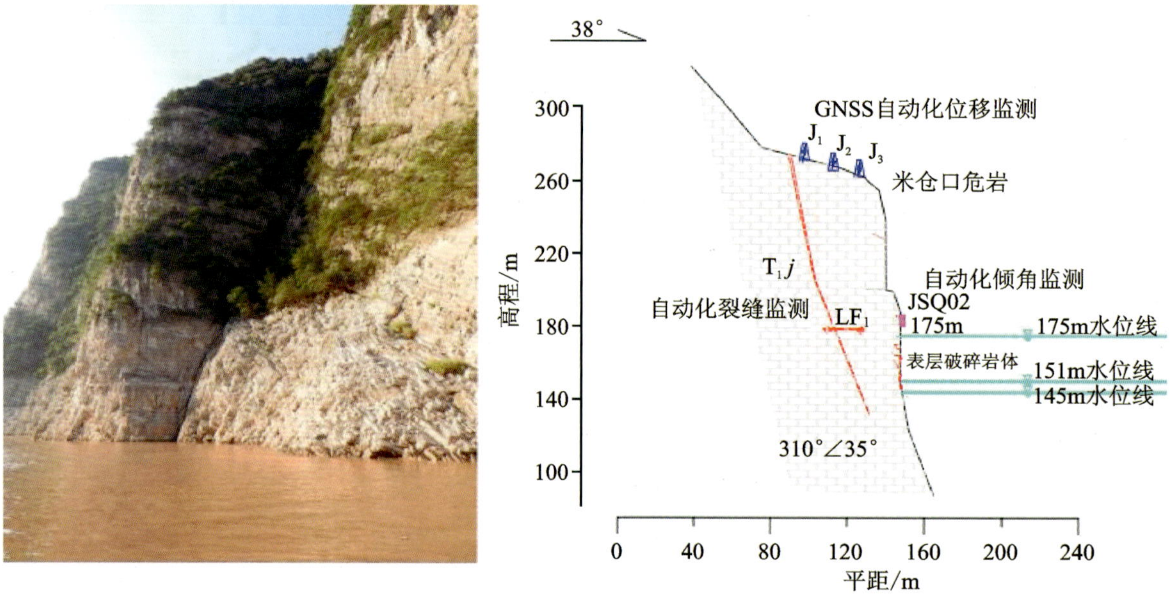

图 7-54　米仓口危岩体

根据王世昌等(2019)的计算结果,在 145m 水位时,棺木岭危岩体的运动速度为 25.2m/s,而米仓口危岩体在其外在体积量和变形失稳模式上看,两者具有一定的相似性,所以其初始速度应该较为接近,通过计算,得到米仓口危岩体在两种失稳模式下的入水初始速度为 22m/s,与棺木岭危岩体的 25.2m/s对比,两者计算入水速度是极为相近的,证明了米仓口危岩体计算速度公式的可靠性,因此最终米仓口危岩体的初始入水运动速度为 22m/s。

7.3.1.6 米仓口危岩体涌浪分析

利用三峡大学开发的涌浪数值模拟 Surge 软件，对水库陆地崩塌滑坡体进行涌浪计算，计算工况选择库水位 145m。145m 工况条件下的输入参数见表 7-11。

表 7-11 145m 工况条件下的米仓口崩滑体涌浪源输入参数

工况条件/m	145
滑体质心距水面高度/m	30
滑体与滑动面间摩擦系数	0.42
滑动面倾角/(°)	70
滑体宽度/m	50
滑体厚度/m	40
滑体长度/m	70
滑动方向与径向夹角/(°)	38
崩滑体密度/(kg·m^{-3})	3000
水体密度/(kg·m^{-3})	1000
滑体体积/m^3	140 000
重力加速度/(m·s^{-2})	9.8
滑坡入水最大速度/(m·s^{-1})	22

输入相关数据后，计算得到在 145m 的库水位下米仓口危岩体涌浪。以滑坡点为坐标原点，沿长江河道上游为负向、河道下游为正向，可以建立距离和涌浪高度曲线。如图 7-55a～c 所示，可以看出涌浪最高点在河道中间，约 27.54m。上游处 2km，波浪高度快速衰减到 15m，下游 1.9km，波浪高度快速衰减到 15.2m，之后进入平缓衰减区。

河道两岸的爬浪高度在危岩体对岸达到最大值，米仓口危岩体附近两岸爬浪高度具体如图 7-56 所示，在整个 30 000m 计算范围内，涌浪冲击范围从上湾到大坝沟附近，最危险区域(图 7-57)在楚王井到九畹溪口这段河道，全长 18 600m。

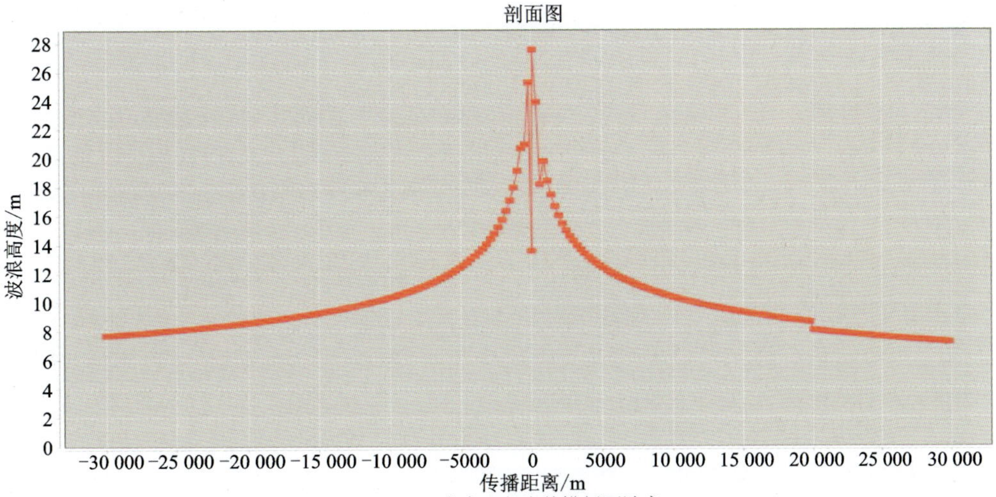

a.米仓口危岩体横剖面波高

b.米仓口危岩体纵剖面波高

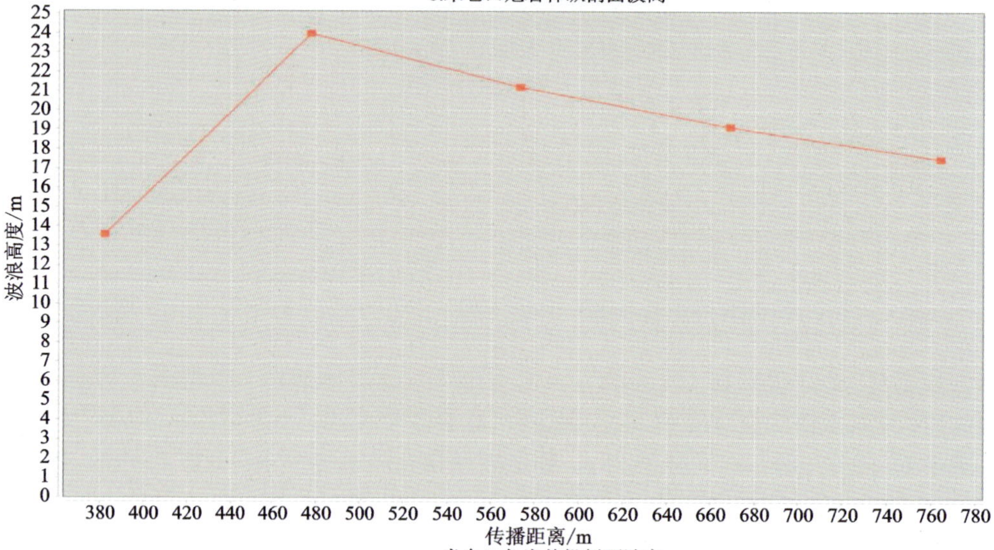

c.米仓口危岩体纵剖面波高

图 7-55 米仓口危岩体滑坡涌浪数值模拟结果

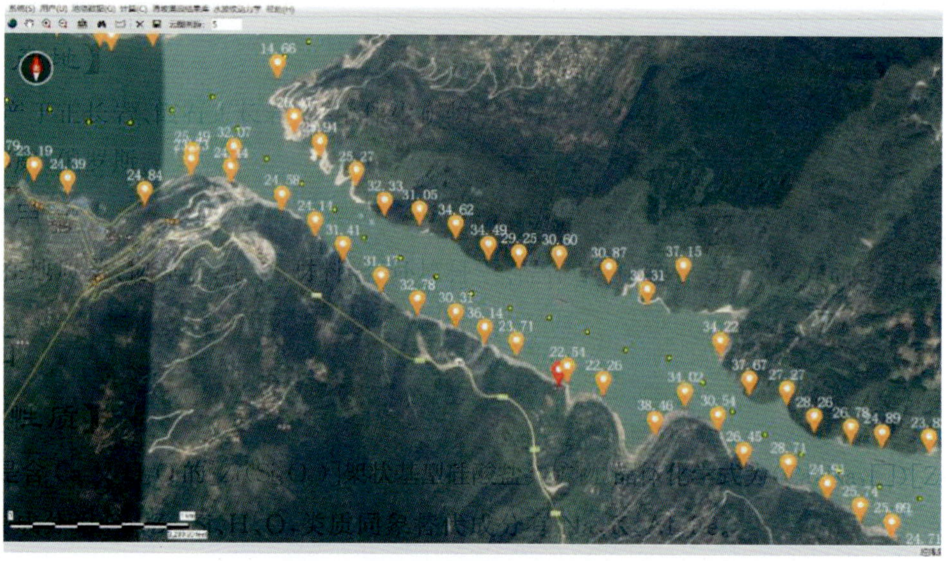

图 7-56 米仓口危岩体涌浪两岸爬高

图 7-57　米仓口危岩体 30 000m 计算范围涌浪危险云图

7.3.2　火焰石崩滑失稳涌浪研究

7.3.2.1　火焰石崩滑体概况

火焰石崩滑体位于巴东县长江右岸焰石村 3 组临江斜坡左侧前部，坡体结构类型为岩质顺向坡。崩滑体主崩方向 310°(NW50°)，西、北两面临空，崩滑体边界清晰，西侧为陡崖，北西侧为 35°～60°的陡坡(局部发育陡坎)，北东侧受走向 45°转 2°的裂缝控制，坡顶高程 225～260m，坡脚在水下高程 100m 左右(涉水深 45～75m)。崩滑体剖面形态近似三角形，纵长 170m，厚 50～60m，均厚 55m，横宽 128m，平面面积约 $1.33\times10^4m^2$，体积 $59.84\times10^4m^3$(图 7-58)。

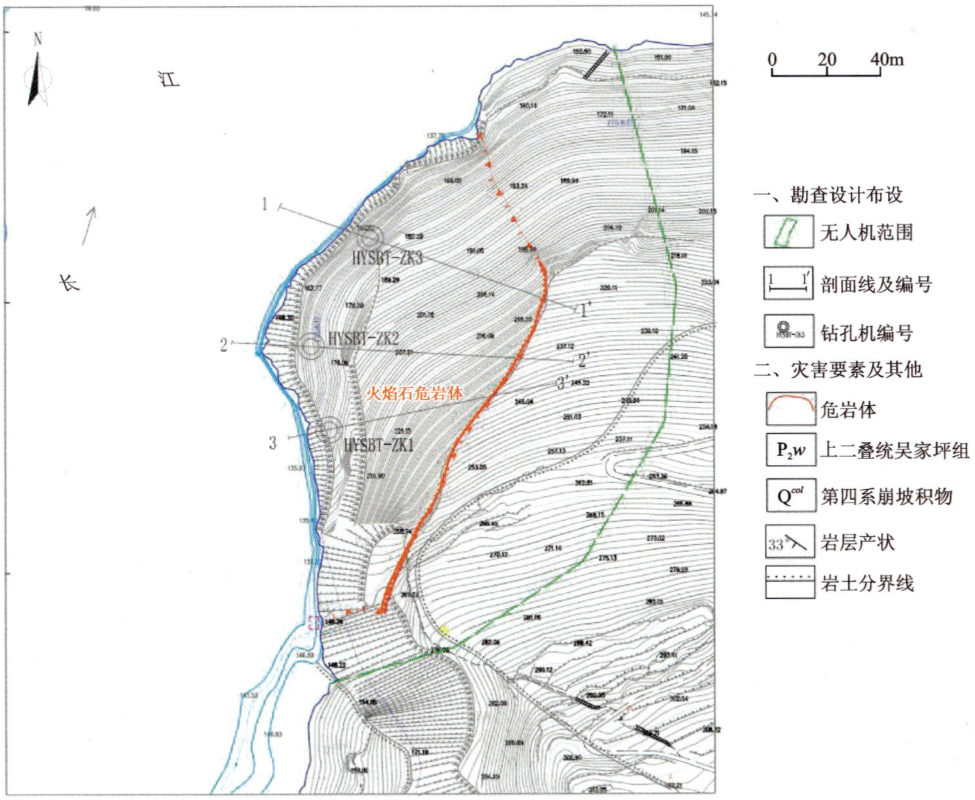

图 7-58　火焰石崩滑体地质平面图

7.3.2.2 火焰石崩滑体地形地貌

火焰石崩滑体发育于南高北低的斜坡内，纵向坡面较开阔，呈折线形，崩滑体中部因改造而形成地貌平台，上下坡体均较陡，平台以上坡体坡角 25°～30°，平台处坡角 5°～10°，多被开垦为阶状农田，也是居民集中分布区域，下部坡体坡角 30°～40°(图 7-59 和图 7-60)。

图 7-59 火焰石崩滑体全貌

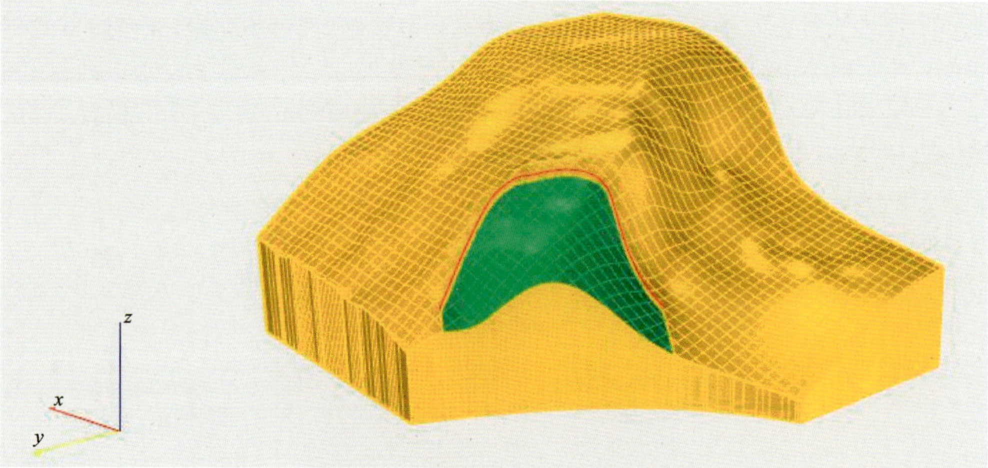

图 7-60 火焰石崩滑体三维模型

7.3.2.3 火焰石崩滑体结构特征

火焰石崩滑体位于火焰石断裂(F_{20})东端北翼 300m 处，岩层产状 320°∠33°，区内受火焰石断裂(压性断裂)构造影响，崩滑体斜坡区表部岩体裂隙发育，岩体较破碎，岩体中主要发育两组裂隙：①300°∠90°，裂面凹凸状粗糙，水平延伸长 5～10m，垂直延伸长 15～20m，切层，裂面张开宽 1～3cm，无充填，线密度 1 条/m；②265°∠85°，裂面较平直，略弯曲，水平延伸长 5～8m，垂直延伸长 8～10m，切层，裂面闭合为主，线密度 1 条/m(图 7-61)。同时，岩体表面可见溶蚀沟槽及裂隙发育，溶蚀强度中等。据调查访问，崩滑体下部斜坡高程 100m 左右分布有吴家坪组煤层(C25 煤厚度 0.45～2.05m)，分布有煤矿平硐，山体内多为采空区，采空区的冒落塌陷为崩滑体的变形发展提供了有利条件。崩塌堆积体分布于崩滑体西侧崖脚之下，崩塌块石直径 1～5m，大者近 10m，棱角状，其间充填黄褐色粉质黏土，结构松散，坡度 15°～20°。

图 7-61 火焰石崩滑体裂缝发育特征

7.3.2.4 火焰石崩滑体变形失稳模式

火焰石崩滑体典型剖面见图 7-62。火焰石崩滑体前缘涉水，裂缝节理发育，后缘裂缝拉开，其变形发展原因是：在外界因素的干扰下，崩滑体沿着底下软弱的煤层“滑带”蠕滑，导致后缘拉裂，前缘受阻受压，出现裂纹。

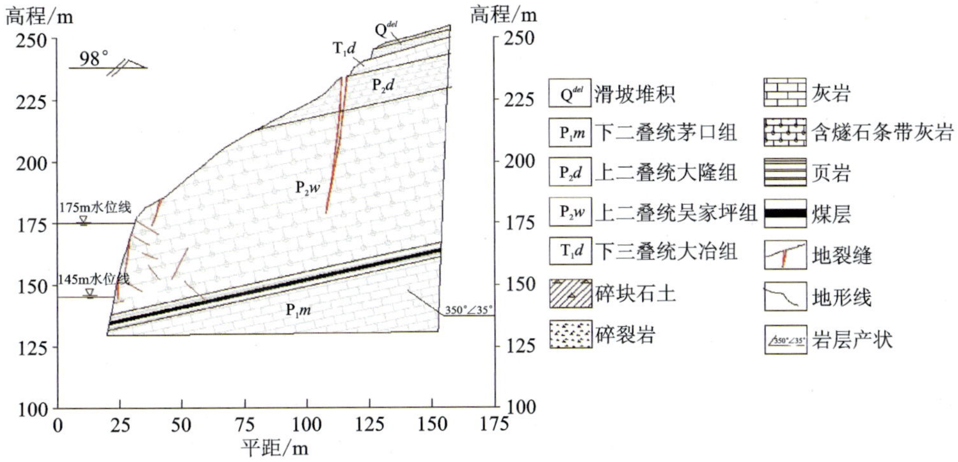

图 7-62 火焰石崩塌 2—2′剖面图

根据其发展特征，火焰石崩滑体最终会沿着软弱煤层滑移，后缘拉裂缝贯通，导致崩滑体失稳滑入江底，在其前期可能会使得拉裂缝贯穿，部分崩滑体失稳滑入江底，见图 7-63。

7.3.2.5 火焰石崩滑体速度计算

能量法是根据牛顿运动定律提出的一种简单的物理计算方法，它概化了崩滑体的运动方式，忽略了岩土体运动过程的复杂性。该方法的来源清晰，物理意义明显，操作性强。对于确定的摩擦系数而言，直线性滑动面的运动速度可以用式(7-7)进行估算：

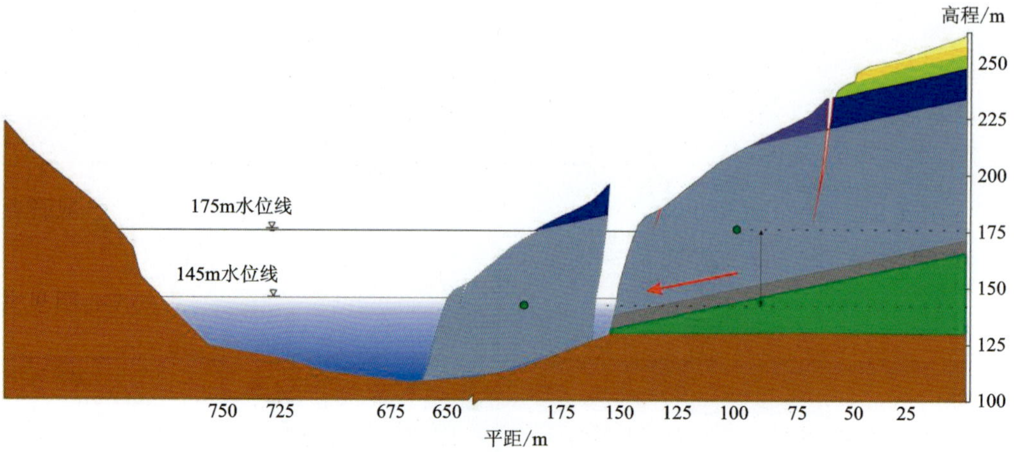

图 7-63　火焰石失稳模式

$$v_s = \sqrt{2g\Delta Z_{sc}(1 - f\cot\alpha)} \tag{7-7}$$

式中：g 为重力加速度，m/s^2，ΔZ_{sc} 为崩滑体的重心与计算点间的高度，即重心下降高，m；α 为斜坡坡角，(°)；f 为运动摩擦系数，是运动岩土体与斜坡表面的动摩擦力，N。

据表 7-12，取火焰石崩滑体主剖面为计算剖面，以主剖面滑体的重心位置(高程 178m)为计算起点，滑动后其重心位置为 142m。ΔZ_{sc} 落差为 36m，整体滑坡坡角约为 35°，内摩擦 φ 值根据相关实验取 28°，运动摩擦系数 f 根据经验公式 $\tan\varphi$ 计算为 0.53，代入式(7-7)，得

$$v_s = \sqrt{2\times 9.8\times 36(1-0.53\times 1.43)} = 13.1(m/s) \tag{7-8}$$

表 7-12　崩滑体计算公式参数

符号	$g/(m\cdot s^{-2})$	$\Delta Z_{sc}/m$	$\alpha/(°)$	f/N	$v_s/(m\cdot s^{-1})$
说明	重力加速度	重心高度差	斜坡坡脚	运动摩擦系数	速度
数值	9.8	36	35	0.53	—

根据计算结果可知，火焰石崩滑体入水的速度为 13.1m/s。

7.3.2.6　火焰石崩滑体涌浪分析

利用三峡大学开发的快速计算软件“三峡库区滑坡涌浪分析平台”，对水库陆地崩塌滑坡体进行涌浪计算，计算工况选择库水位 145m，此类崩滑体坡脚都在 30°以上，因此采用高倾角计算公式。145m 工况条件下的输入参数见表 7-13。

表 7-13　145m 工况条件下的火焰石崩滑体涌浪源输入参数

工况条件/m	145
滑体质心距水面高度/m	36
滑体与滑动面间摩擦系数	0.53
滑动面倾角/(°)	35°
滑体宽度/m	128
滑体厚度/m	50
滑体长度/m	75
滑动方向与径向夹角/(°)	50

续表 7-13

工况条件/m	145
崩滑体密度/(kg·m^{-3})	3000
水体密度/(kg·m^{-3})	1000
滑体体积/m^3	480 000
重力加速度/(m·s^{-2})	9.8
滑坡入水最大速度/(m·s^{-1})	13.1

输入相关数据后，计算得到在 145m 的库水位下火焰石崩滑体涌浪。以滑坡点为坐标原点，沿长江河道上游为负向、河道下游为正向，可以建立距离和涌浪高度曲线。如图 7-64a～c 所示，可以看出涌浪最高点在河道中间，约 21.72m。上游处 2.1km，波浪高度快速衰减到10.4m，下游 2.3km，波浪高度快速衰减到 10.1m，之后进入平缓衰减区。

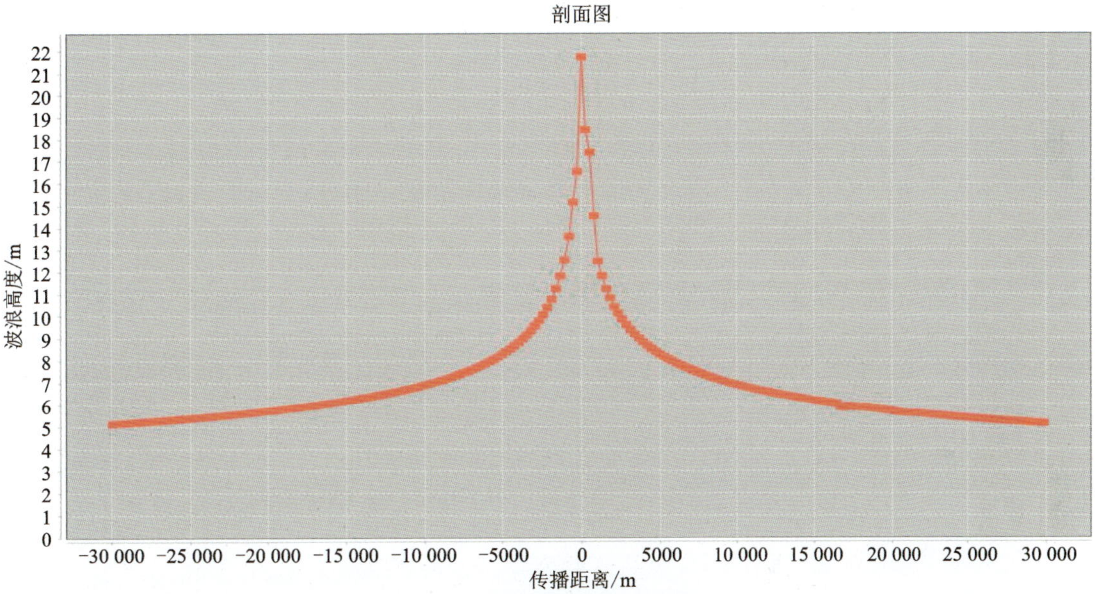

a.火焰石崩滑体横剖面波高

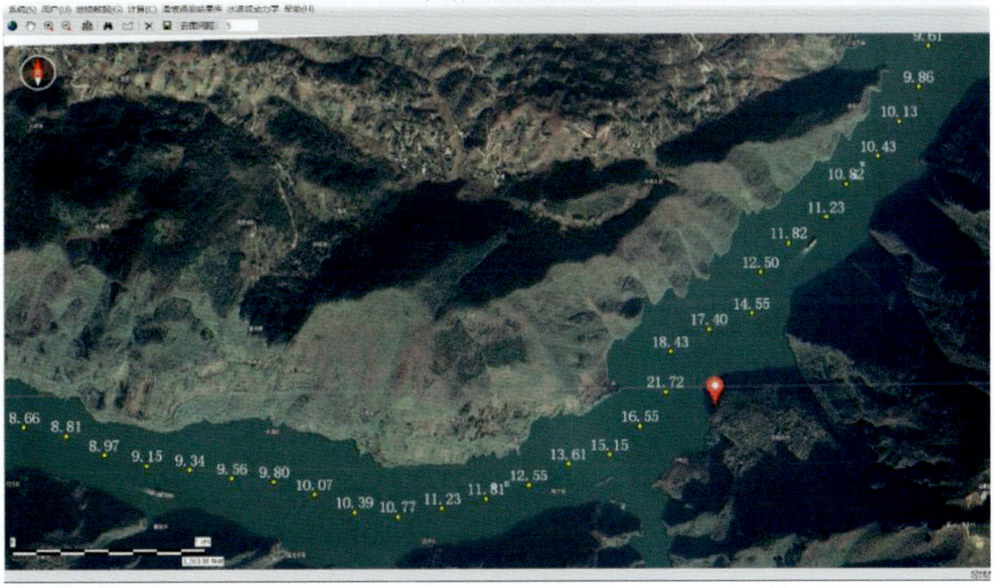

b.火焰石崩滑体纵剖面波高

图 7-64　火焰石崩滑体涌浪数值模拟结果

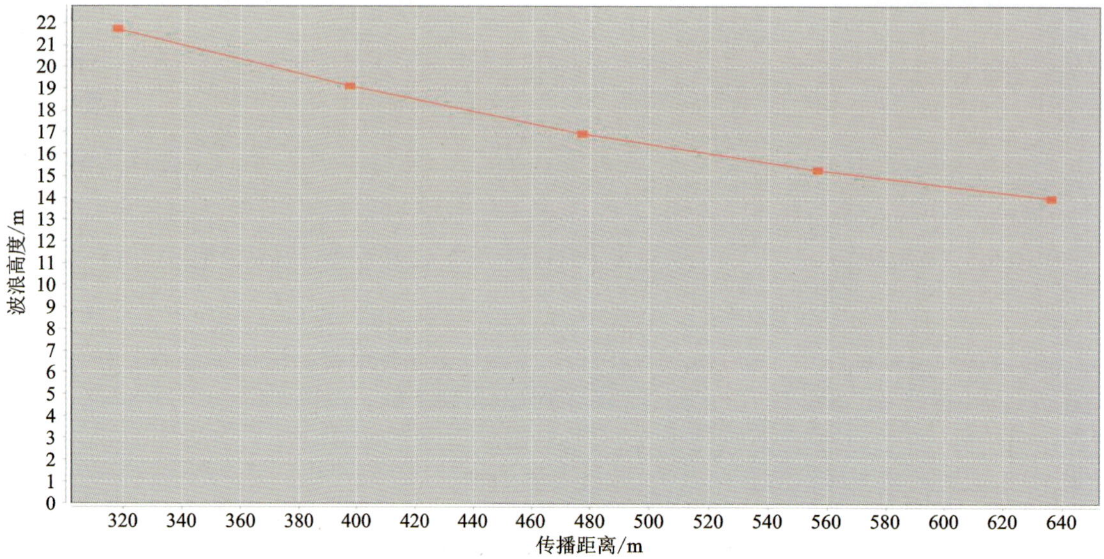

c.火焰石崩滑体纵剖面波高

续图 7-64

河道两岸的爬浪高度在崩滑体对岸达到最大值，火焰石崩滑体附近两岸爬浪高度具体如图 7-65 所示，在整个 30 000m 计算范围内，涌浪冲击范围从沙木壤到范家坪附近，最危险区域（图 7-66）在楠木园子到榨坊坪这段河道，全长 11 000m。

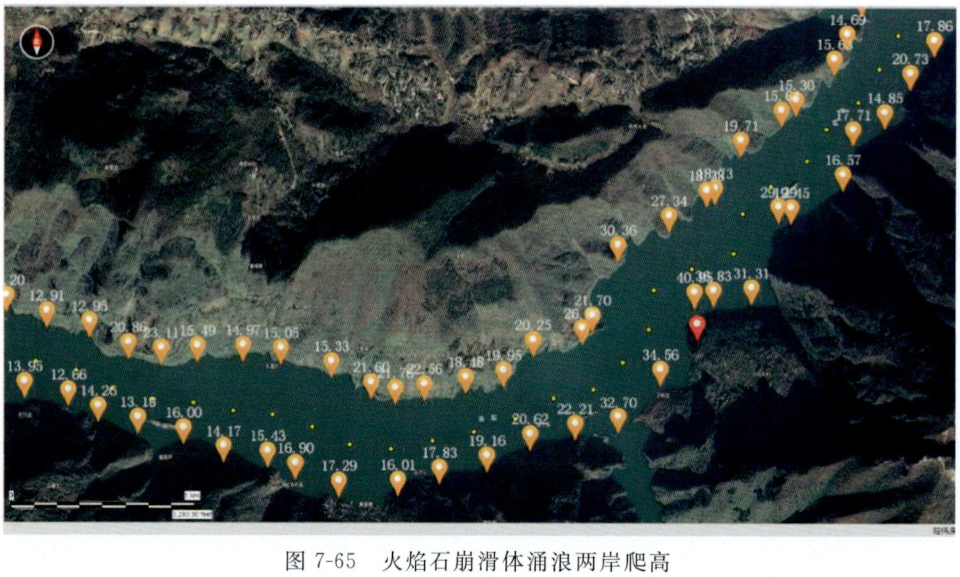

图 7-65　火焰石崩滑体涌浪两岸爬高

7.3.3　木鱼包滑坡失稳涌浪研究

7.3.3.1　木鱼包滑坡基本概况

木鱼包滑坡地处秭归盆地香溪河口到巴东段，滑坡后缘平直陡峭、梯度大、地层较薄，厚度为 20～40m，高程为 450～500m，前缘平坦，地层稍厚，为 50～70m，海拔高度为 100～130m，平均厚度 50m，为典型的靠椅状地形。在马蹄内凹处一条沟谷把整个滑坡中上区域分为东、西两半，横向均宽 1200m，纵长 1500m，滑坡体总体积约 $9\times10^7 m^3$（图 7-67）。

图 7-66 火焰石崩滑体 30 000m 计算范围涌浪危险云图

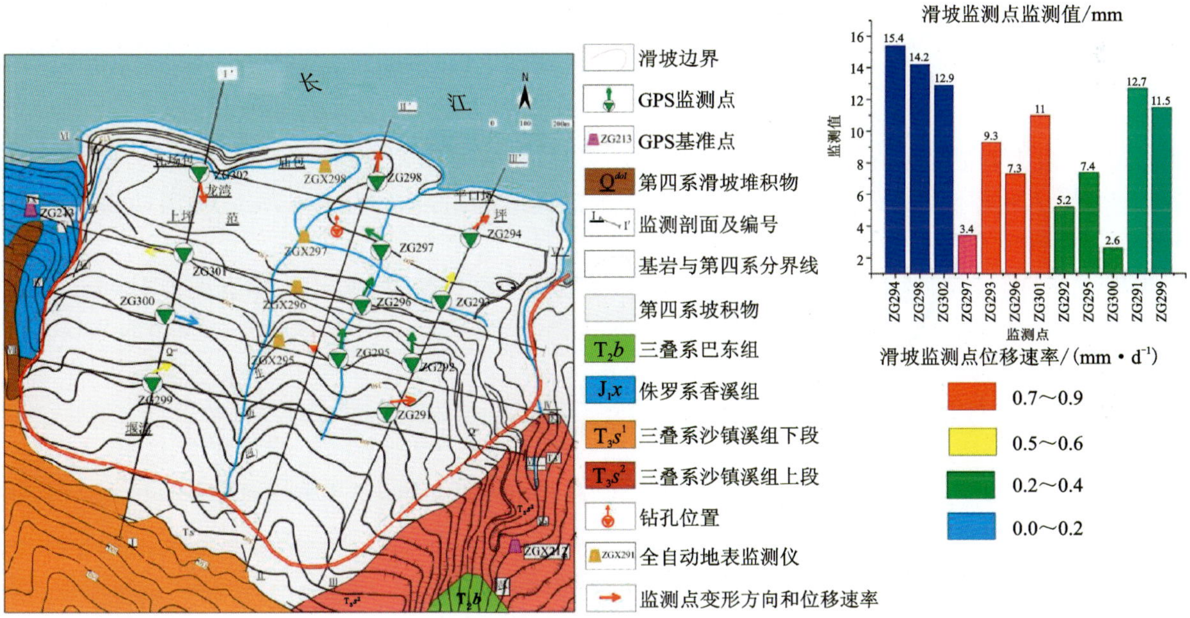

图 7-67 木鱼包滑坡平面图

7.3.3.2 木鱼包滑坡结构特征

滑体主要由两部分组成，表层为松散堆积层，下层为扰动破坏的层状石英砂岩岩体(图 7-68)。表层土主要包括冲洪积亚黏土及含泥砾石层，残坡积亚黏土以及崩坡积块石；下层为滑坡主体，为原香溪组中段石英砂岩，含砾石英砂岩，其总的特点是中、后部较完整，前缘相对破碎，西部较完整，东侧相对破碎，厚度变化不大，按岩体结构分为层状滑动块裂松动岩体和层状碎裂岩体。

滑体中、后部为顺层滑动，滑带由软弱的煤系地层构成，滑体前部为切层滑动，滑带为黑色轻粉质壤土夹少量块石，轻粉质黏土为可—硬塑状，黑褐色，土石比为 8∶2～6∶4。滑面形态前缘切层部分为弧形，后缘基本为直线状。

滑床以香溪组碳质粉砂岩为主，切层部分由石英砂岩、含砾石英砂岩构成。剖面上滑床上部与岩层面一致，呈直线，倾角 21°～25°，下部滑床顶面变缓。滑床岩层倾角为 27°，倾向 25°。

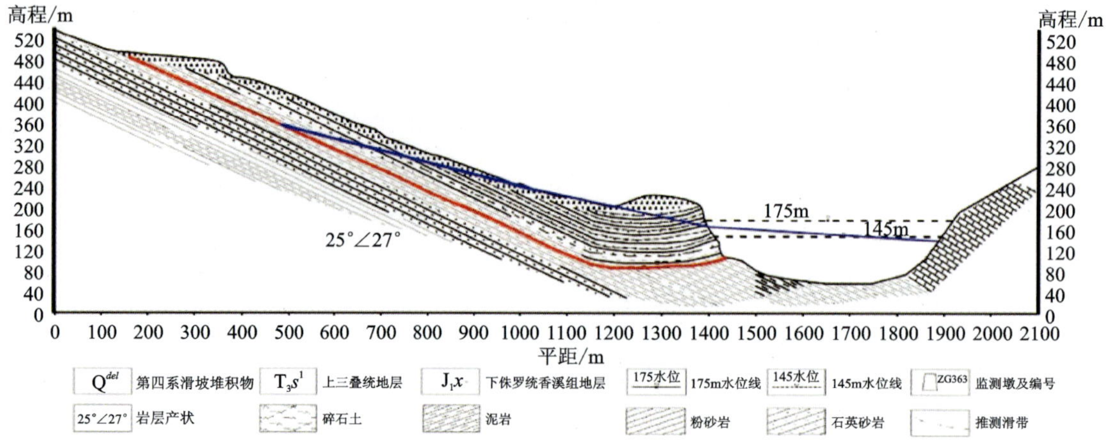

图 7-68　木鱼包滑坡剖面图

7.3.3.3　木鱼包滑坡涌浪分析

1)最大首浪高度计算

木鱼包滑坡倾角平均为 22°,可以采用缓倾角常规公式(7-9)计算首浪高度。缓倾角入水公式计算:

$$\frac{H_{\max}}{h}=1.17\frac{v}{\sqrt{gh}}(\sin^2\alpha+0.6\cot^2\alpha)\left(\frac{Lt}{bh}\right)^{0.15}\left(\frac{w}{b}\right)^{0.45} \tag{7-9}$$

式中:$H_{\max}$为最大首浪高度,m;g 为重力加速度,m/s²;L 为滑坡体入水长度,m;w 为滑坡体入水宽度,m;t 为滑坡体入水厚度,m;v 为滑坡体入水过程中的最大速度,m/s;h 为水深,m;α 为滑动面倾角,(°);b 为滑坡入水断面的河道宽度,m。

当库水位为 175m 时,重力加速度取 9.8m/s²;滑坡体入水长度为 300m,入水宽度为 1200m,入水平均厚度为 50m;滑坡体入水过程中最大速度为 13m/s;最大水深为 110m;滑动面平均倾角为 22°,滑坡入水断面河道宽度为 780m,代入公式(7-9),得

$$\frac{H_{\max}}{h}=1.17\frac{13}{\sqrt{9.8\times110}}(\sin^2 22+0.6\cot^2 22)\left(\frac{300\times50}{780\times110}\right)^{0.15}\left(\frac{1200}{780}\right)^{0.45}$$

$$H_{\max}=28.57\text{m} \tag{7-10}$$

2)传播浪高计算

木鱼包滑坡采用缓倾角入水计算公式法计算传播浪高:

$$\frac{H_p}{h}=1.47\frac{H_{\max}}{h}\left(\frac{x}{h}\right)^{-0.5} \tag{7-11}$$

式中:H_p 为涌浪沿滑坡横断面传播至某处的传播浪高度,m;h 为水深,m;$H_{\max}$为滑坡最大首浪高度,m;x 为横断面某处至滑坡点的距离,m。

水位 175m 时,水深最大值为 110m,x 取值为 390m;按缓倾角计算出的滑坡首浪高度为 28.57m;横断面至滑坡点的距离为 390m。代入公式(7-11)算得 175m 库水位工况下沿滑坡横断面传播至 390m 处的传播浪高度为 22.31m。

$$\frac{H_p}{110}=1.47\frac{28.57}{110}\left(\frac{390}{110}\right)^{-0.5}$$

$$H_p=22.31\text{m} \tag{7-12}$$

3)爬高计算

木鱼包滑坡采用缓倾角入水计算公式法计算涌浪爬高:

$$\frac{H_R}{h}=2.3\frac{H_p}{h}\left(\frac{90}{\alpha_0}\right)^{0.2} \tag{7-13}$$

式中：H_R 为正对岸爬坡浪高度，m；H_p 为涌浪沿滑坡横断面传播至某处的传播浪高度，m；h 为水深，m；α_0 为对岸岸坡坡角，(°)。

水位为 175m 时，河宽 780m，此次计算距滑坡点 390m 处的爬坡浪高值，水深按最大值 110m 取值，对岸爬坡平均坡度为 40°。代入公式(7-13)，得

$$\frac{H_R}{h}=2.3\frac{H_p}{h}\left(\frac{90}{\alpha_0}\right)^{0.2}=2.3\frac{22.31}{110}\left(\frac{90}{40}\right)^{0.2}=68.8\text{m}$$

$$H_R=60.34\text{m} \tag{7-14}$$

4)木鱼包滑坡涌浪风险分析

根据 Surge 软件计算滑坡入水后造成的首浪高度，还通过 Muller 法和缓倾角入水公式计算法计算滑坡造成的涌浪对对岸的坪爬高影响，不同工况下木鱼包滑坡首浪高度、对岸爬高及沿程传播浪高见表 7-14。

表 7-14　数值模拟表

工况	滑坡的运动速度/($m \cdot s^{-1}$)	初始最大浪高/m	沿滑坡横断面传播至对岸前处的传播浪高度/m	正对岸爬坡浪高度/m
175m 水位	7.8	14.04	10.96	29.65
145m 水位	8.6	15.31	11.68	31.72

借鉴国家海洋局发布的《风暴潮、海浪、海啸和海冰灾害应急预案》和《中国岩石力学与工程学会团体标准滑坡涌浪危险性评估规范(送审稿)》对内河航道进行涌浪风险预警分区。当涌浪大于 2.0m 时为航道红色预警区，当涌浪在 1.5～2.0m 时为航道橙色预警区，当涌浪在1.0～1.5m 时为航道黄色预警区，当涌浪在 0.5～1.0m 时为航道绿色预警区，当涌浪高度小于 0.5m 时为航道蓝色预警区，根据这一标准，将本次涌浪研究的航道风险划分为 5 个预警区，这 5 个区风险等级依次为极高危险区、超高危险区、高危险区、中危险区、低危险区(图 7-69、图 7-70)。

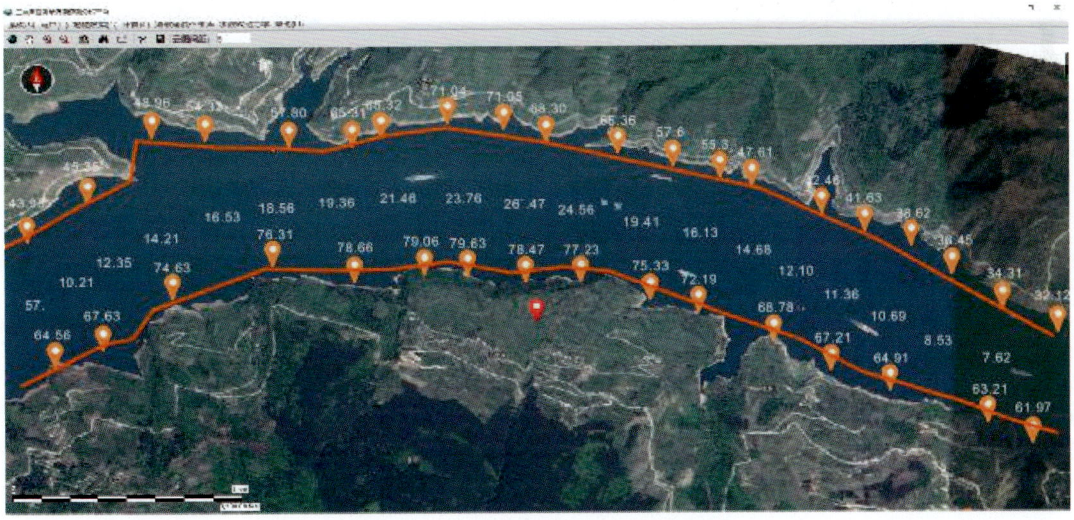

图 7-69　木鱼包滑坡两岸波浪爬高

根据对木鱼包滑坡 175m 的涌浪模拟计算的结果，采用模拟范围内各点的最大波高值来进行航道风险预警区划分。红色预警区的范围在干流河道连续分布，从木鱼包上游焦家屋场至下游泄滩乡，总长约 25km，支流东瀼河内也是红色预警区。橙色预警区主要分布在木鱼包滑坡上游龙王庙至焦家屋场，下游分布在泄滩乡至流来观，包括之间的支流段，总长约 10km。黄色预警区主要分布在木鱼包滑坡上游下黑石子至龙王庙，下游分布在流来观至卡子湾，包括之间的支流段，总长约 12km。绿色预警区主要

图 7-70 木鱼包滑坡涌浪预警分区(175m 水位)

分布在木鱼包滑坡上游百羊坪至下黑石子,下游分布在卡子湾至郭家坝镇,包括之间的支流段,总长约14km。黄色预警区外围为蓝色预警区。

7.4 本章小结

本章以汪家梁子碎屑岩岸坡、龙昌峡碳酸盐岩岸坡为例,通过建立 3DEC、PFC 地质模型,模拟中对岩石采用摩尔库伦准则的弹塑性模型,层面和节理面采用库伦滑移破坏下的区域接触弹塑性,对岸坡失稳破坏致灾进行了模拟,取得了以下认识。

(1)碎屑岩劣化致灾模式以汪家梁子岸坡为例,岸坡劣化致灾机理在库水位周期波动初期,仅在边坡表面出现局部变形,变形位移较小,并且呈"阶梯式"分布。长期的库水位周期性波动引起的干湿循环作用加剧了岸坡边坡岩体的劣化程度,坡体的变形影响区向坡体内部扩展,坡体变形区变大。坡体的变形主要受岩体内的节理和层面控制,呈阶梯式逐级变形,在多种因素的影响下,坡体上部相近的微小裂隙可能会出现联结贯通的现象,从而产生贯通大裂隙,在诱发因素作用下滑面贯通,斜坡发生失稳破坏,引发滑移变形产生二次涌浪等灾害。

(2)碳酸盐岩劣化致灾模式以龙昌峡岸坡为例,致灾过程具有明显的三段性,随着消落带岩体产生劣化破碎,危岩体位移从底部发展到顶部,位移速度从危岩体底部到顶部逐渐减小;随着消落带岩体劣化进一步加深,岩体表面产生破碎变形,逐渐向内掏空形成岩腔,给上部危岩体提供了下部临空面,引起上部危岩体进一步变形掉落,危岩体上部与后缘裂缝左侧坡面碰撞并发生回弹,形成掉块,即危岩体失稳阶段,失稳后的运动阶段(滚石阶段)以及滚石对岸坡、河道、建筑物等冲撞引起的二次涌浪等灾害。

(3)开展了地质灾害涌浪分析理论及涌浪计算方法研究,选取了米仓口危岩体、火焰石崩滑体、木鱼包滑坡等数个重大地质灾害,开展涌浪风险分析,探究灾害最佳速度求解方法,计算出滑体下滑的最大速度和产生的最大涌浪高度、沿程传播的浪高最大值、产生的涌浪传播至对岸激起的最大爬高值,预测涌浪风险及影响范围和程度,为湖北省三峡库区防灾减灾工作提供支撑。

主要参考文献

[1] 傅晏. 干湿循环水岩相互作用下岩石劣化机理研究[D]. 重庆:重庆大学,2010.

[2] 刘新荣,傅晏,郑颖人,等. 水岩相互作用对岩石劣化的影响研究[J]. 地下空间与工程学报,2012,8(1):77-82,88.

[3] 刘新荣,袁文,傅晏,等. 化学溶液和干湿循环作用下砂岩抗剪强度劣化试验及化学热力学分析[J]. 岩石力学与工程学报,2016,35(12):2534-2541.

[4] 刘新荣,袁文,傅晏,等. 酸碱环境干湿循环作用下砂岩抗剪强度劣化规律研究[J]. 岩土工程学报,2017,39(12):2320-2326.

[5] 张亮. 干湿循环下节理砂岩力学特性损伤效应及本构模型研究[D]. 重庆:重庆大学,2020.

[6] 高学成. 水-岩作用下三峡库区巫峡段灰岩损伤演化规律研究[D]. 重庆:重庆大学,2021.

[7] 邓华锋,周美玲,李建林,等. 水-岩作用下红层软岩力学特性劣化规律研究[J]. 岩石力学与工程学报,2016,35(S2):3481-3491.

[8] 邓华锋,齐豫,李建林,等. 水-岩作用下断续节理砂岩力学特性劣化机理[J]. 岩土工程学报,2021,43(4):634-643.

[9] 廖逸夫. 灰岩酸性环境干湿循环作用下劣化效应研究[D]. 桂林:桂林理工大学,2021.

[10] 夏万春,王林峰,张继旭,等. 酸环境干湿循环作用下泥灰岩损伤劣化分析[J]. 工程地质学报,2022,30(6):2006-2015.

[11] 刘广宁,齐信,黄波林,等. 库水波动带岸坡原位声波测试及劣化特性研究[J]. 工程地质学报,2017,25(2):367-375.

[12] 黄波林,殷跃平,张枝华,等. 三峡工程库区岩溶岸坡消落带岩体劣化特征研究[J]. 岩石力学与工程学报,2019,38(9):1786-1796.

[13] 杨何,汤明高,许强,等. 三峡库区消落带岸坡岩体劣化特性测试及质量评价[J]. 水利学报,2020,51(11):1360-1371.

[14] 孙钱程,徐晓,刘圣,等. 三峡库区碎屑岩岸坡岩体钻孔成像特征及质量评价方法研究[J]. 岩土力学,2023,44(S1):581-592.

[15] 张国栋,邵杰鹏,叶义成,等. 三峡库区秭归碎屑岩岸坡消落带岩体劣化特性研究[J]. 三峡大学学报(自然科学版),2023,45(3):26-31.

[16] 傅晏,王子娟,刘新荣,等. 干湿循环作用下砂岩细观损伤演化及宏观劣化研究[J]. 岩土工程学报,2017,39(9):1653-1661.

[17] 胡玉,邓华锋,李建林,等. 水-岩作用下砂岩微细观结构变化特性及机理研究[J]. 防灾减灾工程学报,2018,38(2):265-273,281.

[18] 张振华,王野. 水库运行期岸坡消落带红砂岩抗剪与抗压强度劣化机制[J]. 岩土工程学报,2019,41(7):1217-1226.

[19] 宋勇军,张磊涛,任建喜,等. 基于核磁共振技术的弱胶结砂岩干湿循环损伤特性研究[J]. 岩石力学与工程学报,2019,38(4):825-831.

[20] 谢凯楠,姜德义,孙中光,等. 基于低场核磁共振的干湿循环对泥质砂岩微观结构劣化特性的

影响[J]. 岩土力学,2019,40(2):653-659,667.

[21] 袁璞,戚少先,位宁宁. 干湿循环深部砂岩抗压强度劣化及微细观研究[J]. 安徽理工大学学报(自然科学版),2022,42(3):10-15.

[22] 张研,王峻峰,付闵洁,等. 酸性干湿循环灰岩单轴压缩细观劣化三维离散元分析[J]. 金属矿山,2023(12):42-49.

[23] 苗亮,韩松,申培武,等. 巴东组紫红色泥岩干湿循环强度弱化特性的试验研究[J]. 安全与环境工程,2019,26(6):85-93.

[24] 徐建城,江巍,齐志宇,等. 基于 GDEM 的坡脚劣化条件下三峡库区砂岩反倾岩质边坡的破坏机制研究[J]. 土工基础,2023,37(3):448-454.

[25] 王鑫洋. 岩体劣化对岸坡变形失稳演化机理的影响[D]. 重庆:重庆交通大学,2023.

[26] BARTON N,LIEN R,LUNDE J. Engineering Classification of Rock Masses for the Design of Tunnel Support[J]. Rock Mechanics,1974,6(4):189-236.

[27] PALMSTROM A. Characterizing Rock Masses by the RMi for Use in Practical Rock Engineering,Part 2:Some Practical Applications of the Rock Mass Index (RMi)[J]. Tunneling and Underground Space Technology,1996,11(3):287-303.

[28] 陈昌彦,王贵荣. 各类岩体质量评价方法的相关性探讨[J]. 岩石力学与工程学报,2002(12):1894-1900.

[29] 冯夏庭,王泳嘉. 用于岩体质量评价的神经网络专家系统[J]. 有色金属,1994(4):1-7.

[30] 邱道宏,陈剑平,阙金声,等. 基于粗糙集和人工神经网络的洞室岩体质量评价[J]. 吉林大学学报(地球科学版),2008(1):86-91.

[31] 荆少东,韩伟民,许国辉,等. 基于模糊综合评判与神经网络的岩体质量分级方法[J]. 油气储运,2022,41(7):832-839.

[32] 李强. BP 神经网络在工程岩体质量分级中的应用研究[J]. 西北地震学报,2002,38(3):29-33.

[33] 陈昌彦,王思敬,沈小克. 边坡岩体稳定性的人工神经网络预测模型[J]. 岩土工程学报,2001(2):157-161.

[34] 王新民,康虔,秦健春,等. 层次分析法-可拓学模型在岩质边坡稳定性安全评价中的应用[J]. 中南大学学报(自然科学版),2013,44(6):2455-2462.

[35] 康志强,冯夏庭,周辉. 基于层次分析法的可拓学理论在地下洞室岩体质量评价中的应用[J]. 岩石力学与工程学报,2006(S2):3687-3693.

[36] 贾超,肖树芳,刘宁. 可拓学理论在洞室岩体质量评价中的应用[J]. 岩石力学与工程学报,2003(5):751-756.

[37] 梁桂兰,徐卫亚,谈小龙. 基于熵权的可拓理论在岩体质量评价中的应用[J]. 岩土力学,2010,31(2):535-540.

[38] 连建发,慎乃齐,张杰坤. 基于可拓方法的地下工程围岩评价研究[J]. 岩石力学与工程学报,2004(9):1450-1453.

[39] 蒋水华,欧阳苏,冯泽文,等. 基于结构面参数概率分布更新的节理岩质边坡可靠性分析[J]. 岩土力学,2021,42(9):2589-2599.

[40] 张瑞新,李泽荃,赵红泽,等. 节理岩体关键块体稳定的概率分析[J]. 岩土力学,2014,35(5):1399-1405.

[41] 宫凤强,黄天朗,李夕兵. 岩土参数最优概率分布推断方法及判别准则的研究[J]. 岩石力学与工程学报,2016,35(12):2452-2460.

[42] 王川婴,胡培良,孙卫春. 基于钻孔摄像技术的岩体完整性评价方法[J]. 岩土力学,2010,31(4):1326-1330.

[43] 张景昱,宛良朋,潘洪月,等.考虑水-岩作用特点的典型岸坡长期稳定性分析[J].岩土工程学报,2017,39(10):1851-1858.

[44] 杨何,汤明高,许强,等.三峡库区消落带岸坡岩体劣化特性测试及质量评价[J].水利学报,2020,51(11):1360-1371.

[45] 殷跃平,黄波林,李滨,等.三峡库区消落带溶蚀岩体劣化指标研究[J].地质学报,2021,95(8):2590-2600.

[46] 殷跃平,王鲁琦,赵鹏,等.三峡库区高陡岸坡溃屈失稳机理及防治研究[J].水利学报,2022,53(4):379-391.

[47] 刘冀昆,王成虎,乾增珍,等.超声波钻孔成像技术在岩体质量定量评价中的应用[J].工程勘察,2022,50(12):6-11,46.

[48] 孙钱程,徐晓,刘圣,等.三峡库区碎屑岩岸坡岩体钻孔成像特征及质量评价方法研究[J].岩土力学,2023,44(S1):581-592.

[49] 白林丰,黄波林,秦臻,等.基于裂隙网络渗流差异的消落带岩体劣化空间预测方法[J].工程地质学报,2023,31(2):449-459.

[50] 闫国强,黄波林,殷跃平,等.三峡库区岸坡消落带岩体劣化分形特征与演化预测研究[J].地质学报,2023,97(7):2399-2407.